Françoise de Grafigny, Lettres d'une Péruvienne

Ergebnisse der Frauenforschung
Band 46
Begründet und im Auftrag des Präsidenten der Freien Universität Berlin
herausgegeben von

Prof. Anke Bennholdt-Thomsen, Germanistik
Elisabeth Böhmer, Soziologie
Prof. Marlis Dürkop, Sozialpädagogik
Prof. Ingeborg Falck, Medizin
Prof. Marion Klewitz, Geschichtsdidaktik
Prof. Jutta Limbach, Jura
Prof. Hans Oswald, Pädagogik
Prof. Renate Rott, Soziologie
Dr. Hanna Beate Schöpp-Schilling, Amerikanistik/Anglistik, Germanistik
Prof. Margarete Zimmermann, Romanistik

Koordination: Dr. Anita Runge

Rotraud von Kulessa

FRANÇOISE DE GRAFIGNY
LETTRES D'UNE PÉRUVIENNE

Interpretation, Genese und Rezeption
eines Briefromans aus dem 18. Jahrhundert

Verlag J. B. Metzler
Stuttgart · Weimar

D 25

Die Deutsche Bibliothek – CIP-Einheitsaufnahme

Kulessa, Rotraud von:
Françoise de Grafigny, Lettres d'une Péruvienne : Interpretation, Genese und Rezeption eines Briefromans aus dem 18. Jahrhundert / Rotraud von Kulessa. – Stuttgart ; Weimar : Metzler, 1997
  (Ergebnisse der Frauenforschung ; Bd. 46)
  Zugl.: Freiburg (Breisgau), Univ., Diss.
  ISBN 978-3-476-01576-1
  ISBN 978-3-476-03723-7 (eBook)
  DOI 10.1007/978-3-476-03723-7

© 1997 Springer-Verlag GmbH Deutschland
Ursprünglich erschienen bei J. B. Metzlersche Verlagsbuchhandlung
und Carl Ernst Poeschel Verlag GmbH in Stuttgart 1997

Françoise de Grafigny (1695-1758)
Œuvres Choisies de Mme de Grafigny, Augmentées des Lettres d'Aza,
Tome Premier, A Londres, 1783. (Privatbesitz der Autorin)

Für
Jürgen
Alexander
Moritz
Katharina

DANKSAGUNG

Diese Arbeit entstand in den Jahren 1994–1996 an der Albert–Ludwigs–Universität Freiburg und wurde von Herrn Professor Dr. Joseph Jurt betreut, dem ich an dieser Stelle für sein Interesse an dem Thema und für seine Unterstützung des Projektes herzlich danken möchte. Respektvoller Dank gebührt auch Herrn Professor Dr. Hans–Martin Gauger für die Übernahme des Korreferats. Mein aufrichtiger Dank gilt ebenfalls Frau Professor Dr. Margarete Zimmermann sowie Frau Professor Dr. Renate Kroll für ihre hilfreichen inhaltlichen Anmerkungen zur Überarbeitung der Dissertation. Dem Herausgeberinnenteam der Reihe „Ergebnisse der Frauenforschung" an der Freien Universität Berlin ist die Publikation dieser Arbeit zu verdanken. Mein herzlicher Dank gilt Frau Dr. Anita Runge, die die Publikation mit sehr viel Engagement koordiniert hat.

Das zweite Hauptkapitel dieser Arbeit entstand im Frühjahr 1996 während eines Forschungsaufenthaltes in Paris. Die Teilnahme an dem Seminar „Autobiographie et Genèse" am Institut de textes et manuscrits modernes/CNRS gab mir die entscheidenden Anstöße zu diesem Teil der Arbeit. Mein Dank gilt deshalb Catherine Viollet (ITEM/CNRS) und Claudine Raynaud, die mir die Teilnahme an diesem Seminar ermöglichten. Für die sorgfältige Durchsicht des Manuskriptes bin ich Frau Susanne Ditschler zu Dank verpflichtet.

Mehr als Dank schulde ich meinem Mann, der mir mit viel Geduld und Anteilnahme zur Seite stand.

INHALT

I. EINLEITUNG

I.1. Zur Relevanz des Themas

Der Roman *Lettres d'une Péruvienne* von Françoise de Grafigny, dessen erste Fassung 1747 anonym erschien, war zu seiner Zeit ein großer Publikumserfolg, wie die damaligen Kritiken bezeugen. So schreibt Raynal 1747 in seiner *Correspondance* über die *Lettres*[1]: „Il y a longtemps qu'on ne nous avoit rien donné d'aussi agréable que les Lettres d'une Péruvienne. Elles contiennent tout ce que la tendressse a de plus vif, de plus délicat et de plus passionné [...]" La Porte schließt sich in seinen *Observations littéraires* von 1752 dem Lob über das Werk Madame de Grafignys an: „Qui croiroit qu'un sujet si simple pût produire tant de beautés? Mais sous la main qui le traite, tout se change en or."[2] 1752 wagt Fréron über die Autorin der *Lettres* die Aussage: „Le roman ingénieux, plein de grâces, de délicatesse et de goût, a placé Mme de Grafigny au nombre des Ecrivains célèbres."[3] Von dem großen Erfolg des Werkes zeugen nicht nur diese Äußerungen, sondern auch die Auflagen des Romans. D. Smith zählt in seiner Bestandsaufnahme der Editionen der *Lettres* insgesamt 134 Ausgaben, darunter Übersetzungen in sieben Sprachen. Von der großen Resonanz der *Lettres* bei den Zeitgenossen zeugen auch die vier Supplemente,[4] bei denen es sich entweder um Antwortbriefe oder um Veränderungen des Romanendes handelt. Schon 1747 erscheint eine um sieben Briefe erweiterte Ausgabe der *Lettres*,[5] die von einem „Avertissement de l'Auteur" begleitet sind, wobei der Verfasser des Supplements jedoch anonym bleibt. Die 1749 erschienenen *Lettres d'Aza ou d'un Péruvien* von Ignace de Lamarche-Courmont[6] in 35 Briefen erfreuten sich großer Beliebtheit und wurden oft zusammen mit den *Lettres* abgedruckt.[7] Die englische Übersetzung der *Lettres* von Roberts (1774) enthält mit den *Letters to and from a Peruvian Princess* in 38 Briefen ebenfalls eine Fortsetzung.[8] 1797 erscheint eine weitere Ausgabe der *Lettres*, „augmenté d'une suite qui n'a point encore été imprimée", aus der Feder der Madame Morel de Vindée.[9] Diese Fortsetzung umfaßt 15 Briefe, die offenbar kein großes Echo fanden, denn sie sind in keiner weiteren Ausgabe enthalten.

Ab 1834 hat es bis ins 20. Jahrhundert hinein keine weiteren Ausgaben der *Lettres* mehr gegeben. Wenn das Werk noch erwähnt wird, dann negativ. So schreibt Sainte-Beuve 1850: „On peut être tranquille, je ne viens parler ici ni du drame de *Cénie*, ni même des *Lettres Péruviennes*, de ces ouvrages plus ou moins agréables à leur moment, et aujourd'hui tout à fait passés [...]" Diese Beurteilung der *Lettres* setzt sich bis in die erste Hälfte des 20. Jahrhunderts fort.[10] Erst in der zweiten Hälfte des 20. Jahrhunderts kommt es zu einer geringfügigen Aufwertung des Romans, von der drei Neuauflagen zeugen, darunter 1967 die einzige textkritische Ausgabe der *Lettres*, besorgt von G. Nicoletti.[11] 1983 werden die *Lettres* im Rahmen einer Anthologie von Liebesromanen in Briefform zusammen mit den *Lettres Portugaises* u. a. erneut abgedruckt.[12] 1990 erschien die von C. Piau-Gillot herausgegebene Ausgabe der *Lettres*[13], 1993 folgte die Modern Language Association-Studienausgabe von Joan DeJean und Nancy K. Miller, mit einer Neuübersetzung ins Englische von David Kornacker.[14] Schließlich ist die 1996 erschiene Anthologie *Romans de femmes du XVIIIe siècle* zu nennen, die die *Lettres* in der Fassung von 1752 enthält.[15] Angesichts des neuen Interesses an diesem Roman und einer Forschungslage, die zur Auseinandersetzung anregt, soll, hier zum ersten Mal im deutschsprachigen Raum eine Gesamtdarstellung von Werk und Autorin vorgelegt werden. Daß die *Lettres* von 1835 an bis in die 80er Jahre dieses Jahrhunderts hinein in Vergessenheit gerieten, ist einer Literaturkritik zuzuschreiben, die den Roman in seinen ungewöhnlichen Ansätzen mit traditionellen Sicht- und Vorgehensweisen nur unzureichend erfassen konnte. Mit der Entwicklung der Frauenforschung bzw. den Gender Studies hat sich die Einschätzung von Autorin und Werk grundlegend geändert.

Die folgende Neuinterpretation, das Wieder- und Gegenlesen (*re-reading*) des Werks vor dem Hintergrund der neuen Forschungslage, ist unter den mittlerweile viel diskutierten und in der feministischen Forschung unverzichtbaren Begriffen der Differenz, von *écriture féminine* und *gender* zu verstehen. Der Begriff der Differenz, entstanden aus der Auseinandersetzung französischer Theoretikerinnen wie Julia Kristeva, Hélène Cixous und Luce Irigaray mit dem Poststrukturalismus und der Psychoanalyse, verweist auf das biologische Geschlecht (*sex, le sexe*), wonach Weiblichkeit aus einer spezifischen weiblichen Ökonomie resultiert. Das sogenannte weibliche Schreiben (*écriture féminine*) ist dementsprechend auf die biologische Struktur der Schreibenden zurückzuführen.[16]

Da andererseits das weibliche Geschlecht im Laufe der Jahrhunderte marginalisiert wurde, d. h. als schreibendes Subjekt nicht konstitutiv werden konnte, ist weibliches Schreiben (in dem hier verstandenen Sinn) in der Vergangenheit kaum möglich gewesen. Weibliches Schreiben (vor allem nach Hélène Cixous) ist ein experimentelles Schreiben, mit dem Weiblichkeit freigelegt wird, Autorinnen gewissermaßen ihren (weiblichen) Körper sprechen lassen können. Ich nehme für diese Arbeit von Differenzbegriff und Körper-Schreiben Abstand – nicht nur aus Gründen einer kaum möglichen Historisierung dieser Schreibweise (es gibt auch Ansätze, den Begriff der Differenz und des weiblichen Schreibens auf historische Werke, auch die männlicher Autoren, anzuwenden), sondern weil diese Begriffe zu neuen Festlegungen des Weiblichen führen würden, die mit dieser Arbeit nicht beabsichtigt werden und denen der Vorwurf des Essentialismus und Determinismus nicht erspart bleiben könnte. Für die folgende Analyse der *Lettres* mache ich mir vielmehr die Forschungsergebnisse der in der Auseinandersetzung mit dem Differenzgedanken in Amerika und England entwickelten Gender Studies zunutze.[17] Dabei geht es zwar weiterhin um Geschlechter-Differenz, Geschlecht wird nun aber nicht mehr biologisch (*sex*), sondern als sozio- kulturelles (bzw. sprachliches) Konstrukt (*gender*) verstanden.

Für Autorinnen aus vergangenen Jahrhunderten kann anhand eines solchen Vorverständnisses die spezifische historische Erfahrung von Frauen erfaßt werden, die „historisch geprägte Erfahrung weiblicher Subjektivität" […], d. h. der Versuch von Autorinnen, sich sprechend oder schreibend aus einer Randposition zu befreien. Das weibliche Begehren, das nach den französischen Theoretikerinnen aus der spezifisch weiblichen Anatomie, Biologie, Sexualität und Psyche resultiert, ist in unserem Konzept eher als Aufbegehren faßbar, zumindest als Interaktion einer Autorin mit einem philosophischen, kulturellen, literarischen, sprachlichen und intertextuellen System, in dem das (rollen- bzw. gender-spezifisch erklärbare) weibliche Begehren nicht eingeschrieben ist. Mit dem weiblichen Schreiben im Sinne eines *female gendered writing* werden sprachlich-kulturelle Positonen der Umgebung durchkreuzt, wird es auch zur (subversiven) Unterminierung herrschender Diskurse kommen.

Um die materiellen Bedingungen des weiblichen Schreibprozesses sowie dessen (bewußt-unbewußte) Mechanismen aufzudecken, soll in dieser Arbeit auch der Genese des Romans nachgegangen werden. Hier wird insofern Pionierarbeit zu leisten sein, als der Briefroman und die private, bisher noch weitgehend unveröffentlichte Korrespondenz der Autorin mit François-Antoine Devaux aus dem Entstehungszeitraum der *Lettres* parallel betrachtet werden. Nach den Vorarbeiten von English Showalter und Vera Grayson wird dieser interessante Bezug hier zum ersten Mal ausführlich behandelt, nicht um eine vielleicht naheliegende biographisch-positivistische Interpretation zu liefern, sondern um private Briefe als Vor-Text für fiktive Briefe zu begreifen. Das in der Literaturgeschichte seltene Phänomen – zum fiktionalen Text existiert ein parallel geschriebener Vor-Text – soll dazu genutzt werden, einzelne Etappen in der Entwicklung des Romans nachzuzeichnen und den Zusammenhang zwischen privater und fiktiver Korrespondenz zu verdeutlichen. Nachvollziehbar wird damit der genuine Schreib-Prozeß, aber auch das Zum-Schreiben-Kommen überhaupt.

Zuletzt soll die Rezeptionsgeschichte der *Lettres* betrachtet, d. h. vor allem daraufhin untersucht werden, weshalb der seinerzeitige Bestseller nach 1835 in Vergessenheit geriet und in welchem Maße hierfür Mechanismen der Kanonbildung verantwortlich sind, die auch zum Ausschluß von Werken anderer Autorinnen aus dem Kanon geführt haben.

Im ganzen versteht sich diese Arbeit als ein monographisches Grundlagenwerk, in dem literar-ästhetische, sozio-kulturelle und sozio-historische Befunde mit aktuellen feministischen Theorien verbunden werden. Einzeluntersuchungen zu französischen Autorinnen des 18. Jahrhunderts fehlen noch fast völlig im deutschsprachigen Raum. Es ist deshalb an der Zeit, mittels eines *re-reading* der *Lettres* zu demonstrieren, wie ertragreich Gender Studies für die romanistische Literaturwissenschaft sein können und daß „Andersartigkeit" nicht mehr automatisch mit „Minderwertigkeit" zu assoziieren ist.

I.2. KURZER FORSCHUNGSÜBERBLICK

Die neuere Forschung zu den *Lettres* setzt in den 60er Jahren dieses Jahrhunderts mit der Dissertation von En. Showalter[18] sowie der ersten kritischen und zugleich der ersten Neuauflage der *Lettres* seit dem 19. Jahrhundert von G. Nicoletti 1967 ein.[19] Seit dem Ende der 80er Jahre widmet sich die Forschung – vor allem in den USA – dem Werk immer intensiver. In den 60er und 70er Jahren wurde es allerdings noch weitgehend nach den Wertmaßstäben des traditionellen literarischen Kanons beurteilt. Das heißt, daß der Roman nach wie vor als zweitrangiges literarisches Produkt, als Trivialliteratur angesehen und die Autorin als ‚auteur mineur' gehandelt wird.[20] Erst mit der Entstehung der feministischen Literaturtheorie verändert sich die Rezeption der *Lettres* durch die Forschung signifikant. In den USA ist das Werk in einer von Nancy K. Miller edierten Studienausgabe[21] und in einer Übersetzung ins Amerikanische[22] erschienen. Ein Forschungsüberblick zu den *Lettres* liest sich deshalb nicht zuletzt wie eine Geschichte der feministischen Literaturtheorie und macht gleichzeitig deutlich, wie einseitig die traditionelle Literaturgeschichtsschreibung arbeitet. Im folgenden wird der Forschungsstand nach Ländern chronologisch dargestellt. Die inzwischen historisch gewordene Literatur wird nur kurz erwähnt; der Akzent liegt auf dem aktuellen Forschungsstand und auf den Autoren und Autorinnen, die neue Aspekte zur Beurteilung und Interpretation der *Lettres* eröffnet haben.

In Deutschland hat sich in den 70er Jahren erstmals J. von Stackelberg mit den *Lettres* beschäftigt und die Resultate seiner Arbeit in drei Aufsätzen dargelegt,[23] die um so bemerkenswerter sind, als sie bereits auf den feministischen Gehalt der *Lettres* hinweisen, bevor in Deutschland die feministische Literaturtheorie an Bedeutung gewinnt.[24] Stackelberg geht in seinem letzten Artikel zu den *Lettres* darauf ein, daß Goldonis Komödie *La Peruviana* als Replik auf die *Lettres* zu lesen ist.[25] Ferner sind in Deutschland zwei Arbeiten aus den 80er Jahren zu erwähnen, die die *Lettres* vor allem im Hinblick auf die Fragestellung untersuchen, inwiefern die Perspektive des ‚fremden Blicks‘ in den *Lettres* als authentisch bewertet werden kann. Beide kommen zu dem Resultat, daß dies nicht der Fall sei. W. Weißhaupt bezeichnet die Perspektive des ‚fremden Blicks‘ in den *Lettres* als bloßes „exotisches Kolorit"[26], und L. Schrader bewertet den ‚fremden Blick‘ der Protagonistin des Werkes – Zilia – als einen im Grunde „französischen Blick". Gemessen an Voltaires *Alzire* beschreibt er die *Lettres* als ein Werk, das aus Klischees und Nachahmungen bestehe.[27] Diese beiden Beiträge erscheinen repräsentativ für die Betrachtungsweise der *Lettres* in der traditionellen romanistischen Literaturwissenschaft. Die feministische Forschung über den Roman setzt in Deutschland mit den Arbeiten R. Krolls ein. Sie erkennt in ihrem Vortrag über die *Lettres* von 1986 den Wert des Romans vor allem darin, daß sich das Werk dem üblichen Opfercharakter weiblicher Frauengestalten in der französischen Literatur des 18. Jahrhunderts entzieht und vielmehr „ein frühes Konzept weiblicher Ästhetik" darstellt, in dem die Protagonistin eine Entwicklung durchmacht.[28] 1988 verweist R. Kroll in einem Artikel in der Zeitschrift *Virginia* auf den selbstreflexiven Charakter von Zilias Schreiben und damit auch von Madame de Grafigny.[29] Ein weiterer Artikel R. Krolls befaßt sich mit der komplexen Verschränkung autobiographischer Momente mit dem Roman der Françoise de Grafigny. Sie arbeitet heraus, wie eine Autorin des 18. Jahrhunderts eine Strategie entwickelt, anhand derer sie das Spannungsfeld zwischen Lebensrealität und literarischer Utopie zu bewältigen versucht.[30] In diesem Zusammenhang gehört auch ein kürzlich erschienener Artikel von L. Steinbrügge, der sich mit der Rezeptionsgeschichte der *Lettres* auseinandersetzt und grundsätzliche Faktoren der Kanonbildung erörtert, die zum Ausschluß von Frauenliteratur im allgemeinen geführt haben.[31]

Es ist erstaunlich, daß ernstzunehmende Forschungsbeiträge zu den *Lettres* in Frankreich noch immer kaum zu finden sind. Die *Lettres* werden in den wenigsten Literaturgeschichten erwähnt.[32] Auch in Werken zum Briefroman sowie zur Frauenliteratur im

18. Jahrhundert wird nur kurz auf die *Lettres* eingegangen.[33] Die französischen Beiträge zu den *Lettres* beschränken sich auf die Einleitung von Bray/Houillon zu der Ausgabe der *Lettres* von 1983 sowie auf die Einführung von C. Piau-Gillot zu ihrer Ausgabe der *Lettres* von 1990. In ihrer Einleitung geht I. Landy-Houillon ausführlich auf einige inhaltliche Details der *Lettres* ein. So berührt sie z. B. das interessante Problem des Zusammenhangs von Spracherwerb und Bewußtseinsveränderung im Roman. Insgesamt bewertet sie die *Lettres* jedoch im Hinblick auf einen Vergleich mit den *Lettres Persanes* und konstatiert die Minderwertigkeit der *Lettres* gegenüber dem Werk von Montesquieu.[34] Piau-Gillot gibt in ihrer Einleitung zu den *Lettres* einen zwar kurzen, aber umfassenden Überblick über die Rezeption vom 18. bis zum 20. Jahrhundert. Das Vorwort enthält einige treffende Bemerkungen zu inhaltlichen Aspekten des Romans, wobei das Hauptinteresse von Piau-Gillot deutlich bei der Darstellung der „condition féminine" in den *Lettres* liegt. Die Einführung bleibt jedoch aufgrund der bereits erwähnten editorischen Ungenauigkeiten (s. Fußnote 16) sowie der fehlenden Quellenangaben unbefriedigend.[35] In der 1996 erschienenen Anthologie geht R. Trousson in seiner Einleitung zu den *Lettres* kurz auf verschiedene Aspekte ein, die die Interpretation sowie die Rezeption des Romans betreffen. Als originell bezeichnet er die Thematik der Kommunikation.[36] Als umfassendes, verschiedene Aspekte der *Lettres* behandelndes Werk ist die Veröffentlichung der Vorträge eines Kolloquiums zur Literatur des 18. Jahrhunderts der Straßburger Universität zu nennen.[37] Die Arbeiten, die insgesamt den traditionellen französischen literaturwissenschaftlichen Methoden verhaftet bleiben, analysieren die Struktur des Romans[38], die Liebesthematik[39] und den Erkenntniswillen Zilias[40]. Die Aufsatzsammlung enthält drei Beiträge zur Rezeption der *Lettres*. P. Hartmann schreibt über den Brief Turgots an Madame de Grafigny[41]. J. Rustin analysiert die französischsprachigen Supplemente der *Lettres*[42], und G. Herry schreibt über die Komödie Goldonis, *La Peruviana*, die in Anlehnung an die *Lettres* entstand.[43] Zu erwähnen wäre noch der kürzlich erschienene Artikel von I. Landy-Houillon zum Stil in den Briefen von Madame de Sévigné und Madame de Grafigny.[44] Die Vernachlässigung der *Lettres* durch die französische Literaturwissenschaft hängt offensichtlich mit einer tief verwurzelten Skepsis gegenüber der feministischen Forschung zusammen.

In Italien hat sich G. Nicoletti schon sehr früh mit den *Lettres* auseinandergesetzt; und wir verdanken ihm die erste und bisher einzige kritische Ausgabe der *Lettres* von 1967.[45] Ebenfalls in Italien erschien 1992 die erste fremdsprachige Neuübersetzung der *Lettres* von A. Morino. In seinem Nachwort zu der italienischen Übersetzung des Romans berücksichtigt Morino den feministischen Gehalt des Werkes und sieht in der Protagonistin Zilia nicht mehr nur die Fremde als Modefigur des literarischen Exotismus, sondern eine metaphorische Gestalt, die die Situation aller Frauen und nicht zuletzt die der Autorin des Romans selbst repräsentiere.[46] Weiterhin sind hier zwei Aufsätze zu erwähnen, von denen der eine kurz auf den Inhalt der *Lettres* eingeht,[47] dabei jedoch keine neuen Interpretationsperspektiven eröffnet, und der andere die Rezeption der *Lettres* behandelt.[48]

In den USA ist die Grafigny-Forschung mit Abstand am weitesten fortgeschritten. So liegen dort fünf Dissertationen zu den *Lettres* vor. Zwei dieser Dissertationen sind inzwischen allerdings weitgehend überholt: Die Arbeit von En. Showalter[49] sowie die Arbeit P. S. V. Deweys von 1977 über Mme de Tencin und Mme de Grafigny.[50] L. S. Alcott befaßt sich in ihrer Dissertation mit der ‚Autonomie' in Leben und Werk der Françoise de Grafigny.[51] Sie skizziert anhand einer ausführlichen Biographie der Autorin sowie am Beispiel ihrer literarischen Werke vor allem Zilias Suche nach einer eigenen Identität. Der Untersuchung liegt die psychologische Theorie des ‚Selbst' und der ‚Aktualisierung des Selbst' von Abraham Maslow zugrunde. Die Dissertation von Ch. M. Daniels von 1992 beschäftigt sich mit dem „marriage plot" in den *Lettres*, in den *Lettres écrites de Lausanne* von Isabelle de Charrière und in dem Roman *Indiana* von George Sand. Diese Romane werden als Ablehnung der „oedipal family solution" und als Modell weiblicher Subjektivität jenseits des entstehenden bürgerlichen Familienmodells beschrieben.[52] V. Grayson berichtet in einem Artikel über ihre im Entstehen begriffene Dissertation zum Thema der Genese und Rezeption der *Lettres* und Madame de Grafignys komischen Rührstücks *Cenie*.[53] Eine umfassende Arbeit zur Interpretation, Rezeption und Entstehung des Romans liegt meines Wissens allerdings noch nicht vor.

Die Forschungssituation in den USA erklärt sich zum einen aus der Tatsache, daß die Gender-Studies, und damit auch die Re-Lektüre in Vergessenheit geratener Schriftstellerinnen, dort am weitesten fortgeschritten ist.[54] Zum anderen befindet sich in der Beinecke Library an der Yale University in New Haven ein Großteil der Manuskripte der privaten Korrespondenz Françoise de Grafignys, die von einem Forscherteam an der Universität Toronto unter der Leitung von J. A. Dainard ausgewertet und ediert werden. English Showalter, der an der Veröffentlichung der Korrespondenz Madame de Grafignys mitarbeitet, hat mit verschiedenen Artikeln zur Biographie von Madame de Grafigny ihren Namen in der amerikanischen Literaturwissenschaft bekanntgemacht.[55] Diesem Literaturwissenschaftler verdanken wir auch die bislang einzige Veröffentlichung zur Genese der *Lettres* in Form eines kurzen Artikels, der die Eckdaten der Entstehung des Romans nennt und sich mit seiner Veröffentlichungsgeschichte befaßt.[56] Insgesamt herrscht in der neueren nordamerikanischen Literaturwissenschaft Konsens darüber, daß die *Lettres* nicht mehr als Liebesroman oder als ‚roman sentimental' gelesen werden sollten, sondern vielmehr als Entwicklungsroman.[57] Ich will im folgenden kurz auf einige amerikanische Ansätze eingehen, die die Inhaltsebene und die ästhetische Dimension der *Lettres* betreffen. N. K. Miller[58], J. Undank[59] sowie D. Fourny[60] behandeln vor allem die im Roman dargestellte Sprachenproblematik und lesen den Spracherwerbsprozeß als Metapher für das Entstehen weiblicher Autorschaft. Aufsätze von J. V. Douthwaite[61] und E. J. MacArthur[62] beschäftigen sich mit gattungstheoretischen Aspekten der *Lettres* im Vergleich zu anderen Briefromanen, wie z. B. den *Lettres Persanes* von Montesquieu, sowie mit dem Aspekt der tendenziellen Offenheit des Romans. So interpretiert MacArthur die Offenheit der Romane Madame de Grafignys und Madame de Charrières als weibliche Schreibstrategien, die der fiktiven Flucht aus dem realen, begrenzten Lebensraum dienten.[63] Die Ansätze von J. G. Altman und J. V. Douthwaite konzentrieren sich auf ein Problem, das herkömmlich als ‚Exotismus' bezeichnet wurde. So interpretiert Altman die Entwicklung Zilias aus der Perspektive der kulturellen Assimilation und bezeichnet Zilia als erste „Dritte-Welt-Heldin" in der

Romanliteratur. J. V. Douthwaite deutet die Tatsache, daß Madame de Grafigny für ihren Roman eine südamerikanische und nicht etwa eine orientalische Protagonistin wählt, als Hinweis darauf, daß sie die *Lettres Persanes* aus einer weiblichen Perspektive umschreibe.[64] Ergiebig ist auch der Aufsatz von A. T. Downing, der die Beschreibung von Zilias Identitätssuche als Tauschsystem liest, in dem sich unterschiedliche Werte-systeme herausbilden. Er versteht Zilias Lebensentwurf als Resultat einer Reihe von Tauschprozessen und Verhandlungen unterschiedlicher kultureller Systeme.[65]

I.3. METHODEN UND VORGEHENSWEISEN

Bei der folgenden Interpretation des Romans ist vor allem die feministische Literatur-kritik miteinzubeziehen, nicht zuletzt mit dem Ziel, ihre Notwendigkeit und ihre Mög-lichkeiten, vielleicht auch ihre Grenzen, aufzuzeigen. Wenn allerdings von feministi-scher Literaturkritik gesprochen wird, ergibt sich folgendes Problem: Die feministische Literaturkritik stellt keine einheitliche Methode zur Interpretation literarischer Texte dar; es handelt sich vielmehr um unterschiedliche Ansätze,[66] denen die Berücksich-tigung der Gender-Problematik bei der Interpretation von literarischen Texten gemein-sam ist.

Wie bereits erwähnt, lassen sich in der feministischen Literaturwissenschaft zwei Haupttendenzen sehen, eine sozio-historische und eine poststrukturalistische.[67] Die erstere geht von der Annahme des Repräsentationscharakters literarischer Texte aus. Damit ist gemeint, daß literarische Texte von Frauen auch deren konkrete ‚weibliche' Erfahrungen widerspiegeln. Dieser Ansatz versucht, die in den Texten zum Ausdruck kommenden Erfahrungen vor dem Hintergrund der jeweiligen sozio-historischen Ge-gebenheiten zu deuten. In den poststrukturalistischen (dekonstruktivistischen) Ansät-zen, die auf Derrida und Paul de Man zurückgehen,[68] wird davon ausgegangen, daß die Kategorie des Geschlechts keine absolut gegebene Wesenheit ist, sondern immer ein Konstrukt. In literarischen Texten soll diese Konstruktion von Geschlecht in ihren rhe-torischen Verfahren entlarvt werden, d. h. es geht um das Lesen von Differenzen (im Sinne von Derrida). ‚Männliches' und ‚weibliches Lesen' deutet diese Differenz jedoch unterschiedlich. Ist das ‚männliche Lesen' vor allem phallizistisch, so besteht das ‚weib-liche Lesen' darin, dies zu entlarven. Dabei stimmen die Kategorien ‚männliches' und ‚weibliches Lesen' nicht unbedingt mit dem biologischen Geschlecht überein. Frauen üben sich meistens im ‚männlichen Lesen', und es gibt umgekehrt Männer, die ‚weib-lich' lesen. Auch eignen sich Frauen, wenn sie schreiben, meistens die ‚männliche' Per-spektive an, um nach den gängigen literarischen Mustern zum Erfolg zu kommen.[69] Es liegen bisher nur wenige konsequente Anwendungen dieses Ansatzes vor; die meisten beschränken sich auf die Dekonstruktion von ‚Frauenbildern' in Texten männlicher Autoren.[70] Dafür steht der von Elaine Showalter geprägte Begriff der ‚feminist criti-que'.[71] Für die Analyse von Frauenliteratur[72] haben sich diese Konzepte bisher als wenig brauchbar erwiesen, da die poststrukturalistischen Ansätze die Tendenz zeigen, sich auf eine ‚Dekonstruktion der psychoanalytischen Literaturwissenschaft' zu beschränken und die kultur-historischen, intertextuellen und literarischen Phänomene, die bei der

Entstehung eines Textes eine Rolle spielen, zu vernachlässigen.[73] Ein wichtiges Desiderat der feministischen Literaturkritik bestände unter anderem darin, die scheinbare Unvereinbarkeit beider Ansätze zu überbrücken.[74]

Die Frage bleibt offen, wie aus dieser Perspektive die ‚Frauenliteratur' zu behandeln ist, bei der gerade der sozio-kulturelle Hintergrund eine wichtige Rolle spielt[75] – sowohl im Hinblick auf die besondere Position der Frau als Schriftstellerin/Autorin in der Gesellschaft als auch im Hinblick auf die fiktionale Darstellung und Verarbeitung der jeweiligen konkreten gesellschaftlichen Situation der Frau. I. Roebling weist in diesem Zusammenhang zu Recht darauf hin, daß ein „Königsweg der Interpretation" der Frauenliteratur nicht existiere. Es müssen vielmehr verschiedene Ansätze kombiniert werden, um die Werke von Frauen adäquat zu lesen. In der Vergangenheit ist die Frauenliteratur von der Kritik systematisch verkannt worden. Es bedarf eines interdisziplinären Methodenansatzes, der alle Aspekte eines Werkes unter Berücksichtigung der Geschlechterdifferenz beachtet und sie mit einer kulturhistorischen und soziopsychologischen Analyse verbindet. Es geht bei einer Neubewertung von Frauenliteratur keineswegs nur darum, unter Beachtung des jeweiligen kulturhistorischen Hintergrundes den feministischen Gehalt zu überprüfen. Vielmehr bedarf es einer Analyse gattungstheoretischer, stilistischer und handlungsimmanenter Aspekte sowie auch der Analyse der spezifischen Personenkonstellation eines Werkes. Dies hat vor dem Hintergrund der Geschlechterdifferenz in ihrem jeweiligen kulturhistorischen Kontext zu geschehen; denn es soll die besondere Bedeutung von Frauenliteratur erkannt werden. Die Frage nach einem *female gendered writing* zielt zum Beispiel auf eine Auseinandersetzung mit dem männlichen kulturellen Erbe. So kann die Reaktion schreibender Frauen auf ihre literarischen Vorgänger von der Imitation über ein unbewußtes Umschreiben bis zu einer bewußten Suche nach alternativen Diskursen reichen.[76] Aus einem solchen intertextuellen Zusammenhang, der sich daraus ergibt, daß der literarische Erfahrungshorizont schreibender Frauen von männlichen Vorbildern – schon aufgrund einer zahlenmäßigen Überlegenheit – bestimmt ist, lassen sich weitreichende Folgen ableiten. Werke, die bis dahin als schlechte Imitationen männlicher Vorbilder gelesen wurden, offenbaren sich auf diese Weise als Uminterpretationen eben dieser männlichen Vorbilder, zugeschnitten auf die spezifischen Bedürfnisse der Autorin und der Frauen ihrer Zeit. In diesem Zusammenhang scheint auch eine Vereinbarkeit der sozio-historischen Ansätze mit den poststrukturalistischen Methoden für eine Analyse von Frauenliteratur möglich, indem nämlich aufgezeigt wird, wie die männlichen literarischen Vorbilder von den Frauen aufgenommen und in ihren eigenen Texten unterwandert werden. Im Vergleich mit weiblichen literarischen Vorbildern kann eine eigene weibliche Schreibpraxis nachgewiesen werden, die bisher wegen ihrer Andersartigkeit automatisch mit Minderwertigkeit gleichgesetzt wurde. Die empirisch-historische Vorgehensweise in dieser Arbeit ließe sich am ehesten mit dem Begriff des *feminist-historicism*[77] umschreiben. Für dieses Konzept ist der von E. Showalter geprägte Begriff des *gynocriticism*[78] wichtig, der sich auf die konkrete Erfahrung der Frau in ihrem sozio-historischen Umfeld stützt und die Traditionslinien einer weiblichen Identität in der westlichen Kulturgeschichte herauszuarbeiten hilft.

Auf den ersten Blick stellt der Roman der Françoise de Grafigny eine Ansammlung der literarischen Erfolgsstrategien seiner Zeit dar, so z. B. des literarischen Exotismus, der literarischen Perspektive des ‚fremden Blicks‘ und des Mythos des ‚guten Wilden‘. Die Autorin bedient sich der in der ersten Hälfte des 18. Jahrhunderts sehr verbreiteten Gattung des Briefromans, und ihr Buch gehört in die Strömung der „sensibilité“. Der große Erfolg des Romans schien sich lange Zeit aus dieser Einbettung in die literarischen Tendenzen seiner Zeit zu erklären. Allerdings gab es schon früh Anlaß zur Kritik, schien doch das Ende des Romans nicht in die geläufigen Vorstellungen des Liebesromans zu passen, der entweder mit der Heirat oder dem Tod der Protagonistin zu enden hatte. Bis in die 80er Jahre unseres Jahrhunderts hinein wurde der Roman von der Literaturkritik, sofern er überhaupt erwähnt wurde, in die Reihe der sentimentalen Romane eingeordnet oder als „mißglückter“ Liebesroman bezeichnet. Allenfalls wurde er als schlechte Imitation von Montesquieus *Lettres Persanes* klassifiziert. Erst seit dem Beginn der 90er Jahre herrscht in der feministischen Literaturwissenschaft Konsens darüber, daß es sich bei den *Lettres* um eine ‚weibliche‘ Form des Entwicklungsromans handelt. Es bedurfte also der spezifischen, die historisch entstandenen Geschlechterdifferenzen berücksichtigenden, feministischen Literaturwissenschaft, um zu einer grundlegenden Uminterpretation des Werkes zu kommen und das zentrale Thema des Romans – die geistige Entwicklung der Protagonistin – zu entdecken.

In diesen Kontext möchte ich meine Interpretation des Romans einbetten. Mir geht es bei meiner Beurteilung des Werkes darum, die verschiedenen literarischen Aspekte des Romans aus einer *gender*-orientierten Perspektive zu untersuchen und ihr Zusammenwirken im Hinblick auf das zentrale Thema des Romans, die geistige Entwicklung der Protagonistin bzw. der Konstitution ihrer Subjektivität zu beleuchten. Dabei soll nicht zuletzt verdeutlicht werden, wie die Autorin literarische Strategien, die sie von ihren männlichen Vorbildern übernimmt, für ihre Zwecke umarbeitet bzw. als männliche Frauenbilder dekonstruiert. Die Repräsentationsebene soll dabei nicht ignoriert werden. In den gesellschaftskritischen Briefen des Werkes werden reale weibliche Erfahrungen reflektiert und aus dieser Reflexion fiktive Überlebensstrategien entwickelt. Es gilt aufzuzeigen, daß das Werk nicht nur auf inhaltlicher Ebene einen alternativen weiblichen Lebensweg aufweist, sondern auch auf der ästhetischen. Indem Madame de Grafigny etablierte männliche literarische Strategien aufnimmt wie z. B. die literarische Perspektive des ‚fremden Blicks‘, den Exotismus, den ‚bon-sauvage‘ Mythos sowie die damit in Zusammenhang stehenden traditionellen binären Oppositionen von Natur-Kultur, Gefühl-Ratio, Innen-Außen etc. und diese in ihrem Text subvertiert, gelangt sie zu einem ‚weiblichen Schreiben‘, in dem es nicht zuletzt darum geht, ein weibliches Subjekt zu „erschreiben“.[79]

Komplementär zur Interpretation der *Lettres* soll in dieser Arbeit die Entstehungsgeschichte des Romans dargestellt werden. Hierbei stütze ich mich vor allem auf die in Manuskripten vorhandenen Briefe Françoise de Grafignys an ihren langjährigen Freund François-Antoine Devaux, die sich in der Beinecke Rare Books Library in New Haven, USA, befinden. Zur Zeit wird die gesamte Korrespondenz Madame de Grafignys von einem Forscherteam unter der Leitung von J. A. Dainard an der Universität Toronto ediert. Erschienen sind bisher in drei Bänden die Briefe von 1716 bis November 1742.[80] Bis 1965 galten diese Manuskripte als verschollen; sie fanden sich jedoch 1965 in der Privatsammlung *Biblioteca Phillipica* wieder an, die bei Sotheby's versteigert wurde. Der größte Teil der Manuskripte, d. h. die gesamte Korrespondenz sowie einige Handschriften, wurden von M. H. P. Kraus aus New York gekauft, der das Konvolut später der Beinecke Rare Books Library überließ. Die Briefe, die Madame de Grafigny während ihres Aufenthaltes bei Voltaire und Madame du Châtelet aus Cirey schrieb, sowie weitere Manuskripte gingen an die Pierpont Morgan Library in New York. Einzelne Briefe, die Françoise de Grafigny direkt oder indirekt betrafen, einige literarische Manuskripte in Form von Epigrammen, kleinen ,contes' etc., wurden von der Bibliothèque Nationale de France in Paris gekauft. Von den vorhandenen Manuskripten ist hier vor allem der Briefwechsel Françoise de Grafignys mit François-Antoine Devaux aus der Entstehungzeit des Romans (1745 bis 1752) sowie das Fragment eines Manuskriptes des 29. Briefes der zweiten Ausgabe der *Lettres* von 1752 (beide in Yale) von Interesse.[81] Eine Transkription der literarischen Manuskripte befindet sich im Anhang dieser Arbeit. Die Transkriptionen wurden nach den Maßstäben der ,Critique Génétique' vorgenommen.[82] Ansonsten konnte diese Methode im engeren Sinne nicht angewendet werden, da die Materialbasis kaum Manuskripte des eigentlichen Textes umfaßt. Es geht hier also nicht um die Erstellung eines ,dossier génétique'.[83] Die private Korrespondenz der Autorin, die sich teilweise zum Metadiskurs entwickelt, erlaubt es jedoch, die Etappen der Entstehung des Romans in groben Zügen nachzuvollziehen. Außerdem liefert sie wichtige Erkenntnisse zu den materiellen Entstehungsbedingungen des Werkes und der Arbeitsweise der Autorin. Die Untersuchung des Zusammenhangs zwischen Genese und Textgattung, d. h. des Zusammenhangs zwischen der Entstehung der privaten Korrespondenz und der der fiktiven Korrespondenz in Form des Briefromans, ist aufschlußreich für die Analyse des Schreibprozesses, der autobiographische Elemente verarbeitet, indem die private Korrespondenz und der Briefroman in eine Wechselbeziehung zueinander treten. In diesem Teil der Arbeit wird deshalb zuerst die private Korrespondenz der Autorin als Metadiskurs über die Entstehung des Romans behandelt. Anschließend folgt ein Exkurs zur Analyse der literarischen Manuskripte, d. h. des Manuskripts des 29. Briefes. Schließlich wird der Einfluß autobiographischer Elemente in der Korrespondenz auf den Roman sowie seine Rückwirkung auf die private Korrepondenz untersucht.

Bei der Rezeptionsanalyse der *Lettres* erscheint die Wahl einer spezifischen Methode als in vielerlei Hinsicht problematisch. Grundsätzlich soll sich die Analyse mit den elementaren Fragen der Rezeptionssoziologie auseinandersetzen, d. h. es gilt, nicht nur Rezeptionsphänomene aufzuzeigen, sondern vor allem auch die „gesellschaftlichen Bedingungen des Sinnbildungsprozesses"[84] zu untersuchen. Allerdings läßt sich die Rezeptionssoziologie auf die Untersuchung der Wirkung der *Lettres* nur in beschränktem Maße anwenden. Schon in bezug auf die Materialbasis stellt sich das Problem, daß das Kriterium der Vollständigkeit[85] aufgrund des relativ großen zeitlichen Abstandes sowie der weiten räumlichen Ausdehnung der Rezeptionsphänomene nicht anwendbar ist. Die zeitliche Erfassung der Textkonkretisationen[86] wird in zwei Etappen vollzogen. Die erste Etappe reicht von 1747, dem Erscheinungsjahr der ersten Ausgabe der *Lettres*, bis 1835. Der Einschnitt scheint gerechtfertigt, da sich zu diesem Zeitpunkt eine Wende in der Rezeption des Romans beobachten läßt. Nach 1835 gibt es praktisch keine Neuauflagen oder Übersetzungen des Werkes mehr, und das Buch wird bis in die zweite Hälfte des 20. Jahrhunderts kaum noch erwähnt. Diese zweite Phase erstreckt sich bis zu Beginn des 20. Jahrhunderts. Von den 20er bis zu den 60er Jahren wurde der Roman nicht rezipiert; erst in den 60er Jahren wird er von der Forschung neu entdeckt. Diese beiden Phasen sollen speziell für Frankreich untersucht werden, da hier die breiteste Materialbasis zur Verfügung steht. Da die *Lettres* aber auch im Ausland großen Anklang fanden, sollen exemplarische Rezeptionsphänomene aus den betreffenden Ländern aufgezeigt und untersucht werden. Die Materialbasis beschränkt sich dabei nicht nur auf Presseartikel und Literaturkritiken,[87] sondern umfaßt darüber hinaus alle literarischen Rezeptionsformen neben der Literaturkritik, wie Supplemente, Übersetzungen und nicht zuletzt von den *Lettres* beeinflußte Werke. Die Auswertung der Materialbasis erfolgt unter folgenden Gesichtspunkten: Erstens sollen die Textkonkretisationen der jeweiligen Rezipienten an den angegebenen Orten und in den aufgeführten Zeiträumen aufgezeigt werden. Zweitens geht es besonders um das Rezeptionsverhalten gegenüber dem feministischen Gehalt des Werkes. In einem dritten Schritt möchte ich zumindest ansatzweise versuchen, die Gründe für das spezifische Rezeptionsverhalten der jeweiligen Leserschaft aufzuzeigen. Die Rezeptionsanalyse der *Lettres*, die im Gegensatz zu anderen Werken der Frauenliteratur des 18. Jahrhunderts eine vergleichsweise breite Materialbasis bietet und damit eine Ausnahmeerscheinung in der Literaturgeschichte darstellt, soll nicht zuletzt verstehen helfen, warum dieser „Best-Seller"[88] des 18. Jahrhunderts bereits in der ersten Hälfte des 19. Jahrhunderts wieder aus dem literarischen Kanon verschwindet. Es geht unter anderem darum, an einem Beispiel zu untersuchen, wie die literarische Kanonbildung funktioniert und welche Faktoren sie maßgeblich steuern. Damit soll diese Untersuchung einen Beitrag der feministischen Kritik an der traditionellen Literaturkritik leisten.[89]

I.4. Kurzbiographie Françoise de Grafignys

Als Hinführung auf den Hauptteil dieser Arbeit soll eine Kurzbiographie der Autorin der *Lettres* dienen. Die Autorin[90] wird 1695 als Françoise d'Issambourg d'Happencourt in Nancy geboren. Über ihre Kindheit und Jugend liegen uns kaum Informationen vor, außer einer kurzen biographischen Notiz, die sich in Manuskriptform in der Bibliothèque Nationale in Paris befindet:

> je suis née fille unique d'un gentilhomme qui n'avoit d'autre mérite que celui d'etre bon officier la douceur et la timidité de ma mere Jointes a lhumeur violente et imperieuse de mon pere ont cause tous les malheurs de ma vie Seduite par lexemple de lun, intimidée par la severité de l'autre, mon ame perdit des l'enfance cette force sans laquelle le bonsens la raison et la prudence ne servent qu a nous rendre plus malheureuse[91].

1712 heiratet sie François Huguet de Grafigny, der sich im Laufe der Ehe als gewalt-tätig erweisen wird.[92] Die drei aus dieser unglücklichen Verbindung hervorgegangenen Kinder sterben jeweils in zartem Alter. 1723 wird die Ehe legal geschieden, 1725 stirbt François de Grafigny in geistiger Umnachtung. Um das Jahr 1730 beginnt Madame de Grafigny ein Verhältnis mit dem dreizehn Jahre jüngeren Léopold Desmarest. Sie bleibt jedoch auch nach dem Tod ihrer Eltern 1733 alleinstehend. Zu diesem Zeitpunkt be-ginnt ihr Briefwechsel mit François-Antoine Devaux, genannt Panpan, Sohn eines Arztes und Student. Bis 1737, als der Hof von Lothringen durch den Vertrag zwischen Herzog François III. und dem polnischen König Stanislas Leszczynski aufgelöst wird, lebt Françoise de Grafigny am herzöglichen Hof, danach bei Freunden und Bekannten. Den Winter 1738/39 verbringt sie bei Voltaire und Madame du Châtelet in Cirey;[93] nach diesem Aufenthalt siedelt sie 1739 nach Paris über. Dort führt sie ein wechselhaftes Leben in ständiger finanzieller Unsicherheit. Bis 1740 ist sie Hofdame bei dem Herzog von Richelieu. Ende 1740 wird sie Gesellschafterin der Prinzessin de Ligne. Nach Auf-enthalten in verschiedenen Klöstern von Paris mietet Françoise de Grafigny im August 1742 ihre erste eigene Wohnung in der Rue St. Hyacinthe. Ab September verkehrt sie regelmäßig im Salon Mademoiselle Quinaults, ,Le Bout du Banc'. Für diesen literari-schen Zirkel schreibt sie 1744 zwei Novellen, *La Nouvelle Espagnole* und *La Princesse Azerolles*. Letztere wird Ende des gleichen Jahres in einer Sammlung von ,contes' veröf-fentlicht: *Cinq contes de fées*, die später Caylus zugeschrieben wurde.[94] 1745/47 verfaßt sie die 1747 anonym erschienenen *Lettres d'une Péruvienne* in 39 Briefen. In dieser Zeit entsteht auch ihr eigener literarischer Salon, in dem u. a. Duclos, Crébillon Fils, Mari-vaux und der noch unbekannte Jean-Jacques Rousseau verkehren.[95] Die Uraufführung ihrer „comédie larmoyante" *Cénie* von 1750 ist ein großer Erfolg. 1752 erscheint auch die um drei Briefe und eine „Introduction Historique" erweiterte Neufassung der *Lettres*, unter ihrem Namen und mit dem „Privilège du Roi" versehen. 1758 findet die Uraufführung ihres Dramas *La Fille d'Aristide* statt, die jedoch ein Mißerfolg wird. Noch im selben Jahr stirbt Madame de Grafigny im Alter von 63 Jahren.

II. ZUR INTERPRETATION DES ROMANS: UMGESTALTUNG UND DEKONSTRUKTION LITERARISCHER MUSTER

II.1. Der literarische Exotismus: Quellen und Vorläufer

In der ersten Hälfte des 18. Jahrhunderts erreicht die Mode des literarischen Exotismus ihren Höhepunkt. Die im vorhergehenden Jahrhundert entstandenen Werke über die Entdeckungen der ‚Neuen Welt' werden nun literarisch umgesetzt. Darüber hinaus verstärkt die zunehmende Reisetätigkeit sowie die Tatsache, daß immer häufiger Besucher aus dem Ausland nach Paris gelangen, die Auseinandersetzung mit dem Fremden.[1] Vor diesem kulturgeschichtlichen Hintergrund entstehen zwei Arten des literarischen Exotismus: Zum einen der Orientalismus, der in Montesquieus *Lettres Persanes* (1721) seinen Ausdruck findet; zum anderen der amerikanische Exotismus.[2] Chinard unterscheidet zu Recht streng zwischen den beiden Varianten, da der Orientale sich in der Regel ohne weiteres mit dem kultivierten französischen Salonbesucher identifizieren kann, während der amerikanische Fremde in der Literatur gemeinhin dem Klischee des „Wilden" entspricht. Er ist weniger integrationsfähig als der Orientale und hält an seiner Andersartigkeit fest:

> Dans la littérature spéciale qui traite des Indiens, nous verrons que les malheureux amenés de gré ou de force à Paris, mis en contact direct avec des civilisés, ne cessent de regretter leurs forêts, de nous faire, à notre face, l'éloge de leur vie, et, dès qu'ils en ont le pouvoir, retournent à leurs solitudes avec la haine et le mépris de la civilisation. L'exotisme américain est, dès l'origine, antisocial, ce caractère ne va faire que se développer au cours du XVIIIe siècle.[3]

Im Gegensatz zum Orientalismus ist der amerikanische Exotismus in der Literatur der ersten Hälfte des 18. Jahrhunderts nur geringfügig vertreten.[4] Die eigentliche Inkamode beginnt erst 1777 mit *Les Incas* von Marmontel. Allerdings werden die Inkas im Theater bereits in der ersten Hälfte des 18. Jahrhunderts gefeiert. 1735 wird das Ballett *Les Indes Galantes* von Fuselier mit der Musik von Rameau mit großem Erfolg uraufgeführt; 1736 erfolgt die erste Aufführung von Voltaires *Alzire*. In diesen Stücken geht es in der Regel um die Beziehung einer Inkaprinzessin mit einem Eroberer. Die Autoren dieser Stücke sind beeinflußt von dem Antikolonialismus eines Las Casas und eines Garcilasos de la Vega, die die Grausamkeit der spanischen Eroberer anprangern.

Im folgenden sollen die *Lettres* innerhalb dieser Mode des Exotismus situiert werden, exemplarisch werden deshalb zwei literarische Vorläufer der *Lettres* behandelt, die beide Richtungen des Exotismus repräsentieren. Im Vergleich mit diesen beiden, im Kanon vertretenen Werken männlicher Autoren, können bereits die Perspektiven einer ‚gender'-orientierten Literaturinterpretation aufgezeigt werden. In einem zweiten Schritt wird kurz auf das historische Quellenmaterial der Autorin eingegangen.

Diese kurze vergleichende Darstellung der literarischen Vorläufer der *Lettres* bleibt auf diejenigen Werke beschränkt, die die Autorin selbst in ihrem „Avertissement" zu den *Lettres* erwähnt. Selbstverständlich ist die Basis der literarischen Vorläufer der *Lettres* wesentlich breiter anzusetzen.[5] Es geht hier jedoch lediglich darum, einige dominante literarische Muster aufzuzeigen, die in der ersten Hälfte des 18. Jahrhunderts besonders beliebt waren, wie z. B. die literarische Perspektive des ‚fremden Blicks‘, um anschließend zu untersuchen, wie Madame de Grafigny diese Muster im Hinblick auf ihre eigenen Bedürfnisse umgestaltet.

Françoise de Grafigny weist in ihrem „Avertissement" der Ausgabe der *Lettres* von 1752 auf zwei literarische Werke hin, die ihr als Anregung gedient haben, die erstmals 1721 erschienenen *Lettres Persanes*[6] von Montesquieu (S. 135) und Voltaires Tragödie *Alzire ou les Américains*[7] (S. 136). Beide Werke weisen in der Tat einige Parallelen zu den *Lettres* auf.

Die *Lettres Persanes* von Montesquieu (1721) gehören der literarischen Strömung des Orientalismus an. Die persischen Besucher von Paris, Usbek und Rica, zeichnen sich durch erstaunliche Anpassungsfähigkeit aus. Sie beherrschen die französische Sprache bereits mehr oder weniger perfekt und fügen sich ohne große Probleme in die Pariser Salonwelt ein. Ihr ‚Fremdsein‘ in der französischen Gesellschaft wird somit in erster Linie durch die Distanz charakterisiert, die sie einer Gesellschaft gegenüber einnehmen, der sie selbst nicht angehören. Diese Distanz ermöglicht es ihnen, Kritik an dieser fremden Gesellschaft zu äußern. Die *Lettres Persanes*, wie die *Lettres*, lassen sich beide der Gattung des Briefromans zuordnen. Allerdings handelt es sich bei den *Lettres Persanes* im Gegensatz zu den *Lettres* um einen mehrstimmigen Briefroman. Dies ist ein nicht zu vernachlässigender Unterschied, insofern es sich bei den *Lettres Persanes* um einen kollektiven Prozeß des Schreibens handelt, während bei den *Lettres* die individuelle Autorschaft im Vordergrund steht. Die Briefe sind somit auf die Empfindungen und Reflexionen einer Person ausgerichtet und beinhalten ein psychologisches Moment. Aufgrund dieser Tatsache bekommt der Gebrauch der literarischen Technik des ‚fremden Blicks‘ in den *Lettres* eine Bedeutung, die weit über die in den *Lettres Persanes* hinausgeht. In den *Lettres Persanes* wird, wie in den *Lettres*, die französische Gesellschaft aus der Perspektive mehrerer Fremder dargestellt und kritisiert. Allerdings ist im Gegensatz zu den *Lettres* der Ton bei Montesquieu ironisch. Usbek und Rica, die zwei wichtigsten Briefschreiber, stehen der französischen Gesellschaft wesentlich distanzierter gegenüber als Zilia. Ihr von Anfang an hoher Bildungsgrad (dies gilt vor allem für Usbek) läßt ihre Gesellschaftskritik auf den ersten Blick reflektierter erscheinen als die Zilias. Allerdings haben die gesellschaftskritischen Briefe in den *Lettres* (besonders Brief 20 über das Wirtschaftssystem sowie die Briefe 33 und 34 über die ‚condition féminine‘), die bei oberflächlicher Lektüre relativ isoliert und wenig handlungsorientiert wirken, fundamentale Funktion in Zilias Selbstfindungsprozeß. Nur die Zilia persönlich betreffenden Themen bilden Grundlage eigener Briefe. Dieser persönliche Bezug, das heißt der Versuch Zilias, ihre eigene Position innerhalb der fremden Gesellschaft zu finden, wird in diesen Briefen immer wieder explizit formuliert. So stellt J. V. Douthwaite im Hinblick auf den Unterschied zwischen den beiden Werken fest: „Graffigny's resistance to the distanced persona of the travel writer emerges in her practice of reporting the heroine's innermost feelings and contacts with particular individuals over Montesquieu's preference for the detached rhetoric of sociological analysis."[8] Wenn auch in den *Lettres Persanes* die Kulturrelativität bereits in hohem Maße ausgestaltet und nicht mehr nur literarisches Mittel zur Darstellung von Gesellschaftskritik ist, wird diese in den *Lettres*, vor allem durch die Sprachenproblematik, noch differenzierter dargestellt und in die Handlung eingeflochten. So schreibt I. Landy-Houillon: Contrairement aux *Lettres Persanes*, simplement traduites, [...], les Péruviens consignent régulièrement les progrès de Zilia dans sa langue d'adoption, qui conditionnent simultanément la perception du monde qui l'entoure.[9] Auch einige Elemente der Gesellschaftskritik in den *Lettres* tauchen in ähnlicher Weise bereits bei Montesquieu auf, z. B. die Kritik an der Eitelkeit und Oberflächlichkeit der Franzosen sowie an ihrer Falschheit. Genauso werden auch bei Montesquieu Themen wie die religiöse Intoleranz, die ,condition féminine', die Klostererziehung der Frauen etc. behandelt. In den *Lettres* wird die Kritik jedoch vor allem im Hinblick auf die Position der Frau in der Gesellschaft geübt. So ist es in diesem Zusammenhang besonders wichtig, daß es sich bei dem fremden Besucher in den *Lettres* um eine Frau handelt, die zudem – im Gegensatz zu Rica und Usbek, die sich auf einer Art Bildungsreise befinden, unfreiwillig in dieses Land gelangt. Rica und Usbek bleiben immer außenstehende Betrachter, während Zilia gezwungen ist, sich existentiell mit dem ihr Fremden auseinanderzusetzen. Diese Beschäftigung mit dem Fremden wird so zu einer Form der subjektbegründenden Selbstreflexion, die weit über die Gesellschaftskritik in den *Lettres Persanes* hinausgeht. Während man die *Lettres Persanes* der Gattung des ,Philosophischen Romans' zuordnen kann, handelt es sich bei den *Lettres* um eine Variante des Entwicklungsromans.

Bezüglich des historischen Hintergrundes der *Lettres* nennt die Autorin Voltaires *Alzire* (1736): „Un de nos plus grands Poëtes a crayonné les mœurs Indiennes dans un Poëme Dramatique, qui a dû contribuer à les faire connoître" (S. 136). In einer Fußnote verweist Madame de Grafigny auf den Titel dieses „Poëme Dramatique".[10] Voltaires Tragödie spielt wie die *Lettres* während der Eroberung Perus durch die Spanier. Auch an die Kolonialismuskritik Voltaires lehnt sich Madame de Grafigny an, denn in beiden Werken werden die Natürlichkeit und Güte der Peruaner der Grausamkeit und Geldgier der Eroberer gegenübergestellt. Wenn Alzire die Unmöglichkeit seines Charakters, sich zu verstellen, unterstreicht: „[...] jamais mon visage n'a de mon cœur encor démenti le langage. Qui peut déguiser pourrait trahir sa foi. C'est un art de l'Europe: il n'est pas fait pour moi"[11], erinnert er an Zilia, wenn sie in Brief 2 Aza vor der Falschheit der Spanier warnt:

Ta bonté te séduit; tu crois sincères les promesses que ces barbares te font faire par leur interprète, parce que tes paroles sont inviolables; mais moi qui n'entends pas leur langage, moi qu'ils ne trouvent pas digne d'être trompée, je vois leurs actions [...] Sauve-toi de cette erreur, défie-toi de la fausse bonté de ces Etrangers. (Brief 2, S. 155).

Das Thema der Falschheit der Franzosen wird auch in Zilias Gesellschaftskritik dominieren, wie im folgenden noch zu sehen sein wird. Weiterhin bedient sich Voltaire in seiner Tragödie bereits der Anmerkungen in Form von Fußnoten, um die Authentizität des historischen Hintergrundes zu unterstreichen, wie auch Madame de Grafigny es in den *Lettres* tun wird. Für uns besonders interessant ist jedoch die Umgestaltung des Plots bei Madame de Grafigny gegenüber der Tragödie Voltaires. In beiden Stücken geht es um das Schicksal eines jungen Inkapaares. Bei Voltaire befiehlt der Indiokönig Montèze seiner Tochter Alzire, zum Christentum zu konvertieren und den spanischen Eroberer Gusman zu heiraten, da ihr Geliebter Zamora angeblich tot sei. Alzire widersetzt sich dem Gebot ihres Vaters und bleibt ihrer Religion und ihrer Liebe zu Zamora treu. Schließlich erfährt Alzire, daß Zamora unter Gusman gefangengenommen wurde, und bittet letzteren, ihren Geliebten freizugeben. Zamora kommt Gusmans Entscheidung zuvor und sticht ihn nieder. Sterbend erkennt Gusman seine Schuld, bekennt seine Fehler, vermag Zamore zu verzeihen und ihm Alzire zurückzugeben. Zamore ist von dieser edlen Gesinnung so beeindruckt, daß er sich entschließt, zum katholischen Glauben überzutreten.

Bei Voltaire gibt es also ein ‚Happy-End‘; die Liebenden finden zusammen, und außerdem gelingt die Kolonialisierung durch die Europäer zumindest teilweise. Voltaire bleibt damit der literarischen sowie der ideengeschichtlichen Tradition treu, nach der im 18. Jahrhundert nach wie vor die Überlegenheit der Europäer gilt. Genau dieses Muster wird in den *Lettres* von Madame de Grafigny verändert. Es gibt kein Happy-End. Zilia hat Aza verloren. Dieser ist wie Zamore konvertiert und damit Zilia in zweifacher Hinsicht untreu geworden. Er hat sich in eine Spanierin verliebt und möchte diese heiraten. Durch seine Konversion und das damit in Kraft tretende Inzestverbot der katholischen Kirche ist eine Heirat mit seiner Schwester von vornherein unmöglich geworden. Zilia dagegen bleibt Aza über seinen Verrat hinaus treu und lehnt auch eine Ehe mit dem europäischen Eroberer Déterville ab. Sie zieht ein selbstbestimmtes Leben in der Abgeschlossenheit ihres Landhauses vor. Dieses Ende des Romans sowie Zilias auf den ersten Blick schwer nachvollziehbares Verständnis von ‚Liebe‘ ist oft kritisiert worden, wie im folgenden noch zu sehen sein wird.

Madame de Grafigny konnte auf eine Reihe von historischen Quellen zurückgreifen. In der ersten Hälfte des 18. Jahrhunderts liegt bereits eine recht beachtliche Anzahl von Werken in französischer Sprache vor, die sich mit der Geschichte der Inkas und der Eroberung ihres Reiches auseinandersetzen, so Las Casas mit seiner *Histoire des Indes* (Paris 1630); die Übersetzung Garcilaso de la Vegas *Commentaire royal ou l'Histoire des Yncas, rois du Pérou*, Paris 1634; Zarate, *Histoire de la découverte et de la conquête de Pérou*, 1716; Bruzen de la Martinière, *Introduction à l'Histoire de l'Amérique*; Lafiteau, *Mœurs des Sauvages Américains*, Paris 1724.

In der „Introduction Historique" der Ausgabe der *Lettres* von 1752 gibt Madame de Grafigy drei historische Quellen an: Die *Dissertations sur les peuples de l'Amérique* (S. 144), Garcilaso de la Vega mit seinen *Wahrhaftigen Kommentaren zum Reich der Inka* (S. 145) sowie Pufendorf mit seiner *Introduction à l'Histoire* (S. 146). Die Erwähnung der *Dissertations sur les peuples de l'Amérique* ist allerdings Las Casas entnommen.[12] Die Hauptquelle für den historischen Hintergrund der *Lettres* stellen die *Wahrhaftigen Kommentare zum Reich der Inka* von Garcilaso dar. Die „Introduction Historique" der Ausgabe der *Lettres* von 1752 hält sich eng an das Werk Garcilasos.[13] Ganze Passagen der historischen Einführung zu den *Lettres* lassen sich fast wortgetreu in den *Wahrhaftigen Kommentaren* wiederfinden.[14] Allerdings gibt es bei der Beschreibung des Sonnentempels einige Unterschiede. Einer der wichtigsten besteht in der Tatsache, daß die Sonnenjungfrauen nach Garcilasos Berichten im Gegensatz zur Darstellung Madame de Grafignys nicht im Sonnentempel selbst wohnten, sondern vielmehr im sogenannten ‚Haus der Auserwählten‘, das ziemlich weit vom Tempel entfernt lag.[15] Auch gibt es bei Garcilaso im Sonnentempel keine hundert Türen:

> Il y avoit cent portes dans le Temple superbe du Soleil. L'Inca régnant, qu'on appeloit le Capa-Inca avoit seul le droit de les faire ouvrir; c'étoit à lui seul aussi qu'appartenoit le droit de pénétrer dans l'intérieur de ce Temple. („Introduction Historique", S. 143)[16].

Den hundert Türen des Sonnentempels bei Madame de Grafigny entsprechen jedoch bei Garcilaso die vielen Türen des ‚Hauses der Auserwählten‘, hinter denen sich die Jungfrauen verbergen und die nur von der Königin geöffnet werden dürfen:

> Unter anderen großartigen Dingen hatte das Gebäude einen schmalen Gang, gerade breit genug für zwei Personen, der das ganze Haus durchquerte. Zu beiden Seiten des Ganges befanden sich viele Räumlichkeiten, in denen die Dienstgeschäfte des Hauses versehen wurden und in denen die dienenden Frauen arbeiteten. Für jede der Türen gab es Hüterinnen von größter Zuverlässigkeit; im letzten Raum, am Ende des Ganges, wohin niemand gelangte, wohnten die Sonnenjungfrauen. Das Haus hatte ein Haupttor, wie es hier als Ordenstor bezeichnet wird, welches sich nur für die Königin und zum Empfang für diejenigen öffnete, die eintraten, um Nonnen zu werden.[17]

Bei diesem Unterschied handelt es sich wahrscheinlich nicht um eine Erfindung Madame de Grafignys, sondern es ist anzunehmen, daß sie auf andere historische Darstellungen der Inkas zurückgegriffen hat, in denen als Aufenthaltsort der Sonnenjungfrauen tatsächlich der Sonnentempel angegeben wird. Übrigens spricht auch Garcilaso von diesen Werken.[18] Was die Hauptbeschäftigung der Sonnenjungfrauen angeht sowie die Praxis, den Erbprinzen mit seiner Schwester zu verheiraten, stimmen die Darstellung im Roman und im Werk Garcilasos wieder überein.

II.2. Der ‚Fremde Blick‘ und die Gesellschaftskritik

Die literarische Perspektive des ‚fremden Blicks‘ dient bei Montesquieu noch vor allem dazu, seine umfassende Gesellschaftskritik gefällig zu formulieren, wie J. v. Stackelberg in seinem Aufsatz über die *Lettres* zur literarischen Perspektive des ‚fremden Blicks‘ schreibt:

> [...] von Ferne erinnernd an Descartes' Tabula-rasa Verfahren als Ausgangspunkt allen Philosophierens, freilich mit der neuen Pointe des empirischen ‚enquiry on human understanding‘ (um mit John Locke zu sprechen), zählt das Verfahren des

‚naiven Blicks' zu den Lieblingstechniken frühaufklärerischer Moralistik und Gesellschaftskritik. Es erinnert an die naturwissenschaftliche Erkenntnisgewinnung, die auch zunächst einmal voraussetzt, und nur von dem Beobachteten ausgeht; es hängt zusammen mit dem Abbau ‚aller Vorurteile', einem Hauptprogrammpunkt der Aufklärung, läßt sich aber zugleich vortrefflich in eine amüsante erzählerische Form kleiden, [...][19]

Diese Darstellung der Funktion des ‚fremden Blicks' scheint jedoch in bezug auf die *Lettres* nicht hinreichend zu sein. Im Gegensatz zu den *Lettres Persanes* handelt es sich bei der Fremden in den *Lettres* um eine Frau. Wie in den *Lettres Persanes* Montesquieus beschreibt die Protagonistin der *Lettres* die Gesellschaft des französischen Ancien Régimes aus der Perspektive des ‚fremden Blicks', das heißt aus der Perspektive eines Fremden bzw. Ausländers, der die ihm fremde Gesellschaft mit einer eben durch sein Fremdsein bedingten Distanz betrachtet. Die Tatsache, daß es sich bei dieser Fremden um eine Frau handelt, bewirkt allerdings eine Fremdheit in doppeltem Sinn: Zum einen als Ausländerin, als Peruanerin in Frankreich, zum anderen als Frau in der patriarchalischen Gesellschaft des Ancien Régime. Es geht hier also um das Problem der Alterität.[20]

Der Fremde in der Gesellschaft nimmt die Rolle des anderen ein, der zum Kompensationsobjekt für die eigenen Schwächen wird, z. B. dadurch, daß der Inländer sich durch die Andersartigkeit des Ausländers, welche als Minderwertigkeit gedeutet wird, selbst aufwertet.[21]

In den feministischen Theorien wird die Position der Frau in der Gesellschaft als die der Fremden bestimmt. F. Akashe-Böhme etwa beschreibt die Fremdheit der Frau in der Gesellschaft folgendermaßen:

> Das durch eigene Erfahrung motivierte Interesse an dem Thema „Fremdheit" führt zu der Entdeckung, daß die Männer in Europa seit jeh oder jedenfalls deutlich nachweisbar seit Beginn der Frühen Neuzeit ein explizites Interesse daran hatten, die Frau als das Fremde in ihrer eigenen Welt zu sehen. Das führt auf der einen Seite Exotismus mit Sexismus zusammen. Die allgemeine Schwärmerei für das Fremde, für exotische Kulturen, Kunstwerke und Waren verdichtet sich in der Vorstellung über die fremde Frau. Die Sehnsucht des Mannes nach dem anderen seiner selbst stattet die Frau mit allem aus, was dem Mann fehlt, oder, eher, was er sich in seiner Selbststilisierung zum Herrn und Leistungsträger versagt: Sinnlichkeit, Naturnähe, anarchische Moralität und natürliche Schönheit [...][22]

Dieser Ansatz beschreibt die Stellung der Frau in der Gesellschaft bzw. in der Kultur als auf die Position des Mannes bezogen, für dessen eigene Unzulänglichkeiten sie als Kompensationsobjekt fungiert. Die Frau ist reduziert auf die Position der anderen des Selben.[23] Sie erfährt sich selbst als Objekt des Mannes und ist damit in einer von Männern dominierten Gesellschaft eine Fremde. Grundsätzlich erfährt sich die Frau, so die Position dieser feministischen Theorie, durch den Blick des Mannes. Es ist der Mann, der sieht, und die Frau, die gesehen wird.

In den *Lettres* ist es nun aber eine Frau, die sieht; es geht um den Blick einer Frau, das heißt entgegen traditioneller Darstellungen wird hier der Frau die aktive Rolle zugewiesen. Ein wichtiger Entwicklungsschritt dieser Frau ist die Erfahrung, daß sie nicht nur sieht, sondern auch gesehen wird, bzw. daß sie das Objekt der Blicke der anderen ist. Der Spiegel steht für den Blick der anderen, den bereits Sokrates konstitutiv für die Entstehung eines Selbst ansah.[24] In der heutigen feministischen Literaturkritik wird die Spiegelmetapher oft für den Versuch der Frau eingesetzt, sich des männlichen Blicks zu entledigen, mit dem sie sich immer wieder selbst betrachtet. S. Weigel bezeichnet diesen weiblichen Blick auch als „schielenden Blick" und schreibt über die Spiegelmetapher:

Da die kulturelle Ordnung von Männern regiert wird, aber die Frauen ihr dennoch angehören, benutzen auch diese die Normen, deren Objekt sie selbst sind. Das heißt die Frau in der männlichen Ordnung ist zugleich beteiligt und ausgegrenzt. Für das Selbstverständnis der Frau bedeutet das, daß sie sich selbst betrachtet, indem sie sieht, daß und wie sie betrachtet wird, das heißt ihre Augen sehen durch die Brille des Mannes [...] Während sie die Betrachtung der Außenwelt dem weitschweifenden Blick des Mannes überlassen hat, ist sie fixiert auf eine im musternden Blick des Mannes gebrochene Selbstbetrachtung. Ihr Selbstbildnis entsteht ihr so im Zerrspiegel des Patriarchats. Auf der Suche nach ihrem eigenen Blick muß sie den Spiegel von den durch männliche Hand aufgemalten Frauenbildern befreien.[25]

Die hier angesprochene Thematik der Alterität und damit zusammenhängend die des Blicks sind grundlegend für die Funktion der literarischen Perspektive des ‚fremden Blicks' in den *Lettres*. Die Ausweitung desselben im Gegensatz zu Montesquieu besteht darin, daß Zilias Blick in hohem Maße selbstreflexiv ist und damit zu ihrer Entwicklung beiträgt. Am Ende dieser Entwicklung steht ein Lösungsansatz für die Problematik der Alterität.

Im folgenden soll gezeigt werden, wie die Entwicklung des Blicks der Protagonistin von einem naiven zu einem bewußt reflexiven ‚fremden Blick' gestaltet ist. Zu Beginn ihrer Begegnung mit der fremden Kultur deutet Zilia alles, was sie sieht, mit ihren kulturellen Maßstäben. So bewertet Zilia die Versuche des Arztes, ihr den Puls zu fühlen, zuerst als ungehörige Zudringlichkeit:

Dès le premier moment où, revenu de ma foiblesse, je me trouvai en leur puissance, celui-ci [...] plus hardi que les autres, voulut prendre ma main, que je retirai avec une confusion inexprimable; il parut surpris de ma résistance, et sans aucun égard pour la modestie, il la reprit à l'instant. (Brief 4, S. 169).

Etwas später kommt Zilia zu dem Schluß, es müsse sich bei dieser Geste um eine Art Aberglauben zur Heilung ihrer Krankheit handeln, der allerdings nur für diejenigen wirksam sei, die auch daran glauben. In einer Fußnote merkt die Autorin diesbezüglich an, daß bei den Inkas die Medizin unbekannt war. Zilia spricht hier also bereits das Problem der Relativität von Glaubensvorstellungen im allgemeinen an:

Cette espèce de cérémonie me paroît une superstition de ces peuples: j'ai cru remarquer que l'on y trouvoit des rapports avec mon mal; mais il faut apparemment être de leur nation pour en sentir les effets; car je n'en éprouve que très peu. (Brief 4, S. 169 f.).

Als sich das Schiff, auf dem sich Zilia und Déterville befinden, dem französischen Ufer nähert, schließt Zilia vor dem Hintergrund ihrer Kenntnisse, daß dieses Land ebenfalls zum Reich der Inkas gehören müsse, weil dort auch die Sonne scheine: „Il est certain que l'on me conduit à cette terre que l'on m'a fait voir; il est évident qu'elle est une portion de ton Empire, puisque le Soleil y répand ses rayons bienfaisans." (Brief 8, S. 180). In Frankreich angekommen, erfährt Zilia in zunehmendem Maße das, was wir heute als ‚Kulturschock' bezeichnen würden. Alles Neue, mit dem sie konfrontiert wird, versetzt die Inkaprinzessin in großes Erstaunen:

[...] Tout ce qui s'offre à mes yeux me frappe, me surprend, m'étonne, et ne me laisse qu'une impression vague, une perplexité stupide, dont je ne cherche pas même à me délivrer; mes erreurs répriment mes jugemens, je demeure incertaine, je doute presque de ce que je vois. (Brief 10, S. 186).

Zilia sieht sich damit außerstande, das Erlebte einzuordnen. Dieser Zustand erreicht seinen Höhepunkt mit der Spiegelepisode. Bei ihrer Ankunft in Frankreich macht Zilia die Erfahrung des Spiegels, eine sozusagen metaphorische Darstellung der Existenzerfahrung der Frau.[26] Zilia ist der Spiegel aus ihrer Heimat noch nicht bekannt:

En entrant dans la chambre où Déterville m'a logé, mon cœur a tressailli; j'ai vu dans l'enfoncement une jeune personne habillée comme une Vierge du Soleil; j'ai couru à elle les bras ouverts. Quelle surprise, mon cher Aza, quelle surprise extrême, de ne trouver qu'une résistance impénétrable où je voyais une figure humaine se mouvoir dans un espace fort étendu! L'étonnement me tenoit immobile, les yeux attachés sur cette ombre, quand Déterville m'a fait remarquer sa propre figure à côté de celle qui occupoit toute mon attention: je le touchois, je lui parlois, et je le voyois en mêmetems fort près et fort loin de moi. (Brief 10, S. 186 f.).

Zilia sieht sich im Spiegel und erkennt zunächst nicht, daß es sich um ihre eigene Person handelt. Erst als Déterville neben ihr erscheint, realisiert sie, daß sie sich selbst im Spiegel sieht. Zum einen wird Zilia sich angesichts dieses Erlebnisses bewußt, wie sehr sich diese Welt von der ihren unterscheidet und daß hier offensichtlich andere Maßstäbe gelten: „Je le vois avec douleur, mon cher Aza: les moins habiles de cette contrée sont plus savans que tous nos Amautas." (Brief 10, S. 187). Zum anderen erfährt Zilia mit dieser Spiegelepisode vor allem die auf sie gerichteten Blicke der anderen, das heißt ihre Alterität, einerseits als Ausländerin, andererseits als Frau. „A la façon dont elles me regardent, je vois bien qu'elles n'ont point été à Cuzco" (Brief 10, S. 187), schreibt Zilia über die Reaktion der französischen Frauen auf ihr Erscheinen. Zilia lehnt sich innerlich gegen ihre Reduzierung zum Objekt auf; sie ist sich der Tatsache bewußt, daß das Urteil der anderen Frauen vor allem auf Äußerlichkeiten beruht:

[...] Et portant toute mon attention sur ces femmes; je crus démêler que la singularité de mes habits causoit seule la surprise des unes et les ris offensans des autres: j'eûs pitié de leur foiblesse; je ne pensai plus qu'à leur persuader par ma contenance que mon âme ne différoit pas tant de la leur que mes habillemens de leur parure. (Brief 11, S. 190 f.).[27]

In diesem Zusammenhang ist es besonders interessant, daß Zilia gerade durch ihr Geschlecht in die Rolle des Objektes gedrängt wird. Scheint doch hier die Annahme bestätigt, daß auch die Frauen untereinander sich selbst vor allem in ihrer Körperlichkeit wahrnehmen und beurteilen, das heißt durch den ihnen auferlegten Blick der Männer.[28] Zilia ist sich dagegen von Anfang an bewußt, daß diese Art der Fremdwahrnehmung überwunden werden muß zugunsten einer Wahrnehmung der inneren Werte, der Relativierung der eigenen Wertvorstellungen sowie zugunsten der Toleranz den anderen gegenüber. In bezug auf diese Gestaltung der Figur Zilias schreibt Renate Kroll:

Bis heute hat die romanistische Literaturwissenschaft nicht erkannt, daß Madame de Grafigny das Rousseausche Lernmodell nicht nur vorweggenommen (und dabei manchen seiner Schwächen entgangen ist), sondern der weiblichen Existenz – ohne sie zu korrumpieren – Verstand, Vernunft, Vorurteilslosigkeit, Urteils- und Kritikfähigkeit, Selbstbestimmung und Autarkie überantwortet hat.[29]

So versucht Zilia wiederholt, vor dem Hintergrund ihrer eigenen Erfahrungen, die Sichtweise der anderen, das heißt die Reaktion auf das ihnen Fremde zu verstehen:

A juger de leur esprit par la vivacité de leurs gestes, je suis sûre que nos expressions mesurées, que les sublimes comparaisons qui expriment si naturellement nos tendres sentimens et nos pensées affectueuses, leur paraîtroient insipides; ils prendroient notre air sérieux et modeste pour de la stupidité, et la gravité de notre démarche pour un engourdissement. (Brief 11, S. 192).

Zilia steht innerhalb der ihr fremden Gesellschaft mit diesen Reflexionen allerdings allein. Bei ihrem ersten Auftritt in der Gesellschaft von Paris wird ihr ihre Position als Objekt nicht mehr nur durch die Blicke der anderen verdeutlicht, sondern auch durch deren Benehmen. Die Handlungsweise einer der anwesenden Damen läßt Zilia ihre Position als Ausländerin in krassester Form spüren. Durch die Freiheiten, die sich einer der anwesenden Männer ihr gegenüber herausnimmt, wird ihre Erfahrung der Fremdheit als Frau geprägt (Brief 11, S. 192). Allein Déterville und Céline bilden Ausnahmen im Kreise dieser Gesellschaft und werden annähernd auf eine Stufe mit Zilia erhoben, wenn diese über die beiden schreibt: „L'un et l'autre me traitent avec autant d'humanité que nous excercerions à leur égard si des malheureux les eussent conduits parmi nous." (Brief 11, S. 210).

Die erste Phase des Romans ist geprägt durch Zilias Erfahrung der ‚doppelten Alterität', als Frau und als Ausländerin. Sie erfährt sich in ihrer Rolle als Objekt. Zilia selbst wehrt sich jedoch dagegen, diese Art der Fremdwahrnehmung zu übernehmen. Sie versucht immer wieder, ihren eigenen Blick sowie den Blick der anderen vor dem Hintergrund der unterschiedlichen kulturellen Erfahrungen zu relativieren, und sich damit zugleich von diesem Blick zu befreien. Zilia, in ihrer Rolle als Fremde und als ‚gute Wilde‘, vereinigt in ihrer Person die aufklärerischen Ideale der Toleranz sowie der angewandten Relativität und benutzt diese, um ihr Selbstbewußtsein auszubilden und einen Weg in der ihr fremden Gesellschaft zu finden, der ihr ein Höchstmaß an persönlicher Freiheit ermöglicht. Dadurch, daß Zilia sich ihrer Fremdheit und ihrer Position als andere in der französischen Gesellschaft in hohem Maße bewußt ist – sie thematisiert immer wieder den auf sie gerichteten Blick der anderen – ist sie in der Lage, sich selbst von einem gesehenen Objekt zu einem sehenden Subjekt zu wandeln, sich damit vom Blick der anderen zu emanzipieren und sich von ihrem Objektstatus als Frau zumindest teilweise zu befreien. Die Spiegelepisode steht dabei als Metapher für die Selbstfindung, das Sich-Selbsterkennen Zilias. Immer wieder wägt sie den Blick der anderen gegen ihren eigenen Blick ab. Durch diese Reflexion, die in hohem Maße Selbstreflexion ist, gelingt es ihr, ein Selbstbewußtsein zu erlangen.[30] Immer wieder weist ihr Blick auf die anderen und die Kritik, die dieser Blick impliziert, weist auf ihre eigene Situation zurück und dient Zilia damit als Mittel zur Standortbestimmung in der fremden Gesellschaft.

An dieser Stelle zeigt sich die Fruchtbarkeit des aufklärerischen Diskurses für die Feminismusdebatte und darüber hinaus natürlich für die politische Frage der kulturellen Alterität überhaupt. Indem Zilia zwecks Bewältigung ihrer Erfahrung der Alterität auf ein ‚intersubjektives‘ Verhaltensmodell zurückgreift, gelingt es ihr, ihre eigene Subjektivität zu begründen, ohne dabei den anderen zu vereinnahmen und auf ein Objekt zu reduzieren. Genau dieses Verhaltensmodell wird in der heutigen feministischen Wissenschaft immer wieder als Lösung des Geschlechterkonfliktes angeführt.[31]

Im Gegensatz zu Montesquieus *Lettres Persanes* ist der ‚fremde Blick‘ in den *Lettres* eng mit der Handlung verflochten, da er zusammen mit dem Spracherwerb die Entwicklung der Protagonistin Zilia strukturiert. Der Roman läßt sich in drei wesentliche Abschnitte gliedern. Der erste große Abschnitt endet mit Brief 17, nach dem die Quipos[32] durch Briefe in französischer Sprache abgelöst werden. Der zweite Abschnitt endet mit Brief 36 mit dem Bruch der Beziehung zwischen Zilia und Aza, und der Beginn des dritten Teils (Brief 37) wird begleitet vom Wechsel des Briefpartners.

Der erste Teil des Romans (Brief 1 bis 17) wird bestimmt von Zilias Unfähigkeit zur sprachlichen Kommunikation. Dazu kommt ihr Erstaunen, das aus ihrer Begegnung mit der fremden Kultur erwächst, welche ihr immer wieder ihre Trennung von Aza vergegenwärtigt. Die Briefe 1 und 2 vermitteln den historischen Hintergrund sowie die von diesem abhängige Ausgangssituation des Romans, nämlich die Plünderung des Sonnentempels durch die Spanier und die daraus resultierende Trennung des Liebespaares Zilia – Aza. In Brief 2, in dem indirekt eine Antwort Azas auf Zilias ersten Brief erscheint, wird allerdings Azas endgültiges Verhalten bereits vorhergesehen (S. 155). Ab Brief 3 befindet sich Zilia in den Händen der Franzosen. In den Briefen 3 bis 9 wird mit dem Hinweis auf sprachliche Defizite und die Andersartigkeit der kulturellen Vorstellungen der Konflikt zwischen Zilia und Déterville vorbereitet. Mit der Ankunft des Schiffes in Frankreich tritt das Beobachten der französischen Gesellschaft in den Vordergrund, welches zunächst oberflächlich bleibt und auf der Wahrnehmung von Äußerlichkeiten sowie auf dem Verarbeiten der Erfahrung der Alterität beruht. In diesem Teilabschnitt wird die Kulturrelativität besonders stark thematisiert. Zilias Kontakt mit der französischen Gesellschaft wird noch intensiviert durch Détervilles Familie sowie durch den als Nebenhandlung gestalteten Konflikt Célines (Briefe 13 bis 28). Aza tritt im Laufe dieser Ereignisse in den Hintergrund, von ihm wird nur noch gegen Ende der Briefe gesprochen, welche sonst ganz den Vorgängen in Zilias Umgebung sowie ihrer Auseinandersetzung mit derselben gewidmet sind. Die Handlungsstränge der Briefe 10 bis 17 führen langsam auf den ersten großen Einschnitt in Brief 18 hin. Zilia bekommt jetzt gezielt Französischunterricht (Brief 16), und ihre gesellschaftlichen Beobachtungen werden zunehmend differenzierter (vgl. Briefe 16 und 17 über die Tragödie und die Oper).

Mit Brief 18, dem Beginn des zweiten Teils des Romans, ist Zilias Spracherwerb größtenteils abgeschlossen, und mit dem Erwerb der Sprachkompetenz geht eine Verwandlung des ,naiven‘ zum ,fremden Blick‘ einher. Mit der Sprachfähigkeit hat Zilia gleichzeitig die Möglichkeit erworben, sich differenziert mit der ihr fremden Kultur auseinanderzusetzen; im zweiten Teil wird Zilias Blick zunehmend kritisch. Aber der Erwerb der französischen Sprache bedeutet für Zilia nicht nur Aufklärung im kulturellen Bereich, sondern auch im persönlichen, nämlich über ihr und Azas Schicksal sowie über ihre Beziehung zu Déterville und ihre Position in der fremden Gesellschaft. Der ,fremde Blick‘ wird hier also auch zunehmend Mittel der Selbstreflexion und dient dazu, einen eigenständigen Blick zu entwickeln. Zunächst wird dieser Aufklärungsprozeß jedoch verzögert, denn Zilias Aneignung der Fremdsprache fällt zusammen mit ihrem und Célines Aufenthalt im Kloster (ab Brief 19). In diese retardierende Phase fallen zwei Gespräche Zilias mit dem Geistlichen, die ihr einen ersten Aufschluß über ihr und Azas Schicksal geben (Briefe 21 und 22). Die gesellschaftliche Unmöglichkeit und das spätere Scheitern der Beziehung zwischen Aza und Zilia wird in diesen Gesprächen bereits angedeutet. In den Briefen 23 bis 27 dominiert der Konflikt zwischen Déterville und Zilia, der in drei Gesprächen (Briefe 23, 25, 26) ausgestaltet wird. Hier wirken wiederum die auf dem sprachlichen Defizit und den kulturellen und geschlechtlichen Differenzen beruhenden Mißverständnisse. Zilia muß erfahren, daß sie von Déterville geliebt wird; sie versucht Déterville zu erklären, daß sie diese Liebe nicht erwidert, und versucht immer wieder, ihm ihre Freundschaft anzutragen. Détervilles Empfindungen werden nach wie vor von seinen Illusionen bestimmt, so daß die beiden ständig aneinander vorbeireden. Zilias Konfliktsituation wird noch durch ihren Wunsch verstärkt, Aza näher zu kommen, was nur durch Déterville möglich ist. Dieser entschließt sich letztendlich, seine eigenen Gefühle zurückzustellen und die Verbindung zwischen Zilia und Aza wiederherzustellen.

Der zweite Unterabschnitt des zweiten Teils beginnt mit Brief 28, mit Zilias und Célines Aufbruch aus dem Kloster. Zilia steht jetzt wieder direkt in Kontakt mit der französischen Gesellschaft, so daß in den folgenden Briefen (Briefe 28 bis 34) die Gesellschaftskritik dominiert, die im übrigen durch Zilias bis dahin konkret gemachten Erfahrungen (die familiäre Situation Détervilles, der Aufenthalt Zilias und Célines im

Kloster) ausreichend motiviert ist. Brief 35, in dem Zilias Landhaus geschildert wird, wirkt auf den ersten Blick unmotiviert und überproportional lang, er wird jedoch bereits in Brief 27 (als Déterville Zilia die Schätze des Sonnentempels überreicht) vorbereitet und stellt eine elementare Voraussetzung für das Ende des Romans dar. In Brief 36 erreicht die Spannung mit der Ankündigung von Azas nahender Ankunft ihren Höhepunkt, der jedoch gleich darauf in Brief 37 im Rahmen der Katastrophe, in der Aza Zilia seine Untreue gesteht, wieder abnimmt.[33]

Mit Beginn des dritten Teils wird der Bruch zwischen Zilia und Aza durch den Wechsel des Briefpartners deutlich. Déterville ist nun Adressat von Zilias Briefen, welche wiederum durch seine erneute Abwesenheit veranlaßt werden. In diesen letzten fünf Briefen reflektiert Zilia in einem ersten Schritt das Scheitern ihrer Liebesbeziehung zu Aza (Briefe 37 bis 39), welches sie in einem zweiten Schritt in den letzten beiden Briefen überwindet. Ihr Blick richtet sich von da an in die Zukunft; sie hat ihre persönliche Freiheit als Frau entdeckt und so einen eigenen Weg in der patriarchalischen Gesellschaft gefunden. Auf diese Weise hat Zilia sich die ihr entfremdete Gesellschaft zumindest teilweise wieder angeeignet. Die Wandlung des ‚naiven Blicks' Zilias, mit dem sie alle neuen Erfahrungen vor ihrem bisherigen Erfahrungshorizont deutet, zu einem bewußt ‚fremden Blick', der die Umgebung im Hinblick auf sich selbst reflektiert, stellt Zilias Entwicklung und damit die eigentliche Handlung des Romans dar. Die Gesellschaftskritik, die Zilia übt, ist dabei kein Selbstzweck, sondern Voraussetzung für die Selbstreflexion der Protagonistin, die dieser am Ende erlaubt, ein utopisches Lebensmodell zu formulieren.

II.3. Die Gesellschaftskritik als Voraussetzung für Selbstreflexion

Im folgenden soll gezeigt werden, wie Zilias Gesellschaftskritik im einzelnen aussieht und wie sie zur Voraussetzung für Zilias Selbstreflexion wird. In der Tat gelingt es Zilia mit Erlernen der französischen Sprache zunehmend, ihren eigenen Blick zu differenzieren, die ihr anfangs vollständig fremde Realität zu durchschauen und diese durch die distanzierte Haltung, die ihrer Position inhärent ist, zu kritisieren. Im Gegensatz zu Montesquieus *Lettres Persanes* übt Zilia keine globale Gesellschaftskritik. Sie greift vor allem die Punkte der gesellschaftlichen Realität heraus, die sie persönlich betreffen, so z. B. den allgemeinen Charakter der Franzosen, das Wirtschaftssystem, die Situation der Frau, Probleme der Bildung und die Frage der Religion.

Das Verhalten der Franzosen wird von Zilia von Anfang an als widersprüchlich dargestellt. So bemerkt sie bereits bei ihrer ersten Begegnung mit denselben: „Le visage riant de ceux-ci, la douceur de leur regard, un certain empressement répandu sur leurs actions, et qui paroît être de la bienveillance, prévient en leur faveur. Mais je remarque des contradictions dans leur conduite qui suspendent mon jugement." (Brief 4, S. 169). Dieser Widerspruch wird sich im Laufe von Zilias Erfahrungen als der zwischen Schein und Sein entlarven.[34] So stellt Zilia bald nach ihrer Ankunft in Paris die Gleichförmigkeit der französischen Gesellschaft fest, was bei ihr den Verdacht der Aufgesetztheit der Verhaltensweisen nahelegt:

Toutes les femmes se peignent le visage de la même couleur: elles ont toujours les mêmes manières, et je crois qu'elles disent toujours les mêmes choses. Les apparences sont plus variées dans les hommes. Quelques-uns ont l'air de penser; mais en général je soupçonne cette nation de n'être point telle qu'elle paroît; l'affectation me paroît son caractère dominant. (Brief 16, S. 214).

Zilia erkennt nach und nach, daß die angeblichen Tugenden der Franzosen nur leere Höflichkeiten sind und sich ihre angeblichen Reichtümer als Attrappen entpuppen:

[...] Ce que j'apprends des gens de ce pays me donne en général de la défiance de leurs paroles; leurs vertus, mon cher Aza, n'ont pas plus de réalité que leurs richesses. Les meubles que je croyois d'or n'en ont que la superficie; leur véritable substance est de bois; de même ce qu'ils appellent politesse cache légèrement leurs défauts sous les dehors de la vertu; mais avec un peu d'attention on en découvre aussi aisément l'artifice que celui de leurs fausses richesses. (Brief 20, S. 229).

Immer wieder beklagt Zilia die Oberflächlichkeit und die Leichtfertigkeit der Franzosen, die ihnen die Fähigkeit nehmen, eigenständig zu denken, und die sie veranlassen, sich der Mode zu unterwerfen. Das Bemühen der französischen Gesellschaft, insbesondere des Adels, Reichtum vorzutäuschen, wird von Zilia auf den Punkt gebracht, wenn sie schreibt:

Dans la plupart des maisons, l'indigence et le superflu ne sont séparés que par un appartement. L'un et l'autre partagent les occupations de la journée, mais d'une manière bien différente. Le matin, dans l'intérieur du cabinet, la voix de la pauvreté se fait entendre par la bouche d'un homme payé pour trouver les moyens de les concilier avec la fausse opulence. Le chagrin et l'humeur président à ces entretiens, qui finissent ordinairement par le sacrifice du nécessaire, que l'on immole au superflu. Le reste du jour, après avoir mis un autre habit, un autre appartement, et presqu'un autre être, ébloui de sa propre magnificence, on est gai, on se dit heureux: on va même jusqu'à se croire riche. (Brief 29, S. 269).

Selten ist das Parasitentum der französischen Adeligen im 18. Jahrhundert in der Literatur treffender dargestellt worden.[35] Madame de Grafigny stellt hier die Dekadenz einer Gesellschaftsschicht dar, nämlich die des Adels im Ancien Régime, der sich selbst bereits überlebt hat. Das Grundübel dieses Sittenverfalls liegt aber laut Zilia in der Abwesenheit wahrer Gefühle bei den Mitgliedern der Gesellschaft:

La même dépravation qui a transformé les biens solides des François en bagatelles inutiles n'a pas rendu moins superficiels les liens de leur société. [...] Mais à présent, ce qu'ils appellent politesse leur tient lieu de sentiment: elle consiste dans une infinité de paroles sans signification, d'égards sans estime et de soins sans affectations. (Brief 29, S. 270 f).

Dieses Grundübel wiederum bedingt die weiteren Verhaltensweisen der Franzosen, nämlich die üble Nachrede und die Falschheit des Verhaltens. (Brief 32, S. 283.) Die grundsätzlichen Kritikpunkte Zilias an den Franzosen sind also „le superficiel", „la légèreté", „la fausseté" sowie der „goût de luxe" und die „médisance", wobei alle diese Eigenschaften in der Abwesenheit wahrer Gefühle begründet liegen. In Brief 29 faßt Zilia ihre Gesellschaftskritik zusammen:

> Pour peu qu'on les interroge, il ne faut ni finesse, ni pénétration pour démêler que leur goût effréné pour le superflu a corrompu leur raison, leur cœur et leur esprit; qu'il a établi des richesses chimériques sur les ruines du nécessaire; qu'il a substitué une politesse superficielle aux bonnes mœurs et qu'il remplace le bon sens et la raison par le faux brillant de l'esprit. (Brief 29, S. 267).

Als eine der originellsten Komponenten des Werkes wurde immer wieder die Kritik am französischen Wirtschaftssystem in Brief 20 der *Lettres* hervorgehoben. Sie bot Anlaß für einen Artikel von L. Etienne, der 1871 in der *Revue des deux mondes* erschien und der die *Lettres* als „Un roman socialiste d'autrefois" bezeichnete.[36]

Wie im vorhergehenden Kapitel dargestellt wurde, bilden der „goût" der Franzosen für das Oberflächliche, den Schein und den Luxus den Hintergrund für die wirtschaftlichen Zustände des Landes, die von Zilia in Brief 20 dargestellt werden. Dazu schreibt L. Etienne: „Elle a été la première de son temps, au moins dans la littérature proprement dite, à faire le procès du luxe."[37]

Aus dieser Luxussucht entsteht nun in Zilias Augen das eigentliche Dilemma des Adels: „Le malheur des nobles, en général, naît des difficultés qu'ils trouvent à concilier leur magnificence apparente avec leur misère réelle" (Brief 20, S. 227). Wieder tritt die Schein-Sein-Problematik in den Vordergrund. Madame de Grafigny geht hier aber noch einen Schritt weiter, wenn sie die frühindustrielle Gesellschaft wegen ihrer ungerechten Arbeitsteilung und der daraus resultierenden ungerechten Einkommensverteilung anklagt. So beruhe der Reichtum des Adels ausschließlich auf der Arbeitsleistung und den Steuerzahlungen der unteren Schichten. In der Tat wurde die Kluft zwischen den Armen und Reichen im Frankreich des 18. Jahrhunderts durch Finanzkrisen, Hungersnöte etc. immer größer. Die Landbevölkerung hatte vor allem unter dieser Situation zu leiden, während der Adel auf Kosten derselben seinen Lebensstandard erhöhte. Dazu schreibt H. Girsberger: „Frankreich wurde ein Staat, in dem ein absoluter Monarch und seine Schmarotzer nur noch über ein Volk von Bettlern herrschte."[38] Zu einem ähnlichen Schluß kommt Zilia:

> Au lieu que le *Capa-Inca* est obligé de pourvoir à la subsistance de ses peuples, en Europe les Souverains ne tirent la leur que des travaux de leurs sujets, aussi les crimes et les malheurs viennent-ils presque tous des besoins mal satisfaits. [...] Le commun des hommes ne soutient son état que par ce qu'on appelle commerce ou industrie; la mauvaise foi est le moindre des crimes qui en résultent. Une partie du peuple est obligé, pour vivre de s'en rapporter à l'humanité des autres: les effets en sont si bornés, qu'à peine ces malheureux ont-ils suffisamment de quoi s'empêcher de mourir. (Brief 20, S. 227 f).

Interessant ist in diesem Zusammenhang, daß hier die materiellen Lebensvoraussetzungen sowie das auf Ungerechtigkeit und Ungleichheit basierende Wirtschaftssystem als Quelle von sozialen Spannungen angesehen werden. Wenn Zilia hier das französische System mit dem der Inkas vergleicht, bei dem der König dafür verantwortlich ist, daß die Reichtümer gleichermaßen auf alle Untertanen verteilt werden, deutet sie damit auch eine Lösung für das Problem an, die natürlich nur ansatzweise formuliert wird und nicht als Theorie gelten kann, was allerdings auch sehr ungewöhnlich für die damalige Zeit wäre.[39] Weiterhin geht Zilia auf die große Bedeutung des Goldes ein, ohne welches es z. B. nicht möglich sei, Land zu erwerben, was sie als naturwidrig empfindet: „Sans avoir de l'or, il est impossible d'acquérir une portion de cette terre que la nature a donné à tous les hommes" (Brief 20, S. 228).

In der Tat ist die wirtschaftliche Problematik konsequent in die Handlung des Romans eingebaut. So hat der Kolonialismus und damit die Ausgangssituation des Romans seine Ursache in der Goldgier der Europäer (vgl. Brief 21, S. 233). Auch stellt Brief 20 den Bezug zu Zilias finanzieller und gesellschaftlicher Lage her. Zilia überlegt, in welche gesellschaftliche Klasse sie sich vor dem Hintergrund ihrer finanziellen Abhängigkeit von Déterville einordnen soll:

> Mais hélas: que la manière méprisante dont j'entendis parler de ceux qui ne sont pas riches, me fit faire de cruelles réflexions sur moi-même! Je n'ai ni or, ni terres, ni industrie, je fais nécessairement partie des citoyens de cette ville. O ciel! dans quelle classe dois-je me ranger? (Brief 20, S. 228).

Zilia wird sich aufgrund ihrer Beobachtungen der fremden Gesellschaft ihrer eigenen finanziellen Abhängigkeit – als Frau und als Ausländerin – bewußt. Es ist überaus interessant, wie dieses Problem und damit Zilias Eingliederung in die französische Gesellschaft gelöst wird. Déterville übergibt ihr die von den Spaniern erbeuteten Schätze des Sonnentempels, welche Zilia rechtmäßig zustehen. Ihre Herkunft wird gleichsam zur Voraussetzung für die Eingliederung in die neue Gesellschaft. Von einem Teil des Erlöses dieser Schätze erwirbt Déterville für Zilia ein Landhaus (Brief 35), welchem eine zentrale Rolle im Roman zukommt, denn es ist die materielle Voraussetzung für den Schluß des Romans, das heißt es erlaubt Zilia, als Frau unabhängig von einem Mann zu leben.

Für den Roman besonders bedeutend – in handlungsstrategischer sowie in sozialhistorischer Hinsicht – ist die Schilderung der ‚condition féminine' in der französischen Gesellschaft des Ancien Régime, die Zilia der ‚condition féminine' bei den Inkas gegenüberstellt. Das Thema der Situation der Frau in der Gesellschaft wird im Roman immer wieder aufgegriffen und in den Briefen 33 und 34 – letzterer wurde erst in der Ausgabe der *Lettres* von 1752 hinzugefügt – gesondert behandelt. J. v. Stackelberg unterstreicht die Originalität dieser Briefe, wenn er schreibt:

> Diese beiden Briefe stellen den ideellen Höhepunkt des Romans dar. Sie lassen es berechtigt erscheinen, Madame de Grafigny den bedeutendsten Vorkämpferinnen für die Sache der Frau im Ancien Régime zur Seite zu stellen. Wenn ja, so kann sie hier gewiß Originalität beanspruchen. Madame de Tencin, Madame de Riccoboni,

bis zu einem gewissen Grade auch Marivaux mögen ihr vorausgegangen sein. Aber so explizit ist die Mißachtung der Frau bei deren scheinbar äußerlichen Achtung von Seiten der Männer, so präzise das Hauptübel, die Unbildung der Frau als Ursache für die Ungleichheit der Geschlechter bis dato nicht erkannt worden.[40]

Die Briefe 33 und 34 werden im Verlauf des Romans bereits vorbereitet. Zilia muß bei ihren Begegnungen mit der französischen Gesellschaft immer wieder feststellen, daß die allgemeinen negativen Charakterzüge der Franzosen bei den Frauen besonders ausgeprägt sind. So sind es vor allem die Frauen, die über Zilia und ihr exotisches Aussehen lachen: „[...] Je restai donc, et, portant toute mon attention sur ces femmes; je crus démêler que la singularité de mes habits causoit seule la surprise des uns et les ris offensans des autres [...]" (Brief 11, S. 190). Kurz darauf muß Zilia, noch ohne der französischen Sprache mächtig zu sein, die Erfahrung der besonderen Boshaftigkeit der Frauen machen, als eine sie wie ein Tier aus dem Zoo in Augenschein nimmt und dabei in lautes Gelächter ausbricht, was Zilia zu der Bemerkung veranlaßt: „Les femmes surtout me paroissent avoir une bonté méprisante qui révolte l'humanité, et qui m'inspireroient peut-être autant de mépris pour elles qu'elles témoignent pour les autres, si je les connoissois mieux." (Brief 14, S. 207)

Die Frauen werden also aus Zilias Sicht noch negativer dargestellt als die Männer. In Brief 33 versucht Zilia allerdings, diesen Sachverhalt zu erklären. So bemerkt sie, daß die Grundübel der französischen Gesellschaft, nämlich die Pervertierung der Sitten und Gefühle, in erster Linie bei Frauen festzustellen sind. Diese negativen Charakteristika kommen bei den Frauen nicht nur besonders stark zum Ausdruck, sondern sie äußern sich vor allem in dem Benehmen der Männer den Frauen gegenüber:

> La première loi de leur politesse, ou, si tu veux, de leur vertu [...], regarde les femmes. L'homme du plus haut rang doit des égards à celle de la plus vile condition, [...] Et cependant l'homme le moins considérable, le moins estimé, peut tromper, trahir une femme de mérite, noircir sa réputation par des calomnies, sans craindre ni blâme ni punition. (Brief 33, S. 286).

An dieser Stelle wird nicht nur das widersprüchliche Verhalten der Franzosen wie die Oberflächlichkeit und die Falschheit ihrer „politesse" gegenüber Frauen exemplifiziert, sondern Zilia sieht hierin einen Grund für das Verhalten der französischen Frauen. Die „fausseté" der Gefühle und die „médisance" richtet sich nämlich in erster Linie gegen die Frauen:

> Je m'étois bien apperçue en entrant dans le monde que la censure habituelle de la nation tomboit principalement sur les femmes, et que les hommes entre eux ne se méprisoient qu'avec ménagement: j'en cherchois la cause dans leur bonnes qualités, lorsqu'un accident me l'a fait découvrir parmi leurs défauts [...] (Brief 33, S. 287).

Dieser „accident" zeigt Zilia, daß die Frauen nicht etwa einen schlechteren Charakter als die Männer haben, sondern daß letztere im Duell eine gesellschaftlich anerkannte Möglichkeit besitzen, sich gegen üble Nachrede zu schützen (vgl. Brief 33, S. 287 f.). Diese

Möglichkeit sei den Frauen nicht gegeben, weshalb gerade sie die üble Nachrede durch die Männer besonders treffe. Die Männer nützten nämlich die Hilflosigkeit der Frauen in dieser Beziehung skrupellos aus:

> Il est clair que les hommes naturellement lâches, sans honte et sans remords, ne craignent que les punitions corporelles, et que si les femmes étoient autorisées à punir les outrages qu'on leur fait de la même manière dont ils sont obligés de se venger de la plus légère insulte, tel que l'on voit reçu et accueilli dans la société, ne seroit plus; [...] L'impudence et l'effronterie dominent entièrement les jeunes hommes, sur-tout quand ils ne risquent rien. (Brief 33, S. 287 f.).

Zilia definiert an dieser Stelle die gesellschaftliche Unterdrückung der Frau in Frankreich, wobei sie nicht nur, wie im überwiegenden Teil ihrer Überlegungen, auf die Frau der Aristokratie eingeht, sondern auch der arbeitenden Frau der unteren Schichten Beachtung schenkt, was durchaus ungewöhnlich für ihre Zeit ist.[41] So beschreibt Zilia die Situation folgendermaßen:

> Ici, loin de compatir à la foiblesse des femmes, celles du peuple, accablées de travail, n'en sont soulagées ni par les loix ni par leurs maris; celles d'un rang plus élevé, jouets de la séduction ou de la méchanceté des hommes, n'ont pour se dédommager de leurs perfidies, que les dehors d'un respect purement imaginaire, toujours suivi de la plus mordante satyre. (Brief 33, S. 287).

Das Elend der Frauen der verschiedenen Gesellschaftsschichten unterscheidet sich also nur in ihrem Erscheinungsbild. Während die armen Frauen, deren Rechte ebenfalls nicht gesetzlich festgeschrieben sind, an der schweren körperlichen Arbeit zugrunde gehen, werden die Frauen der höheren Gesellschaftsschichten zum Spielzeug und Objekt der Männer. Davon berichtet sie in Brief 34, der erst in der Ausgabe der *Lettres* von 1752 erschien. Madame de Grafigny hat das Thema der „condition féminine" also erst im nachhinein vertieft. Gleich zu Beginn dieses Briefes nennt Zilia einen Grund für die gesellschaftliche Mißachtung der Frauen, nämlich der Widerspruch zwischen den Erwartungen, die an die Frauen gerichtet werden, und ihrem tatsächlichen Verhalten:

> Il m'a fallu beaucoup de tems, mon cher Aza, pour approfondir la cause du mépris que l'on a presque généralement ici pour les femmes. Enfin, je crois l'avoir découverte dans le peu de rapport qu'il y a entre ce qu'elles sont et ce que l'on s'imagine qu'elles devroient être. On voudroit, comme ailleurs, qu'elles eussent du mérite et de la vertu. (Brief 34, S. 289).

Zilia muß allerdings feststellen, daß die Frauen in keiner Weise zur „vertu" hingeführt werden. Die Hauptquelle des Übels liege in der Erziehung, wobei Zilia zunächst auf die Kindererziehung im allgemeinen eingeht, um sich dann der Erziehung der Mädchen im besonderen zuzuwenden. Den pädagogischen Prinzipien in Frankreich stellt sie wiederum die Erziehungsprinzipien der Inkas gegenüber (s. auch „Introduction Historique", S. 147), welche ihren Kindern vor allem Charakterfestigkeit vermitteln: „On sçait au Pérou, mon cher Aza, que pour préparer les humains à la pratique des vertus, il faut leur inspirer dès l'enfance un courage et une certaine fermeté d'âme qui leur forment un caractère décidé." (Brief 34, S. 289). Diese Praktik vergleicht Zilia mit der französischen Kindererziehung, in welcher die Kinder oft als Spielzeug und Objekte der Erwachsenen behandelt werden. Die Eigenständigkeit der kindlichen Persönlichkeit wird nicht respektiert, indem sie z. B. ständig von den Erwachsenen belogen werden:

> Dans le premier âge, les enfans ne paroissent destinés qu'au divertissement des parents et de ceux qui les gouvernent. Il semble que l'on veuille tirer un honteux avantage de leur incapacité à découvrir la vérité. On les trompe sur ce qu'ils ne voyent pas. On leur donne des idées fausses de ce qui se présente à leurs sens et l'on rit inhumainement de leurs erreurs; [...] on oublie qu'ils doivent être des hommes. (Brief 34, S. 289).

Diese interessanten und durchaus auch heute noch aktuellen Stellungnahmen sind vor dem Hintergrund eines vor allem in der zweiten Hälfte des 18. Jahrhunderts allgemein aufkeimenden Interesses am Thema Erziehung zu sehen. Bis dahin wurden, besonders in den Kreisen der Adeligen, die Kinder weitgehend Ammen und Bediensteten überlassen und von ihren Eltern eher vernachlässigt. Erst gegen Ende des Jahrhunderts, als im Gefolge der Aufklärung die Liebesheirat langsam an Bedeutung gewann, ging damit ebenfalls eine Aufwertung der Mutterrolle und der Erziehungsaufgaben einher.[42] In den Vordergrund rückt deshalb die Frage der Mädchenerziehung[43], mit der auch Zilia sich im folgenden beschäftigt. Sie geht dabei vor allem auf die Klostererziehung ein. In der Tat ist das Kloster für die Frauen im 18. Jahrhundert die einzige Möglichkeit, ein Mindestmaß an Bildung zu erlangen.[44] Das Kloster wird von Zilia allerdings vorab aus eigener Erfahrung als Ort der völligen Unwissenheit entlarvt. So schreibt sie über ihren Aufenthalt in demselben: „Les vierges qui l'habitent sont d'une ignorance si profonde, qu'elles ne peuvent satisfaire à mes moindres curiosités" (Brief 19, S. 223). Weiterhin weist Zilia in Brief 34 auf das Paradoxon dieser Art der Erziehung hin, Frauen auf das Leben innerhalb der Gesellschaft vorbereiten zu wollen, indem man sie an einem geistlichen Ort isoliert, wo sie von völlig ‚weltfremden' Nonnen erzogen werden:

> Mais je sçais que, du moment que les filles commencent à être capables de recevoir des instructions, on les enferme dans une Maison Religieuse, pour leur apprendre à vivre dans le monde. Que l'on confie le soin d'éclairer leur esprit à des personnes auxquelles on ferait peut-être un crime d'en avoir, et qui sont incapables de leur former le cœur, qu'elles ne connoissent pas. (Brief 34, S. 290).

Aber auch die religiöse Erziehung bleibt oberflächlich und auf die Vermittlung von erstarrten und bedeutungslos gewordenen Riten beschränkt (S. 290). Im Zusammenhang mit der Klostererziehung wird im Roman anhand der Geschichte Célines noch ein weiteres, die Frauen betreffendes Kapitel angesprochen, nämlich die Praktik, Töchter aus finanziellen Gründen, z. B. zwecks Versorgung älterer Geschwister, in ein Kloster zu geben.[45]

Zilia kommt daraufhin zum Kernpunkt ihrer Überlegungen, wobei sie die fehlende Selbstachtung der Frauen als eigentlichen Grund für deren gesellschaftliche Mißachtung entlarvt:

D'ailleurs rien ne remplace les premiers fondemens d'une éducation mal dirigée. On ne connaît presque point en France le respect pour soi-même, dont on prend tant de soin de remplir le coeur de nos jeunes Vierges. Ce sentiment généreux qui nous rend les juges les plus sévères de nos actions et de nos pensées, qui devient un principe sûr quand il est bien senti, n'est ici d'aucune ressource pour les femmes. (Brief 34, S. 290).

An der Stelle der Selbstachtung steht bei den französischen Frauen die Selbstliebe, die sich weitgehend auf Äußerlichkeiten beschränkt (S. 291). Offensichtlich betrachten sich die Frauen genau durch diesen ‚männlichen' Blick, von dem Zilia sich zu befreien sucht. Schuld daran ist laut Zilia die paradoxe Erwartungshaltung, die an die Frauen gerichtet wird; sie sollen gefallen, gleichzeitig aber keusch bleiben: „On borne la seule idée qu'on leur donne de l'honneur à n'avoir point d'amans, en leur présentant sans cesse la certitude de plaire pour récompense de la gêne et de la contrainte qu'on leur impose" (Brief 34, S. 291). Die Männer, so Zilia, erwarten von ihren Frauen Tugenden, die sie ihnen nicht vorleben; die Frauen bekommen nur inhaltslose Verhaltensregeln gelehrt: „Avec de tels principes ils attendent de leurs femmes la pratique des vertus qu'ils ne leur font pas connoître, ils ne leur donnent pas même une idée juste des termes qui les désignent" (Brief 34, S. 291). Aus dieser Erziehung resultiert der allgemeine Mangel an Bildung der Frauen auf allen Wissensgebieten. Sogar die französische Muttersprache wird von den meisten nur schlecht beherrscht. Auch hier kristallisiert sich Zilias Sonderstellung gegenüber den französischen Frauen heraus, wenn sie ihre Überlegenheit auf sprachlichem Gebiet betont:

Elles ignorent jusqu'à l'usage de leur langue naturelle; il est rare qu'elles la parlent correctement, et je ne m'aperçois pas sans une extrême surprise que je suis à présent plus sçavantes qu'elles à cet égard. (Brief 34, S. 292).

Die fehlende Bildung von Frauen ist Zilia bereits im Kloster am Beispiel Célines aufgefallen, als sie sich von dieser Antworten auf ihre vielen Fragen erhoffte. Dies veranlaßt Zilia zu der Feststellung, daß das Interesse der Frauen auf Herzens- und Familienangelegenheiten beschränkt sei (Brief 19, S. 224). Zilia nimmt also gegenüber den französischen Frauen eine Sonderstellung ein[46], die zu einem großen Teil aus ihrer Sonderrolle als Ausländerin resultiert, die ihr die kritische Distanz zu den gesellschaftlichen Gegebenheiten ermöglicht. Außerdem weist Zilia darauf hin, daß es auch unter den französischen Frauen Ausnahmen gibt:

[...] Mon cher Aza, garde-toi bien de croire qu'il n'y ait point ici de femmes de mérite. Il en est d'assez heureusement nées pour se donner à elles-mêmes ce que l'éducation leur refuse. L'attachement à leurs devoirs, la décence de leurs mœurs et les agrémens honnêtes de leur esprit attirent sur elles l'estime de tout le monde. Mais le nombre de celles-là est si borné en comparaison de la multitude, qu'elles sont connues et révérées par leur propre nom." (Brief 34, S. 293).

Zilia geht dann in ihrer Kritik auf die Ehe ein, in der die Gleichgültigkeit der Eltern den Töchtern gegenüber durch die Gleichgültigkeit des Ehemannes seiner Frau gegenüber fortgesetzt wird (S. 292). Auch in dieser Beziehung kann die Frau also keine Selbstachtung gewinnen. Hinter dieser Feststellung Zilias steht zweifelsohne eine Kritik an den Eheschließungspraktiken der damaligen Zeit, in der Liebesehen noch unüblich waren,[47] und deren Auswirkungen Madame de Grafigny selbst erfahren hat. Ihrer Meinung nach halten die Männer die Frauen in der Ehe in einer unterdrückten Position, die sich auf die Rolle der Repräsentantin beschränkt und sie von allen sinnvollen Aufgaben fernhält:

> Sans confiance en elle, son mari ne cherche point à la former au soin de ses affaires, de sa famille et de sa maison. Elle ne participe au tout de ce petit univers que par la représentation. C'est une figure d'ornement pour amuser les curieux; [...] (Brief 34, S. 293).

Zilia denunziert die Rolle der Männer als Unterdrücker der Frauen, die im übrigen noch rechtlich legitimiert ist (S. 294). So wird in der Ehe mit zweierlei Maß gemessen; die Frau ist dem Mann in jeder Hinsicht ausgeliefert, nur für sie gelten die Gesetze der Ehe, wie z. B. das Gebot der Treue, welches der Mann ungestraft durchbrechen darf. Zilia kommt zu folgendem Schluß: „Enfin, mon cher Aza, il semble qu'en France les liens du mariage ne soient réciproques qu'au moment de la célébration, et que dans la suite les femmes seules y doivent être assujetties" (Brief 34, S. 294). Dieser Realität stellt Zilia ihr Ideal der Beziehung zwischen Mann und Frau gegenüber, das jedoch von der Idee des ‚schwachen Geschlechts‘ bestimmt bleibt. Die Frau bedarf des Schutzes des Mannes sowie der Anleitung desselben in Gefühlsbildung und kultureller Bildung. So schreibt Zilia über die Beziehung von Mann und Frau bei den Inkas:

> Docile aux notions de la nature, notre génie ne va pas au-delà; nous avons trouvé que la force et le courage dans un sexe, indiquoit qu'il devoit être le soutien et le défenseur de l'autre, nos lois y sont conformes. (Brief 33, S. 287).

Es scheint Zilia also nicht um eine absolute Gleichstellung der Geschlechter zu gehen, wie einem Poullain de la Barre.[48] Sie bleibt vielmehr der Idee verhaftet, daß die Beziehung der Geschlechter zueinander durch naturgegebene Differenzen bestimmt wird. Dieses Ideal wurde von Zilia bereits in Brief 2 dargestellt, als sie auf ihre Beziehung zu Aza zurückblickt. Er hatte sich um ihre geistige Ausbildung durch die Gelehrten der Inkas bemüht. Allerdings weist Zilia auf die Außergewöhnlichkeit dieser Art männlichen Verhaltens auch bei den Inkas hin, wenn sie schreibt:

> Si tu étois un homme ordinaire, je serois restée dans l'ignorance à laquelle mon sexe est condamné; mais ton âme, supérieure aux coutumes, ne les a regardées que comme des abus; tu en as franchi les barrières pour m'élever jusqu'à toi. Tu n'as pu souffrir qu'un être semblable au tien fût borné à l'humiliant avantage de donner la vie à ta postérité [...] (Brief 2, S. 154).

Interessant ist in diesem Zusammenhang, daß Zilia eine gewisse geistige Faulheit der Frau zu erkennen glaubt, deren Ursachen sie jedoch nicht auf den Grund geht: „Mais, ô lumière de ma vie, sans le désir de te plaire, aurois-je pu me résoudre à abandonner ma tranquille ignorance pour la pénible occupation de l'étude?" (Brief 2, S. 154). Zilia scheint an dieser Stelle an der üblichen Dichtomie Natur/Kultur und der geschlechts-spezifischen Verknüpfung von Kultur und Mann einerseits sowie von Natur und Frau andererseits festzuhalten. Dieses Idealbild, das Zilia entwirft, beruht auf gegenseitiger Achtung, und damit auch auf der Selbstachtung, welche wiederum das Bestehen echter Gefühle voraussetzt (vgl. S. 295).

Das von Zilia dargestellte Ideal veranlaßt C. Piau-Gillot zu folgender Bewertung hinsichtlich der Position Madame de Grafignys in der Feminismusdiskussion des 18. Jahrhunderts:

Si les hommes se conduisaient moralement, les femmes les imiteraient. Ici surgit l'ambiguité du féminisme de Mme de Grafigny. Comme pour J.-J. Rousseau et l'ensemble des philosophes, dans l'ordre de la nature l'homme a une fonction de responsabilité valorisante mais contraignante. La femme est une compagne dépen-dante du modèle. [...] La conception de la féminité de Mme de Grafigny [...] est soumise aux préjugés pseudo-scientifiques de son temps, fondés sur l'inégalité sexu-elle ontologique. Son féminisme ne peut donc, en ce contexte, être révolutionnaire, il n'est que réformiste comme l'est, d'ailleurs, celui de nombreuses romancières du XVIIIe et du début du XIXe siècle [...].[49]

In der Tat läßt sich feststellen, daß Zilias Feminismus an einigen Stellen Inkonsequenzen aufweist. Hier scheint sich das zu bestätigen, was S. Weigel über die gebrochene Per-spektive weiblicher Autorinnen schreibt.[50] Deren Position sei immer ambivalent, zum einen aufgrund einer Art ‚Anpassungsstrategie', zum anderen jedoch durch das Be-dürfnis, ihre spezifischen Wünsche zum Ausdruck zu bringen. Insgesamt läßt sich die Position Madame de Grafignys unter die der Unterstützer der Salons des 17. Jahrhun-derts einordnen, die die intellektuelle Gleichberechtigung der Frauen befürworten und die Machtausübung der Männer als Faktor der Unterdrückung der Frauen werten. Diese Argumentation, welche auf der dualen Definition des menschlichen Wesens be-ruht, schließt die Auffassung vom physischen Unterschied zwischen Mann und Frau und damit die Konzeption des ‚schwachen Geschlechts', wie sie von Zilia postuliert wird, nicht aus.[51] In diesem Sinne stimme ich J. v. Stackelberg zu, wenn er schreibt: „Madame de Grafignys Engagement für die Rechte der Frau hingegen ist keineswegs uninteressant. Die *Lettres Péruviennes* verdienen einen beachtlichen Platz in der Ge-schichte der Frauenemanzipation, die in der Romanliteratur des 18. Jahrhunderts eine so große Rolle spielt [...]"[52].

Die Feststellungen, die Zilia im folgenden Brief über die Behandlung der Frauen trifft, beeinflussen sie stark bei ihren weiteren Lebensentscheidungen, vor allem im Hinblick auf die Lösung am Ende des Romans. Es gelingt Zilia zwar, ihre Enttäuschung über die Untreue Azas auf ihre Weise zu verarbeiten, sie nimmt von weiteren Liebes-beziehungen jedoch Abstand und sieht ihre Zukunft in ihrer Unabhängigkeit. Auch ihre Beobachtungen, die Institution der Ehe betreffend, sind Voraussetzung dafür, daß sie sich selbst eindeutig von dieser Lebensform distanziert. Weiterhin strebt Zilia an, ihre Bildung – autodidaktisch oder mit Hilfe Détervilles – zu vervollkommnen, um der allgemeinen Unwissenheit der Frauen zu entgehen.

In bezug auf die Religion kritisiert Zilia vor allem die Pervertierung der religiösen Werte, die ihrer Meinung nach, wie alles in Frankreich, in engem Zusammenhang mit der „légèreté" und der „fausseté" der Verhaltensweisen steht. Diesbezüglich stellt sie die universellen Züge der Religionen allgemein heraus, wenn sie über ihr Gespräch mit dem Geistlichen in Brief 23 schreibt:

> De la façon dont il m'a parlé des vertus qu'elle [=la religion; Anm.d.Verf.] prescrit, elles sont tirées de la loi naturelle, et en vérité aussi pures que les nôtres; mais je n'ai pas l'esprit assez subtil pour appercevoir le rapport que devroient avoir avec elle les mœurs et les usages de la nation, j'y trouve au contraire une inconséquence si remarquable que ma raison refuse absolument de s'y prêter. (Brief 23, S. 231).

Während Zilia grundsätzlich die Wertvorstellungen der christlichen Religionen anerkennt und in ihnen die allgemeingültigen menschlichen Tugenden, die auch ihrer Religion eigen sind, aufzeigt, zeichnet sich der katholische Geistliche durch religiöse Intoleranz aus: „[...] j'aurois écouté le Cusipata avec plus de complaisance, s'il n'eût parlé avec mépris du culte sacré que nous rendons au Soleil; toute partialité détruit la confiance" (Brief 23, S. 232). Weiterhin kritisiert Zilia die Kirche, die Bildung unterdrückt und damit deren antiaufklärerische Haltung, wenn sie über die Nonnen schreibt: „Le culte qu'elles rendent à la Divinité du pays, exige qu'elles renoncent à tous ces bienfaits, aux connoissances de l'esprit, aux sentimens du cœur, et je crois même à la raison, du moins leurs discours le font-ils penser." (Brief 19, S. 223). Zilias Religionskritik entspricht also den aufklärerischen Prinzipien, wenn sie einerseits religiöse Intoleranz und die antirationalistische Haltung der Kirche anprangert und auf der anderen Seite den Wert allgemeiner moralischer Prinzipien, die in den verschiedenen Religionen verkörpert werden, gutheißt. Interessant ist auch die Rolle der Kirche in ihrem persönlichen Konflikt. So ist es unter anderem die katholische Kirche mit ihrem Verbot des Inzests, die Zilias Beziehung zu Aza scheitern läßt: „[...] c'est leur cruelle Religion qui autorise le crime qu'il [Aza; Anm.d.Verf.] commet; elle approuve, elle ordonne l'infidélité, la perfidie, l'ingratitude, mais défend l'amour de ses proches" (Brief 38, S. 312). Ihre Beziehung wird erst durch die auf den neuen kulturellen Verhältnissen basierenden gesellschaftlichen Umstände unmöglich.

Im Hinblick auf das Ende des Romans bestätigt sich die These, daß die Gesellschaftskritik und im Zusammenhang damit die Perspektive des ‚fremden Blicks' in den *Lettres* konstitutiv für die Handlung des Romans sind. In den letzten beiden Briefen scheint Zilia sich nun fast vollständig von dem Blick der anderen befreit und ein – für eine Frau der damaligen Zeit – erstaunliches Niveau an Autonomie erreicht zu haben. Materielle Voraussetzung für diese Autonomie bildet natürlich die bereits angesprochene finanzielle Unabhängigkeit der Protagonistin, eine Lösung, die für den heutigen Leser dem ‚deus-ex-machina'-Prinzip gleichkommt[53], damals aber nicht unbedingt unrealistisch war. In dieser Phase hat Zilia ihre kritischen Beobachtungen der französischen Gesellschaft auf ihre eigene Situation hin reflektiert. Diese Reflexion hat zum Beispiel zu ihrer Entscheidung, bewußt auf die Ehe zu verzichten, geführt. Zum einen lehnt sie eine Ehe ab, die nicht auf der Gegenseitigkeit der Gefühle besteht – sie erwidert Détervilles Liebe nach wie vor nicht – zum anderen wehrt sie sich dagegen, in ein neues Abhängigkeitsverhältnis zu geraten: „L'avouerai-je? les douceurs de la liberté se présentent quelquefois à mon imagination, je les écoute; [...] „ (Brief 40, S. 318).

Zilia entscheidet sich also für ein unabhängiges Leben in der Abgeschiedenheit ihres Landhauses, in der Natur und mit ihren Büchern. Ein Leben, das für eine Frau in der damaligen Zeit ganz und gar ungewöhnlich, wenn nicht fast unmöglich war. Zilia ist sich der Tatsache bewußt, daß sie mit ihrer Absicht, allein zu leben, die gesellschaftlichen Konventionen durchbricht und sie emanzipiert sich ganz bewußt von diesen, indem sie sie eben als bloße Konventionen entlarvt:

> Peut-être la fastueuse décence de votre nation ne permet-elle pas à mon âge l'indépendance et la solitude où je vis; du moins, toutes les fois que Céline me vient voir, veut-elle me le persuader. Mais elle ne m'a pas encore donné d'assez fortes raisons pour m'en convaincre: la véritable décence est dans mon cœur. Ce n'est point au simulacre de la vertu que je rends hommage, c'est à la vertu même. Je la prendrai toujours pour juge et pour guide de mes actions. Je lui consacre ma vie, et mon cœur à l'amitié. (Brief 40, S. 319).

So schlägt sie Déterville statt dessen eine freundschaftliche Beziehung vor, an der sie ihr Ideal einer Partnerschaft zwischen Mann und Frau verdeutlicht. Es handelt sich dabei um eine Beziehung, die auf dem gegenseitigen Respekt der jeweiligen kulturell und geschlechtlich bedingten Differenzen beruht und in der die Partner sich gegenseitig durch diese Eigenarten bereichern:

> [...] Vous me donnerez quelques connoissances de vos sciences et de vos arts; vous goûterez le plaisir de la supériorité; je la reprendrai en développant dans votre cœur des vertus que vous n'y connoissez pas. Vous ornerez mon esprit de ce qui peut le rendre amusant, vous jouirez de votre ouvrage; je tâcherai de vous rendre agréables les charmes naïfs de la simple amitié, et je me trouverai heureuse d'y réussir. (Brief 41, S. 321).

Zilia entwirft hier ein Modell des Zusammenlebens, das die aufklärerischen Prinzipien wie Toleranz und Relativität aller Werte auf das Problem der Alterität anwendet. Anstatt den anderen – sei es aufgrund seiner Herkunft oder Religion, sei es aufgrund seines Geschlechtes – als Objekt zu degradieren, zu unterdrücken und auszuschließen, geht es darum, den anderen in seiner Fremdheit zu akzeptieren, zu verstehen und sich gegenseitig zu bereichern.

II.4. Die ‚Sprachentwicklung‘ und die ‚Sprachkritik‘ der Protagonistin

In dem Kapitel über den ‚fremden Blick‘ wurde bereits angedeutet, daß Zilias Akkulturationsprozeß in hohem Maße mit dem Erwerb der französischen Sprache einhergeht. Im Vergleich zu Montesquieu und Voltaire ist die Art und Weise sowie die Ausführlichkeit, wie dieser Spracherwerbsprozeß bei Madame de Grafigny dargestellt und außerdem eng in die Handlung integriert wird, einzigartig im Roman des 18. Jahrhunderts.[54]

Es stellt sich die Frage, warum das Problem der Sprache einen so großen Raum einnimmt. Ich möchte im folgenden zeigen, daß die Briefe Zilias die Entwicklung einer Frau aufzeigen, die die Fähigkeit erwirbt, an der Sprache, die von den Männern dominiert wird, teilzunehmen, um sich daraufhin jedoch von dieser herrschenden Sprache zu befreien und nach eigenen Ausdrucksformen zu suchen.[55] Letztendlich zeigen die Briefe Zilias auch in Ansätzen ihre ,venue à l'écriture', das heißt sie können metaphorisch für Zilias Entwicklung zur Autorin gelesen werden.

Zilias Sprachentwicklung läßt sich in fünf Phasen einteilen. Am Anfang steht Zilias Muttersprache, die eigentlich auf den Bereich der Mündlichkeit beschränkt ist und bei der Überzeitlichkeit nur durch die eingeschränkten Möglichkeiten der Quipos hergestellt werden kann. In der zweiten Phase ist Zilia durch die Entführung aus dem Raum ihrer Muttersprache herausgerissen und damit auch aus dem Bereich der mündlichen Kommunikation. Als Kompensation bleibt ihr nur die eingeschränkte ,Schriftlichkeit' der Quipos und die Erschaffung eines Kommunikationspartners, nämlich Aza als Adressat ihrer Briefe: „Zilia escapes from the obscure and self-enclosed world by inventing an interlocutor. Her link to the outside is her text, and the text becomes a testimony to her selfhood."[56] Die dritte Phase wird durch den Übergang von der Muttersprache in die fremde Sprache der Eroberer bestimmt. In der vierten Phase werden die Defizite dieser Sprache entdeckt, und es wird von der Verfasserin der Briefe versucht, eine neue Sprache zu finden. Die fünfte Phase zeichnet sich dadurch aus, daß der Prozeß Zilias sprachlicher Entwicklung auf der metaphorischen Ebene als Darstellung der Entwicklung einer Frau zur Autorin gelesen werden kann.

Die Muttersprache Zilias ist durch eine gewisse Eingeschränktheit charakterisiert, da sie eigentlich nur auf Mündlichkeit angelegt ist, und die Verschriftlichung, die Literarisierung, in ihrer Muttersprache nicht möglich ist. Dieser Sachverhalt läßt sich als Metapher für die Situation der Frau in der Literatur deuten.[57] Diese Einschränkung weitet sich natürlich immer auch auf das Weltverständnis aus: „Mastery of language is metonymically related to the knowledge of the world."[58] Als Ersatz für die nicht vorhandene Schriftsprache fungieren die Quipos/Quipus[59], die den Inkas grundsätzlich zur Übermittlung von Zahlen, das heißt zur Buchführung dienten (vgl. „Introduction Historique"). Madame de Grafigny beruft sich bei ihrer Verwendung der Quipos in einer Fußnote auf Garcilaso de la Vega:

> Un grand nombre de petits cordons de différentes couleurs dont les Indiens se servoient au défaut de l'écriture, pour faire le paiement des Troupes et le dénombrement du Peuple. Quelques auteurs prétendent qu'ils s'en servoient aussi pour transmettre à la postérité les Actions mémorables de leurs Incas. (Brief 1, S. 149).

Diese ,literarische Benutzung' der Quipos löste bei den Zeitgenossen Madame de Grafignys eine regelrechte literarische Debatte aus und veranlaßte einen Raimondo de Sangro Principe de San Severo aus Neapel, die *Lettera apologetica dell'Esercitato Accademico della Crusca, continente la difesa del libro intitolato lettere di una Peruana, per rispetto alla supposizione de'Quipo scritta ala Duchessa di … della medesima*[60] zu schreiben. Fréron, der die Apologie in seinen *Lettres sur quelques ecrits de ce temps* bespricht, weiß sogar von einer Mode des Quipo-Knüpfens unter den italienischen Damen zu berichten.[61] In der Tat fällt der Handarbeitscharakter der Quipos ins Auge. So schreibt Hogsett: „In the first place, quipos are cords, a kind of textile, a typical female form of in which to work, even more so in the eighteenth century than now."[62] Zilias Sprache hat sich also bis hierher durch eine Eingeschränkheit in der Schriftlichkeit ausgezeichnet sowie durch eine Bezugnahme auf spezifische Tätigkeiten der Frau. Die Sprache der Inkas könnte hier auch metaphorisch gedeutet werden für das Verhältnis der Frau zur Sprache im Frankreich des Ancien Régime, welches von Zilia selbst mehrfach (Brief 33 und Brief 34) angesprochen wird. Die meisten Frauen sind der französischen Schriftsprache gar nicht oder nur sehr unzureichend mächtig.

Die zweite Phase von Zilias Spracherwerb ist von ihrem Verlust der Muttersprache und der damit einhergehenden Kommunikationslosigkeit geprägt. Nachdem Zilia gewaltsam aus ihrem kulturellen und sprachlichen Umfeld entführt wurde, resultiert aus der dadurch bedingten Sprachlosigkeit Zilias fast ein Selbstverlust:[63]

> Mon étrange destinée m'a ravie jusqu'à la douleur que trouvent les malheureux à parler de leurs peines: on croit être plaint quand on est écouté, une partie de notre chagrin passe sur le visage de ceux qui nous écoutent; quelqu'en soit le motif, il semble nous soulager. Je ne puis me faire entendre, et la gayté m'environne. (Brief 5, S. 171).

In dieser Situation schaffen nur die Quipos, die Zilia bei ihrer Entführung retten konnte, Abhilfe. Die Quipos als Schriftersatz sichern Zilia das Bewußtsein ihrer Existenz in dieser Phase der Kommunikationslosigkeit und Abgeschlossenheit:

> [...] je souffre toujours d'un feu intérieur qui me consume; à peine me reste-t-il assez de force pour nouer mes Quipos. J'employe à cette occupation autant de tems que ma foiblesse peut me le permettre: ces nœuds qui frappent mes sens, semblent donner plus de réalité à mes pensées; [...] (Brief 4, S. 170).

Sprache wird somit konstitutiv für die Wahrnehmung der Realität. Ist die Sprache nicht mehr vorhanden, kann auch die Realität nicht erfaßt werden. An dieser Stelle muß außerdem die Frage nach dem Zusammenhang zwischen Kulturerfahrung und Sprache gestellt werden. Es geht dabei um die Beziehung von Sprache und Denken: Die Sprache kennt nur Bezeichnungen für diejenigen Objekte, die in der jeweiligen sprachlichen Realität auch vorhanden sind.[64] Der Begriff der ‚sprachlichen Relativität' wird in den *Lettres* konsequent thematisiert. So schreibt Zilia über die Dinge, mit denen sie täglich konfrontiert wird: „J'ai une infinité d'autres raretés plus extraordinaires encore; mais n'étant point à notre usage, je ne trouve dans notre langue aucuns termes qui puissent t'en donner l'idée" (Brief 11, S. 211). Objekte, die Zilia nicht kennt, werden von ihr umschrieben. Das den Inkas vor der Begegnung mit den Spaniern unbekannte Schiff wird wie folgt dargestellt: „Cette maison, comme suspendu, et ne tenant point à la terre, étoit dans un balancement continuel." (Brief 3, S. 163). Ähnlich werden Objekte wie das Fernglas („une espèce de canne percée") in Brief 8 (S. 180) und die Kutsche als „petite chambre" (S. 196) in Brief 12 beschrieben. Zilia überträgt Begriffe ihrer eigenen sprachlichen Wirklichkeit auf die Realitäten der fremden Gesellschaft. Déterville ist für sie zunächst einmal der „cacique" (Brief 4, S. 169), der in einer Fußnote als Gouverneur einer Provinz erklärt wird. Das Zimmermädchen, das ihr von Déterville zugeteilt wird, bezeichnet Zilia dementsprechend als „China" (Brief 10, S. 187). Zilia versucht also, die fremde Kultur mittels ihres eigenen kulturellen Erfahrungshorizontes und ihrer eigenen sprachlichen Mittel zu erschließen.

Ab Brief 8 erweitern sich Zilias Französischkenntnisse progressiv, und die Sprache wird ihr langsam vertraut. Sie kann jetzt einen Sachverhalt verstehen, ohne die Bedeutung der einzelnen Wörter zu kennen: „En même tems, il m'a fait entendre par des signes qui commencent à me devenir familiers que nous allons à cette terre." (Brief 8, S. 180). Von dieser Art Zeichensprache ausgehend, entwickeln Zilia und Déterville eine Behelfssprache, die ihnen dazu dient, sich ihre Wünsche mitzuteilen: „L'habitude nous a fait une espèce de langage qui nous sert au moins à exprimer nos volontés" (Brief 11, S. 190). Doch ist Zilias Kommunikationsfähigkeit in diesem Stadium noch sehr eingeschränkt, und Déterville, der als Eroberer die herrschende Sprache spricht, profitiert von Zilias sprachlichem Defizit, indem er sie z. B. Liebesbeteuerungen nachsprechen läßt, deren Sinn sie gar nicht versteht:[65]

> Il commence par me faire prononcer distinctement des mots de sa langue. Dès que j'ai répété après lui, *oui, je vous aime*, ou bien *je vous promets d'être à vous*, la joye se répand sur son visage, il me baise les mains avec transport, et avec un air de gayté tout contraire au sérieux qui accompagne le culte divin. (Brief 9, S. 184 f).

Détervilles scheint Zilia mit seiner sprachlichen Macht geradezu zu überwältigen. Zilia bleibt zuerst nichts anderes übrig, als diese Worte Détervilles zu wiederholen, das heißt seine Sprache zu imitieren. Dieser Prozeß erinnert nicht zuletzt an den kindlichen Spracherwerbsprozeß. So ließe sich nach Lacan die ‚Muttersprache' Zilias in den Bereich des Semiotischen eingliedern, während der Erwerb der französischen Sprache, das heißt der Sprache der männlichen Eroberer, mit dem Eintritt in die symbolische Ordnung gleichgesetzt werden könnte.[66] Hier wird ein Muster repräsentiert, das als geradezu charakteristisch für das Geschlechterverhältnis erscheint: Der Mann, der von der Unwissenheit der Frau profitiert und diese ausnutzt. Jedoch wird Zilias Entwicklungsprozeß mit dem fortschreitenden Erlernen der französichen Sprache gerade dahin gehen, diese Imitation der herrschenden Sprache zu verweigern. In Brief 16, zu einem Zeitpunkt, als Zilia alle Quipos verbraucht hat, kommt es nun zu ihrer endgültigen Ablösung von der Muttersprache. Sie bekommt gezielt Französischunterricht durch einen Lehrer, der sie auch in der Schriftsprache unterweist, die Zilia als „méthode dont on se sert ici pour donner une sorte d'existence aux pensées" (Brief 16, S. 213) umschreibt. Zilia erklärt das System der Schriftsprache auf geradezu ‚strukturalistisch' anmutende Art und Weise:

> Cela se fait en traçant avec une plume de petites figures qu'on appelle *Lettres* sur une matière blanche et mince que l'on nomme *Papier*; ces figures ont des noms; ces noms mêlés ensemble, représentent les sons des paroles, […] (Brief 16, S. 213).

Zilia betont darüber hinaus die unendliche Mühe, die ihr das Schreiben bedeutet: „Je suis encore si peu habile dans l'art d'écrire, mon cher Aza, qu'il me faut un tems infini pour former très peu de lignes" (Brief 19, S. 222). Diese Darstellung kann metaphorisch gedeutet werden für den Kampf der Autorin um ihren Text, aber auch um ihre Sprache.[67] Zilias Erlernen der Sprache, vor allem der Schriftsprache, ist exemplarisch für die Situation der Frauen im 18. Jahrhundert. Die wenigsten Frauen beherrschten diese, was Zilia tatsächlich mehrfach an Céline und den anderen Frauen feststellt.

Für Zilia tun sich mit dem Erwerb der fremden Sprache auch Abgründe auf. Muß sie doch entdecken, daß mit dem Erwerb einer neuen Sprache eine neue Weltsicht einhergeht. Es stellt sich für sie wiederum die fundamentale Frage nach dem Zusammenhang zwischen Sprache und Denken. Auf der einen Seite steht die paradoxe Erfahrung mit der fremden Sprache, die jedoch mit einer Art Wiedergeburt einhergeht; auf der anderen Seite wird Zilia sich bewußt, daß ihre ursprüngliche Weltsicht zusammenbricht:

> Rendue à moi-même, je crois recommencer à vivre. Aza, que tu m'es cher, que j'aie de la joie à te le dire, à le peindre, à donner à ce sentiment toutes sortes d'existence qu'il peut avoir! [...] Hélas! que la connoissance de celle dont je me sers à présent m'a été funeste, que l'espérance qui m'a porté à m'en instruire étoit trompeuse! A mesure que j'en ai acquis l'intelligence, un nouvel univers s'est offert à mes yeux. Les objets ont pris une autre forme, chaque éclaircissement m'a découvert un nouveau malheur. (Brief 18, S. 220).[68]

Zilia muß immer wieder feststellen, daß ihr Verhältnis zur fremden Sprache von Mißverständnissen geprägt ist, daß sie die herrschende Sprache zwar spricht, aber gleichzeitig auch nicht spricht, daß sie die Umgebung oft nicht versteht und diese sie auch nicht. So stößt Zilia bei den französischen Frauen auf Unverständnis, wenn sie ihnen ihre Vorstellung von „vertu" erklärt; Zilia und die französischen Frauen verbinden mit diesem Begriff völlig unterschiedliche Vorstellungen:

> Si j'essaye de leur expliquer ce que j'entends par la modération, sans laquelle les vertus mêmes sont presque des vices; si je parle de l'honnêteté des mœurs, de l'équité à l'égard des inférieurs, si peu pratiqué en France, et de la fermeté à mépriser et à fuir les vicieux de qualité, je remarque à leur embarras qu'elles me soupçonnent de parler la langue Péruvienne, et que la seule politesse les engage à feindre à m'entendre. (Brief 34, S. 292).

Obwohl Zilia jetzt die französische Sprache grundsätzlich beherrscht, ist die Kommunikation zwischen ihr und den Franzosen weiterhin gestört, weil eine gemeinsame kulturelle Ebene fehlt. Gleiche Worte haben für Zilia und die Franzosen nicht die gleichen Bedeutungen.[69] So fühlt sich Zilia nach wie vor isoliert. Zilias Verhältnis zu der ihr fremden Sprache wird wiederum bestimmt durch die Erfahrung der Alterität. Auch hier ließe sich eine metaphorische Lektüre des Textes im Lacanschen Sinne vornehmen: Zilias Erfahrung der sprachlichen Alterität stünde somit für das Fremdsein der Frau in der symbolischen Ordnung des Vaters.[70]

Ihre selbst nach Erlangen der sprachlichen Kompetenz fortdauernde Außenseiter-rolle macht Zilia allerdings empfänglich für Sprachkritik. So ist sie jetzt in der Lage, die Diskrepanz zwischen Gesagtem und Gemeintem aufzudecken, und vergleicht diese Art des Sprechens mit ihrer eigenen Art und Weise, sich auszudrücken:

> Or mon cher Aza, que mon peu d'empressement à parler, que la simplicité de mes expressions doivent leur paraître insipides! Je ne crois pas que mon esprit leur inspire plus d'estime. Pour mériter quelque réputation à cet égard, il faut avoir fait preuve d'une grande sagacité à saisir les différentes significations du mot et à déplacer leur usage. Il faut exercer l'attention de ceux qui écoutent par la subtilité des pensées sou-vent impénétrables, ou bien en dérober l'obscurité, sous l'abondance des expressions frivoles [...] (Brief 30, S. 272).

Zilia denunziert an dieser Stelle den metaphorischen Gebrauch der Sprache und damit die Inflation derselben. Diese Problematik ist charakteristisch für die Literatur des 18. Jahrhunderts. Das Streben nach dem Ausdruck unmittelbaren Gefühls widerspricht der rhetorischen Ausgestaltung desselben: „In den Romanen der Spätaufklärung ist die *Inszenierung* von personaler Identität im Spannungsfeld von rhetorischer Strategie und *natürlicher Empfindung* zentrales Thema."[71]

Zilia empfindet ebenfalls diese Spannung und versucht zu vermitteln, was ihr durch-aus nicht immer gelingt. Die Spannung wird zwar reflektiert, kann jedoch im eigenen Schreibprozeß nicht aufgehoben werden, sondern auch hier wird trotz „natürlicher Empfindung" rhetorische Strategie angewandt, was in der Gattung des Briefes begrün-det liegt. Zilias Suche nach einer ‚langage universel', einer ‚langue des cœurs sensibles' resultiert aus dieser Spannung. Aus ihrer Position der sprachlichen Außenseiterin heraus stellt Zilia immer wieder die auf Konventionen beruhenden Einzelsprachen einer natür-lichen Universalsprache gegenüber, wie sie sie z. B. in der Musik zu sehen glaubt:

> Il faut, mon cher Aza, que l'intelligence des sons soit universelle, car il ne m'a pas été plus difficile de m'affecter des différentes passions que l'on a représentées que si elles eûssent été exprimées dans notre langue, et cela me paroît bien naturel. (Brief 17, S. 217).

Auch in ihrer Unterhaltung mit Céline will Zilia die universelle Sprache der Gefühle sehen: „Quoique je n'entendisse rien, de ce qu'elle me disoit, ses yeux pleins de bontés me parloient le langage universel des cœurs bienfaisans; ils m'inspiroient la confiance et l'amitié [...]" (Brief 13, S. 203). Die Affinität Madame de Grafignys zu den späteren Äußerungen Rousseaus ist hier nicht zu übersehen. So vergleicht D. Fourny die Stadien von Zilias Sprachentwicklung mit den Stadien, die Rousseau in seinem *Essay sur l'origine des langues* entwickelt:

> In letters 16 and 17, Graffigny's heroine offers a lengthy account of the development of language that closely resembles Rousseau's argument in his essai sur l'origine des langues. From primitive society to the present, language has passed through three stages: The gestural, the intuitive (or sentimental), and the symbolic. Non mediated

gestural language is the purest form of expression, whereas symbolic language is highly mediated, and represents the most sophisticated, and hence corrupt form of communication. At this highly artificial and interpretive level, there is no immediate or intrinsec similarity between the written or spoken sign and its object; hence meaning is always obscured and coded or, to use a Derridian term, deferred. Zilia's journey from mutism and blindness to knowledge follows these three stages of linguistic development.[72]

Die durch ihren metaphorischen Gebrauch bedingte Inflation der Sprache verursacht den Konflikt zwischen Déterville und Zilia. Die immer wieder aufgenommene Diskussion der beiden über den Gebrauch der Begriffe ‚amitié' und ‚amour' zeigt auf, wie schwierig es ist, sich in einer höchst differenzierten Sprache ohne Mißverständnisse zu verständigen. Allerdings steht diese Diskussion auch exemplarisch für Zilias Ablehnung einer Sprache der Liebe, die seitens der Männer von ihr erwartet wird. Konnte Déterville am Anfang seiner Begegnung mit Zilia aufgrund ihrer sprachlichen Inferiorität diese Sprache der Liebe noch als Repressionsmittel, nämlich im wahrsten Sinne des Wortes als Sprache des ‚Eroberers' verwenden, verweigert Zilia nun, nach Erlangen der sprachlichen Kompetenz, genau diese Sprache.[73]

In Brief 23, der den Höhepunkt des Konfliktes zwischen Déterville und Zilia darstellt, spricht Zilia zum ersten Mal mit Déterville als gleichwertigem Partner Französisch und verneint hier ganz klar die Sprache der Liebe. Sie ist des Französischen jetzt so mächtig, daß sie die sprachlichen Strategien Détervilles durchschaut und zwischen ‚amitié' und ‚amour' trennt. Diese Fähigkeit des selbstbewußten Ausdrucks finden wir im letzten Brief wieder, wenn Zilia Déterville ihren Lebensentwurf vorstellt und ihm gleichzeitig die Freundschaft anbietet. Zu Recht schreibt Nancy K. Miller: „Zilia produces feminist writing."[74] Zilia verweigert den männlichen Diskurs der Liebe, dem sie ihren eigenen Diskurs der Gefühle gegenüberstellt. Dieses Verhalten der Protagonistin des Romans läßt sich übertragen auf das Verhalten Madame de Grafignys als Autorin, die die literarischen Strategien der männlichen Autoren für ihren Roman verweigert, indem sie diese scheinbar wieder aufnimmt, jedoch in ihrem Text umgestaltet.

Das Verhältnis Zilias zur Sprache, ihr Akt des „Sich der Sprache Bemächtigens" in ihren Briefen, läßt sich tatsächlich auf metaphorischer Ebene als Darstellung der Entwicklung einer Frau zur Autorin interpretieren. Indem Zilia die Briefe, die sie ursprünglich für den privaten Bereich geschrieben hat, übersetzt und Déterville zwecks Publikation übergibt („Nous devons cette traduction au loisir de Zilia dans sa retraite. La complaisance qu'elle a eu de les communiquer au Chevalier Déterville, et la permission qu'il obtint de les garder." („Avertissement", S. 137), tritt sie vom privaten in den öffentlichen Bereich heraus und wird von einer Verfasserin privater Briefe zur Autorin eines Briefromans.[75]

Schon die Form des Briefes beinhaltet immer eine Reflexion über den Prozeß des Schreibens an sich, da es im Brief per definitionem um die grundlegende Frage geht, wie man Gefühle und Erlebnisse am besten in eine schriftliche Form bringt, die auch von einem Adressaten (einem intendierten Leser) gelesen und verstanden werden kann.[76] Darüber hinaus sind Zilias Briefe mehrfach von dem Wunsch gekennzeichnet, ihre Gefühle und Erlebnisse überzeitlich werden zu lassen. So spricht sie bereits in ihren ersten Briefen davon, ihre Beziehung zu Aza für die Nachwelt festhalten zu wollen:

> Tu le sçais, o délices de mon cœur! ce jour horrible, ce jour à jamais épouvantable, devoit éclairer le triomphe de notre union. A peine commençoit-il à paroître, qu'impatiente d'exécuter un projet que ma tendresse m'avoit inspiré pendant la nuit, je courus à mes Quipos, et profitant du silence qui régnoit encore dans le Temple, je me hâtai de nouer, dans l'espérance qu'avec leur secours je rendrois immortelle l'histoire de notre amour et de notre bonheur. (Brief 1, S. 149).

Als ihr der Erwerb der französischen Schriftsprache die Kommunikationsfähigkeit zurückgibt, schreibt Zilia Aza voller Begeisterung: „Je voudrois le tracer sur le plus dur métal, sur les murs de ma chambre, sur mes habits, sur tout ce qui m'environne, et l'exprimer dans toutes les langues" (Brief 18, S. 220). Dieser Wunsch, ihre Begeisterung über die wiedergewonnene Ausdrucksfähigkeit mitzuteilen und vor allem festzuschreiben, scheint recht klar das Bedürfnis einer Autorin darzustellen. In dieser Richtung läßt sich ebenfalls Zilias Weigerung interpretieren, ihre Liebe zu Aza – trotz fehlender Gegenseitigkeit – aufzugeben. Die Liebe zu Aza existiert am Ende nur noch um ihrer selbst willen, um von Zilia beschrieben zu werden. Die Darstellung des Gefühls, das seinen Gegenstand verloren hat, steht im Mittelpunkt; die Darstellung des Gefühls wird damit zum Selbstzweck. Dieses entspricht der Selbstreferentialität des Kunstwerkes in seiner Überzeitlichkeit. Zilias anfängliches Projekt, ihre Liebe zu Aza für die Nachwelt zu erhalten, wird von ihr also bis zum Ende weiterverfolgt. Der Entschluß geht schließlich über den reinen Erfahrungsbericht, über die Memoiren hinaus, weil ihm der Referent fehlt und die Darstellung des Gefühls, der Liebe, zum Selbstzweck wird. Erst nachdem das Stadium des ‚Schreibens-für' überwunden ist, nämlich nach Verlust des Adressaten, hat Zilia tatsächlich das Stadium des ‚Schreibens um des Schreiben willens' erreicht.[77]

II.5. DIE DEKONSTRUKTION DES ‚BON-SAUVAGE'-MYTHOS UND DIE KOLONIALISMUSKRITIK

In den *Lettres* wird durch die literarische Perspektive des ‚fremden Blicks' das Frankreich unter Ludwig XV. der Welt der Inkas gegenübergestellt und das Ideal des ‚guten Wilden' als Gegensatz zu der Realität der französischen Gesellschaft aufgebaut. Das Ideal des ‚guten Wilden' im Zusammenhang mit dem ‚fremden Blick' ist damit grundlegend für die Entwicklung Zilias.

Die Figur des ‚guten Wilden' ist in der europäischen Literatur keineswegs ein Novum des 18. Jahrhunderts, sie geht vielmehr zurück auf das erste Entdeckungszeitalter.[78] Mit der Entdeckung fremder Kulturen, stellt sich auch die Frage der Kulturrelativität, das heißt die Frage der Bewertung der eigenen Kultur im Vergleich zu einer fremden. Das Bild des ‚edlen Wilden' formiert sich im Laufe dieser Betrachtungsweise als Kompensationsmoment für die Unzulänglichkeiten der eigenen Gesellschaft. K. H. Kohl

schreibt diesbezüglich über Montaigne: „Montaignes Blick bleibt damit auf die europäischen Verhältnisse fixiert: das Glück der Wilden beruht auf dem Mangel all dessen, was
das Wesen der eigenen Gesellschaft ausmacht."[79] In den *Lettres* wird der Mythos des
‚edlen Wilden' genauso wie die Perspektive des ‚fremden Blicks' für die Bedürfnisse der
Autorin umfunktioniert. Der Mythos wird dabei dekonstruiert.

Uns interessiert an dieser Stelle besonders die Frage nach der Analogie zwischen dem
Mythos des ‚guten Wilden' und der Rolle der Frau. S. Weigel hat zum Verhältnis von
Wilden und Frauen im Diskurs der Aufklärung herausgefunden, daß in der Beschreibung beider Positionen Parallelen nachzuweisen sind.[80] Wie der Fremde bzw. der Wilde
zur Projektionsfläche für das Unbehagen an der eigenen Kultur wird, wird die Frau als
das ‚andere des Selbst' zur Projektionsfläche für das Ungenügen des Mannes:

> In der Funktion einer Projektionsfläche für Wunsch- und Angstbilder, als Objekt der
> Eroberung und als Territorium für die konfliktreiche Auseinandersetzung zwischen
> Natur und Zivilisation aus der Perspektive des sich konstituierenden männlichen
> Subjekts treten Frau und Weiblichkeit in der Nähe an die Stelle der Wilden in der
> Ferne.[81]

In den *Lettres* wird das Wilde und das Weibliche explizit zusammengebracht in der Figur
Zilias. Zilia erscheint für den Leser auf den ersten Blick als ‚bon-sauvage'-Figur par ex-
cellence. Sie steht dabei im Rahmen der klassischen Dichotomie von Natur/Kultur im
Bereich der Natur, nicht nur als Frau, sondern ebenfalls als Wilde. Zilia ist also erst
einmal eine Projektionsfigur: für die fremde Gesellschaft, für die damaligen Leser und
für die Autorin. Allerdings bedient sich auch Zilia einer männlichen Projektionsfigur,
indem sie wiederum den Mythos des ‚guten Wilden' auf Aza anwendet, um das Ungenügen an der ihr fremden Gesellschaft zu kompensieren. Es liegt also eine doppelte
Brechung des Mythos vor.

Bereits in der „Introduction Historique" wird das Bild der Inkas im Hinblick auf den
Mythos des ‚edlen Wilden' konditioniert: die „Naiveté de leurs mœurs" (S. 141), die
„Simplicité de leur morale" (S. 144) sowie die daraus resultierende Ehrlichkeit der Inkas: „[...] il suffit de dire qu'avant la descente des Espagnols, il passoit pour constant
qu'un Péruvien n'avoit jamais menti." (S. 144) werden ständig hervorgehoben. Die
wichtigste Eigenschaft des ‚edlen Wilden' in den *Lettres* ist somit die Ehrlichkeit, welche
auf der Einfachheit und Natürlichkeit der Sitten beruht. Zilia verkörpert diesen Wert,
und eben auf diesem basiert ihre Kritik an der französischen Gesellschaft sowie ihre
Zivilisationskritik.

Für sie ist der Mensch von Natur aus gut, er wird jedoch von der Zivilisation verdor-
ben:

> Naturellement sensibles, touchés de la vertu, je n'en [= de Francais; Anm.d.Verf.] ai
> point vu qui écoutât sans attendrissement le récit que l'on m'oblige souvent de faire
> de la droiture de nos cœurs, de la candeur de nos sentimens et de la simplicité de nos
> mœurs; s'ils vivoient parmi nous, ils deviendroient vertueux: l'exemple et la coutume
> sont les tyrans de leur conduite. (Brief 32, S. 284).

Dieses Bild der korrumpierenden Gesellschaft wird von Zilia nicht konsequent auf-
rechterhalten; so sind auch bei den Vertretern der Zivilisation durchaus Ausnahmen
möglich (vgl. Déterville und Céline). Um die Zivilisationskritik darzustellen, die kei-
nesfalls explizit formuliert wird, sondern sich vielmehr in Zilias abwägenden Äußerungen offenbart, möchte ich auf die Unterscheidung zwischen den Begriffen ‚Kultur‘ und
‚Zivilisation‘ hinweisen, wie N. Elias sie definiert.[82] In den *Lettres* werden kulturelle
Errungenschaften wie Bücher (S. 229) und Wissen in ihrer aufklärerischen Funktion
positiv bewertet, die Leistungen der höfischen Zivilisation hingegen, auf denen das Verhalten der Gesellschaft beruht, negativ.[83]

Es ist in diesem Zusammenhang wichtig, daß das Ursprungsland der ‚edlen Wilden‘
eine Hochkultur ist, womit der Begriff der ‚Wilden‘ bereits relativiert wird. Schon in der
„Introduction Historique" wird auf diese kulturellen Errungenschaften hingewiesen,
die sich jedoch gegenüber der europäischen Kultur in gewissen Grenzen halten:

> On sçavoit au Pérou autant de Géometrie qu'il en falloit pour la mesure et le partage
> des Terres. La médecine y étoit une science ignorée, quoiqu'on y eût l'usage de quel-
> ques secrets pour certains accidens particuliers. Garcilasso dit qu'ils avoient une sorte
> de musique, et même quelque genre de Poësie. Leurs poëtes, […], composaient des
> espèces de Tragédies et des Comédies, […] La morale et la science des loix utiles au
> bien de la société étoient donc les seules choses que les Péruviens eûssent appris avec
> quelque succès. (S. 145 f.).

Der hier dargestellte gemäßigte Fortschritt der Inkas wird von Zilia später wieder aufgegriffen, nachdem die menschlichen Errungenschaften Frankreichs sie in vorübergehen-
de Bewunderung versetzt haben. Die Entdeckung der Kutsche als Beförderungsmittel
veranlaßt Zilia zu der zweifelnden Äußerung, es bedürfe eines übermenschlichen Ge-
nies, um solche Dinge zu erfinden. (Brief 12, S. 197).

Die Begegnung mit der Großstadt Paris läßt Zilia wiederum die Frage nach der Beziehung zwischen Natur und Zivilisation stellen:

> J'essayerois en vain de te donner une idée juste de la hauteur des maisons; elles sont si
> prodigieusement élevées, qu'il est plus facile de croire que la nature les a produites
> qu'elles sont que de comprendre comment les hommes ont pu les construire. (Brief
> 13, S. 201 f.).

Allerdings relativiert Zilia diese Bewunderung anläßlich des technischen Fortschritts
wieder, sobald sie mit der Natur in Kontakt kommt. Angesichts der Wunder der Natur
tritt der Wert der menschlichen Errungenschaften zurück:

> Il faut […] que la nature ait placé dans ces ouvrages un attrait inconnu que l'art le
> plus adroit ne peut imiter. Ce que j'ai vu des prodiges inventés par les hommes ne
> m'a point causé le ravissement que j'éprouve dans l'admiration de l'univers. (Brief
> 12, S. 197).

Ein Gartenfest dient Zilia dazu, die Zivilisationsproblematik zu vertiefen. So wirft Zilia
den Franzosen vor, im Bereich der Kunst die Natur dominieren zu wollen und die Natur

damit zu etwas Überflüssigem werden zu lassen. Diese Feststellung exemplifiziert Zilia am Motiv des Gartens, den der Mensch nutze, um die natürlichen Elemente, wie Boden, Feuer und Wasser zu domestizieren.[84] Dies geschehe allerdings nicht, um den Menschen lebensnotwendigen Nutzen zu bringen, sondern allein, um seine Augen und seine Eitelkeit zu erfreuen:

> Ils [= les Français; Anm.d.Verf.] rassemblent dans les jardins, et presque dans un point de vue, les beautés qu'elle [= la nature; Anm.d.Verf.] distribue avec économie sur la surface de la terre, et les élémens soumis semblent n'apporter d'obstacles à leur entreprise que pour rendre leurs triomphes plus éclatans […] (Brief 28, S. 265).

Wenn Zilia an dieser Stelle noch zwischen Verachtung und Bewunderung für diese Art von Kunst schwankt (vgl. S. 266), so entwickelt sie zu einem späteren Zeitpunkt ihr Ideal der Beziehung von Zivilisation und Natur anhand ihres eigenen Gartens, der nach folgendem Prinzip gestaltet ist: „L'art et la symétrie ne s'y faisoient admirer que pour rendre plus touchans les charmes de la simple nature." (Brief 35, S. 299). Zilia postuliert hier also das Ideal des menschlichen Handelns in Einklang mit der Natur, welches mit dem Bild der Inkakultur übereinstimmt, das in der „Introduction Historique" vermittelt wird. Die Ehrlichkeit sowie das Gefühlsbetonte, das im Diskurs der Aufklärung eindeutig der Frau zugeordnet wird, nimmt Zilia damit für sich in Anspruch. Sie möchte diese Prinzipien jedoch auf die gesamte französische Gesellschaft anwenden und vor allem auch auf ihre Beziehung zu Déterville.

Zusammenfassend läßt sich feststellen, daß Zilia als differenzierte Vertreterin der ‚guten Wilden' gezeichnet wird. Das ‚Wilde' ihres Charakters tritt vielmehr in den Hintergrund, und Zilia erscheint alles in allem zivilisierter als die Vertreter der Zivilisation, die von ihr als ‚wild' bezeichnet werden. Es ist interessant, daß nicht nur Zilia für den Leser der Briefe als ‚edle Wilde' erscheint, sondern daß sie wiederum selbst das Bild des ‚edlen Wilden' auf den abwesenden Aza projeziert:

> O mon cher Aza! que les mœurs de ces pays me rendent respectables celles des enfans du soleil! Que la témérité du jeune *anqui* rapelle chèrement à mon souvenir ton tendre respect, ta sage retenue et les charmes de l'honnêteté qui régnoient dans nos entretiens! (Brief 14, S. 208 f.).

Aza in der Ferne dient Zilia also dazu, das Ungenügen an der ihr fremden Gesellschaft zu kompensieren. Allerdings erweist sich am Ende des Romans nicht nur Zilias Liebe als Illusion, sondern auch das von ihr auf die Person Azas projezierte Ideal. Zilia wird somit im Laufe ihrer Entwicklung gezwungen, die Vorstellung des ‚guten Wilden' zu relativieren. Der Bruch mit Aza wird bereits in Brief 2, sowie später in den Briefen 25 bis 36 angedeutet, in denen Zilia von Azas Konvertierung zum Katholizismus erfährt und vergebens Antworten auf ihre inzwischen durch Déterville übermittelten Briefe erhofft. Sie beginnt zu diesem Zeitpunkt (Brief 25) zu ahnen, daß die Untreue Azas seiner Religion gegenüber auch die Untreue ihr gegenüber nach sich ziehen könnte. Der einzige Zug seiner „vertu", der ihm noch bleibt, ist die Ehrlichkeit, mit der er Zilia seine Untreue erklärt: „Le cruel Aza n'a conservé de la candeur de nos mœurs que le respect pour la vérité, dont il fait un si funeste usage." (Brief 38, S. 313). Diese Ehrlichkeit kehrt sich nun gegen Zilia, welche diese Tugend schließlich in Frage stellt: „Funeste sincérité de ma nation, vous pouvez donc cesser d'être une vertu? Courage, fermeté, vous êtes donc des crimes quand l'occasion le veut?" (Brief 39, S. 315).

Die auf den ersten Blick ziemlich unmotiviert erscheinende Figur des Aza[85] wird damit zum Relativierungsfaktor von Zilias Ideal und innerhalb des Figurenarsenals dieses Romans schon bald von dem differenzierter dargestellten Déterville abgelöst.

Das Thema der Kolonisation nimmt in den *Lettres* einen breiten Raum ein. Die gewaltsame Eroberung fremder Länder erscheint dabei in einem durchweg kritischen Licht. So wird die Goldgier als Motor der Kolonialisierung entlarvt: „Quelque hommage que les Péruviens eûssent rendu à leur Tyrans, ils avoient trop laissé voir leurs immenses richesses pour obtenir des ménagements de leur part." (S. 141). Genauso wird immer wieder – in der „Introduction Historique" wie später in Zilias Briefen – die Art und Weise der Kolonialisierung angeklagt, nämlich die Grausamkeit und Brutalität der Eroberer. Diese werden als Verstoß gegen die natürlichen Rechte der Menschen entlarvt:

> Un peuple entier, soumis et demandant grâce, fut passé au fil de l'épée. Tous les droits de l'humanité violés laissèrent les Espagnols les Maîtres absolus des trésors d'une des plus belles parties du monde. („Introduction Historique", S. 141).

Zu der Plünderung des Sonnentempels heißt es in der historischen Einführung: „En donnant libre cours à leurs cruautés, ils oublièrent que les Péruviens étoient des hommes." (S. 142). So wird Zilia vor dem Hintergrund der „Introduction Historique" in ihren Briefen die Spanier als „hommes féroces" (S. 148) darstellen. Ihre „cruauté" wird von Zilia hervorgehoben als eine für diese Nation typische Eigenschaft. In Brief 4 stellt sie Spanier und Franzosen gegenüber, wobei die Charaktereigenschaften der beiden Nationen durch die Beschreibung ihrer Physiognomie unterstützt wird:

> L'air grave et farouche des premiers fait voir qu'ils sont composés de la matière des plus durs métaux, ceux-ci semblent s'être échappés des mains du créateur au moment où il n'avoit encore assemblé pour leur formation que l'air et le feu: les yeux fiers, la mine sombre et tranquille de ceux-là, montroient assez qu'ils étoient cruels de sang-froid; l'inhumanité de leurs actions ne l'a que trop prouvé. (Brief 4, S. 168).

Die Unterwerfung einer Kultur durch eine andere, wie sie bei der Kolonialisierung auftritt, kann bei Zilias Prinzipien der Toleranz dem anderen gegenüber und ihrer praktizierten Kulturrelativität nur auf Abneigung stoßen. Jedoch scheint diese Kolonialismuskritik seitens Zilias auf den ersten Blick sehr einseitig zu sein, bezieht sie sich doch ausschließlich auf die Spanier, während die Franzosen weitaus positiver dargestellt werden, was sich bereits in deren Gesichtern widerspiegelt:

> Le visage riant de ceux-ci, la douceur de leur regard, un certain empressement répandu sur leurs actions, et qui paroît être de la bienveillance, prévient en leur faveur; mais je remarque des contradictions dans leur conduite qui suspendent mon jugement. (Brief 4, S. 169).

Allerdings bleiben Zilia auch in bezug auf die Franzosen Zweifel. So erscheint Déterville zwar als positive Ausnahmegestalt, jedoch trägt er ebenfalls Züge des Kolonialisators, wie im folgenden gezeigt werden soll. Die Anwendung des Kolonialisationsmodells ist in feministischen Theorien heute geläufig[86]: Die Frau wird dabei als die vom Mann Kolonialisierte gesehen, als die vom Mann ihrer Kultur Beraubte. So ist es kein Zufall, wenn Madame de Grafigny als Protagonistin ihres Romans eine Peruanerin wählt. Eine Analogie zwischen der Rolle der Frau und der Kolonialisierten scheint auf der Hand zu liegen, wie J. G. Altman feststellt: „The place of the female in Graffigny's fiction is also the place of ‚Peru' – i. e. the space (to be) occupied by people who have experienced co-lonialization and cultural exproriation."[87]

Auch die Franzosen werden versuchen, Zilia zu ‚kolonialisieren'. Erst einmal werden ihr ihre Kleider der Sonnenkönigin genommen. Zudem wird sie ihrer Muttersprache als Kommunikationsmittel beraubt. Gerade diese Unfähigkeit, sich sprachlich mitzuteilen, wird von Déterville ausgenutzt, wenn er versucht, Zilia seine Sprache der Liebe aufzu-zwingen. Auch wird versucht, Zilia zum Konvertieren zu bewegen. Im Vergleich zu Aza wird sich nun zeigen, daß Zilia diesen Versuchen der Kolonialisierung widersteht. In eine Konversion willigt sie nicht ein. Die ihr von Déterville auferlegte Sprache der Liebe verweigert sie, sobald sie in der Lage ist, sein Betrugsmanöver zu durchschauen. Déter-ville, der sich dem Ideal der ‚guten Wilden' hingegeben hat, muß am Ende erkennen, daß er einer Illusion erlegen ist. Zilia widersteht jeglichen Versuchen, sie in irgendeiner Form zu beeinflussen. Aza dagegen, der sich ebenfalls für Zilia als Illusion entpuppt, entgeht der Kolonialisierung nicht. Er gibt ziemlich schnell, wie sich in Brief 2 bereits ankündigt, seine Religion und damit auch seine Liebe auf. Zilia hingegen bewahrt selbst in ihrem Landhaus die religiöse Sphäre ihrer Ursprungskultur. Es findet also nur eine eingeschränkte Anpassung statt. Zilia schafft sich eine Autonomie, indem sie sich nicht erobern läßt, sondern sich die positiven Seiten der Eroberer aneignet und zu ihren Zwecken umformt. So verschließt Zilia sich nicht generell den Errungenschaften ihrer Kolonialisatoren. Vielmehr erschließt sie deren kulturellen Bereiche, wie die Literatur, die Sprache, die Schrift und die Musik, für sich. (Brief 17 über den Opernbesuch, S. 217-219, Brief 22, S. 235).

Im Rahmen des Diskurses der Aufklärung, in dem der ‚Wilde' und die ‚Frau' allein über die Zugehörigkeit zur Natur definiert werden, kommt Zilia somit eine besondere Stellung zu. In ihrer Person wird der Mythos des ‚guten Wilden' gleichsam dekonstru-iert, in seiner Funktion als ‚Wilder' sowie in seiner Analogie zur ‚Frau'. Zilia definiert sich zwar zu einem großen Teil durch ihre ‚Natürlichkeit' im Gegensatz zu der Affek-tiertheit und Aufgesetztheit des Verhaltens der Franzosen. Doch sieht sie durchaus die Möglichkeit eines gegenseitigen Sich-Ergänzens der beiden Bereiche Kultur und Natur. Die Dichotomie Natur/Kultur in ihrer Hierarchie wird damit zumindest teilweise auf-gehoben. Die Denksysteme der westlichen Kulturen ordnen diese in binäre Opposi-tionen wie Kultur/Natur, Vernunft/Gefühl, die hierarchisch zu verstehen sind. Jeweils ein Begriff der Dichotomie erscheint als der zentrale, der andere als der vom vorher-gehenden abgeleitete. In dieses Denkschema der binären Oppositionen, die die Philo-sophie der abendländischen Kulturen bestimmen, läßt sich auch das Gegensatzpaar

Mann-Frau einordnen. Während der Mann jeweils dem zentralen Begriff wie Kultur, Vernunft, Subjekt zugeordnet wird, erscheint die Frau als dem abgeleiteten Begriff zugehörig, das heißt der Natur, dem Gefühl, dem Objekt.[88] Zilia macht der Frau die Kultur zugänglich und hebt gleichzeitig die Minderwertigkeit der Natur auf, wenn sie die ,natürlichen' Eigenschaften, speziell die ,natürlichen' Gefühle, über die Kultur stellt und die Zivilisierten zu Wilden werden läßt.

Für den Leser und für die Autorin erscheint Zilia bis zum Schluß als Projektionsfigur für die Unzulänglichkeiten der eigenen Gesellschaft, indem sie zum einen als moralisches Gegenbild zu den pervertierten Sitten der Franzosen auftritt und zum anderen ein alternatives Frauenbild vermittelt. Damit wäre Zilia mit anderen ,bon-sauvage' Figuren des 18. Jahrhunderts zu vergleichen, wie z. B. dem späteren *Ingénu* eines Voltaires. Allerdings tritt bei Zilia die spezifisch feministische Komponente hinzu, die den alternativen Lebensweg einer Frau darstellt. Der Begriff des ,Wilden' als Projektionsfigur fällt immer auch mit dem Gedanken an seine Eroberung zusammen.[89]

Wiederum besteht hier die diskursive Analogie zur Frau. Sie erscheint als der ,schwarze Kontinent' und damit als Objekt der Eroberung.[90] In den *Lettres* werden zwar beide Aspekte, das heißt das ,Wilde' und die ,Frau' in einer Person vereinigt, doch werden die zu erwartenden Verhältnisse umgekehrt. Die Frau als die ,Wilde' entzieht sich vollkommen den auf sie angewendeten Eroberungsstrategien. Ein ganzes Volk wird kolonialisiert, Zilia jedoch nicht. Die Brechung in der Darstellung des Mythos durch die Gegenüberstellung der Geschlechter macht deutlich, daß hier dem ,schwachen Geschlecht' die Rolle des Subjekts zugewiesen wird, während das vermeintlich ,starke Geschlecht' zum Objekt der Kolonisatoren wird. Die ,gute Wilde', eigentlich eine über die Analogie vom ,Wilden' und der ,Frau' bestimmte ,männliche' Projektionsfigur, wird hier so weit dekonstruiert, daß sie zu einer auf die Bedürfnisse der Frau zugeschnittenen Projektionsfigur wird.

II.6. DIE RAUMERFAHRUNG

Das Motiv der Reise – obgleich einer unfreiwilligen Reise – spielt in den *Lettres* eine große Rolle. Zilia wird von den immer wieder wechselnden Räumen bzw. Stationen[91], die sie durchläuft, stark geprägt. Im folgenden möchte ich aufzeigen, wie Zilia im Laufe ihrer Entwicklung die von ihr erfahrenen Räumlichkeiten erlebt.[92] Die Raumgestaltung ist dabei dominiert von den Dichotomien der Öffnung und Abgeschlossenheit sowie der Integration und Ausgrenzung. Die beiden Gegensatzpaare treten immer wieder in wechselseitige Beziehung zueinander.

Zilias Weg, der als solcher das Moment der Öffnung impliziert, nämlich der Öffnung dem Fremden gegenüber, ist in seinen Stationen von abgeschlossenen Orten determiniert. Diese Abgeschlossenheit kann exemplarisch für den Ort des ,Weiblichen' innerhalb der französischen sowie der europäischen Gesellschaft des 18. Jahrhunderts gedeutet werden. J.-P. Schneider sieht im Roman Madame de Grafignys den Ausdruck der Widersprüchlichkeit der Lebenssituation der Frau in der damaligen Zeit:

En revanche, de cette œuvre se dégage sans conteste l'impression qu'elle illustre plus particulièrement les contradictions dans lesquelles se débat, sans arriver ni à les réduire ni à les assumer toujours, la femme du XVIIIᵉ siècle, condamnée par son éducation à demeurer une étrangère dans la société même qui l'a vue naître.[93]

Zilias Position als Ausländerin impliziert ein doppeltes Fremdsein, nämlich als Ausländerin und als Frau. Das Bestreben der Ausländerin besteht darin, sich in die fremde Kultur zu integrieren. Öffnung und Integration verlaufen also parallel zueinander. Allerdings muß Zilia die Erfahrung machen, daß Integration in ihrem Fall nur bedingt möglich ist, da sie als Frau per se von der Öffentlichkeit ausgeschlossen ist.

Wenn der abgeschlossene Raum auch Ausgrenzung für die Frau bedeutet, so wird er von der Protagonistin durchaus nicht immer negativ empfunden. Das Verhältnis der Frau zum abgeschlossenen Raum erscheint als ambivalent. Die Raumerfahrung der Protagonistin geht mit der Frage nach der Standortbestimmung des eigenen Ichs einher. Dazu bedarf es eines fest umrissenen Raumes. Totale Öffnung in Form von Raumauflösung wird als bedrohlich empfunden. In Brief 9 stellt Zilia fest: „[...] le tems ainsi que l'espace n'est connu que par ses limites." (Brief 9, S. 183). Lösen Raum und Zeit sich auf, bedeutet dies Selbstverlust:

> Nos idées et notre vue se perdent également par la constante uniformité de l'un et de l'autre, si les objets marquent les bornes de l'espace, il me semble que nos espérances marquent celles du tems; et que, si elles nous abandonnent, ou qu'elles ne soient pas sensiblement marquées, nous n'apercevons pas plus la durée du tems que l'air qui remplit l'espace. (Brief 9, S. 183).

Mit Gewalt aus ihrem angestammten Raum, dem Sonnentempel, herausgerissen, dreht sich Zilias Denken fortan um eine Standortbestimmung. Sie fragt sich ständig, wo sie sich befindet, und versucht, für sie Gewohntes zu finden. Einer ersten Phase der absoluten Orientierungslosigkeit, die durch die Weite des Meeres symbolisiert wird, auf dem sie gleichsam umhertreibt, folgt die Phase einer Standortbestimmung in dem ihr fremden Land, das als Raum und Kultur begrenzt ist und somit Orientierungspunkte bietet.

Im folgenden sollen die Stationen von Zilias Reise aufgezeigt werden, um auf diese Weise die Spannungen zwischen Öffnung und Abgeschlossenheit sowie zwischen Integration und Ausgrenzung zu verdeutlichen. Der Ausgangspunkt von Zilias Reise bzw. ihrer Entwicklung ist der Sonnentempel Cuzcos, in dem die Jungfrauen der Sonne in Abgeschlossenheit lebten, wie Madame de Grafigny in ihrer Historischen Einführung schildert:

> Il y avoit cent portes dans le Temple superbe du Soleil. L'Inca régnant, qu'on appelait le *Capa-Inca*, avoit seul le droit de les faire ouvrir. C'étoit à lui seul aussi qu'appartenoit le droit de pénétrer dans l'Intérieur de ce Temple. Les Vierges consacrées au Soleil y étoient élevées presqu'en y naissant, et y gardoient une perpétuelle virginité, sous la conduite de leurs *Mamas*, ou Gouvernantes, à moins que les loix ne les destinassent à épouser des Incas, [...] („Introduction Historique", S. 143).

Dieser Raum des Sonnentempels erscheint als exemplarischer Ort weiblicher Abgeschlossenheit, über den ein Mann verfügt, in diesem Fall der Capa-Inca. Es ist interessant, daß Françoise de Grafigny ihre historische Hauptquelle Garcilaso de la Vega dahingehend verändert hat, daß sie den Frauen keinen eigenen Bereich zugesteht, sondern sie im Sonnentempel direkt der männlichen Gewalt unterstellt. Diesem abgeschlossenen Lebensraum, der für Zilia auch die Möglichkeit dser Öffnung nach außen beinhaltet (die Schwester des Inkaprinzen ist dazu bestimmt, dessen Frau zu werden, und sie wird den Sonnentempel nach der Hochzeit verlassen dürfen), wird Zilia mit Gewalt entrissen. Die Welt außerhalb des Tempels offenbart sich Zilia beim ersten Blick als grausam, blutbefleckt durch die Gewalt der Eroberer. Der Kontakt mit der Außenwelt dauert nicht an. Zilia wird sogleich in ein neues Gefängnis gebracht: „[...] enfermée dans une obscure prison, la place que j'occupe dans l'univers est bornée à mon être." (Brief 1, S. 151). Dieser neue Raum zeichnet sich durch seine Konturenlosigkeit aus. Er ist zwar begrenzt, hat für Zilia aber keinerlei Orientierungspunkte, so daß Innenraum gleich Außenraum wird. Zilias Existenz ist nur noch auf sich selbst bezogen und verschwimmt förmlich im konturenlosen Dunkel ihres Gefängnisses. In Brief 3 schildert Zilia, wie sie erneut mit Gewalt aus ihrem Gefängnis entrissen wird, um in ein anderes gebracht zu werden. Es handelt sich dabei um das Schiff der Franzosen, die das Schiff der Spanier gekapert haben. Zilia, die vollkommen orientierungslos ist, da sie weder ein Schiff kennt noch jemals das Meer gesehen hat, erfährt nun Existenzverlust:

> Je fus placée dans un lieu plus étroit et plus incommode que n'avoit jamais été ma première prison [...] Cette maison, que j'ai jugée être fort grande, par la quantité de gens qu'elle contenoit, cette maison, comme suspendue, et ne tenant point à la terre étoit dans un balancement continuel. [...] L'épuisement des forces anéantit le sentiment: déjà mon imagination affoiblie ne recevait plus d'images que comme un léger dessin tracé par une main tremblante; déjà les objets qui m'avoient le plus affectée n'excitoient en moi que cette sensation vague, que nous éprouvons en nous laissant aller à une rêverie indéterminée; je n'étois presque plus." (Brief 3, S. 162 ff.).

Die Seekrankheit bringt Zilia dem Tode nahe. Ein zweites Mal verübt sie einen Selbstmordversuch (Brief 6), der jedoch von ihren Bewachern vereitelt wird. L. S. Alcott interpretiert dieses Stadium des Selbstverlustes, den Zilia auf dem Meer erfährt, als symbolischen Tod, der Voraussetzung dafür ist, daß Zilia, in dem Moment, in dem sie wieder Land unter den Füßen hat, eine neue Identität aufbauen kann.[94]

Tatsächlich ist der neue Raum, den Zilia erlebt, als sie wieder an Land kommt, Voraussetzung für ihren Selbstfindungsprozeß. Denn erst der fremde Raum ermöglicht ihr die Selbstreflexion, die Selbstfindung durch die Auseinandersetzung mit dem anderen, vor allem auch mit der anderen Sprache, und wird somit gleichsam zu einem Raum der Öffnung. Déterville reist mit Zilia nach Paris. Noch einmal verfällt sie der Angst des Existenzverlustes, als sie in die Kutsche steigt, die mit ihren schwankenden Bewegungen an das Schiff erinnert:

> A peine eûmes-nous passé la dernière porte de la maison, qu'il m'aida à monter un pas assez haut, et je me trouvai dans une petite chambre où l'on ne peut se tenir de-

bout sans incommodité, où il n'y a pas assez d'espace pour marcher. [...] je sentis cette machine ou cabane, je ne sçais comment la nommer, je la sentis se mouvoir et changer de place. Ce mouvement me fit penser à la maison flottante: la frayeur me saisit [...]. (Brief 12, S. 196 f.).

Obwohl Zilia vier Tage in der Abgeschlossenheit der Kutsche verbringt, impliziert diese Reise die Öffnung nach außen, die ihr die Schönheit des Universums offenbart:

J'ai goûté pendant ce voyage des plaisirs qui m'étoient inconnus. Renfermées dans le Temple dans ma plus tendre enfance, je ne connoissois pas les beautés de l'univers; quel bien j'avois perdu! [...] Le Cacique a eu la complaisance de me faire sortir tous les jours de la cabane roulante pour me laisser contempler à loisir ce qu'il me voyait admirer avec tant de satisfaction. (Brief 12, S. 197).

Nachdem Zilia hier zum ersten Mal die Natur kennengelernt hat, wird sie nun mit der Großstadt Paris konfrontiert. Jedoch auch hier wird Zilias Existenz sofort wieder auf einen Innenraum beschränkt, nämlich auf das Elternhaus Détervilles, in dem Zilia in ein kleines Zimmer unter dem Dach gesperrt wird:

A quelques tems de là, une vieille femme d'une physionomie farouche entra, s'approcha de la *Pallas*, vint ensuite me prendre par le bras, me conduisit presque malgré moi dans une chambre au plus haut de la maison, et m'y laissa seule. (Brief 13, S. 203 f.).

Die nächste Station von Zilias Weg ist das Kloster. Im 18. Jahrhundert war es üblich, die Mädchen einer Familie in Klöster zu bringen, wenn z. B. das Geld nicht ausreichte, um mehrere Töchter zu verheiraten.[95] Das Kloster erscheint als europäisches Äquivalent zum peruanischen Sonnentempel. Das Schicksal des Eingesperrtwerdens wird somit zum universalen Frauenschicksal. Zilia weist jedoch auf den Vorteil des Klosters gegenüber dem Sonnentempel hin, nämlich auf die Möglichkeit einer Öffnung nach außen, die durch die Sprechzimmer gegeben ist:

Enfermées comme les nôtres, elles ont un avantage que l'on n'a pas dans les Temples du Soleil: ici les murs sont ouverts en quelques endroits, et seulement fermés par des morceaux de fer croisés, assez près l'un de l'autre, pour empêcher de sortir, laissent la liberté de voir et d'entretenir les gens du dehors, c'est ce qu'on appelle des Parloirs. (Brief 19, S. 224).

Die Metaphorik des Gefängnisses ist allen Räumen, die Zilia im Laufe ihres Weges durchläuft, gemeinsam. Daran zeigt sich, in welchem Maße Frauen ihre Existenz als Ab- und Ausgeschlossenheit empfinden. Die Kontakte mit der Außenwelt sind sporadisch und hängen von dem guten Willen der Männer ab. Zilias Weg endet in ihrem Landhaus, das Déterville für den Erlös der von ihm erbeuteten Schätze des Sonnentempels erwirbt. Diese Schätze stehen Zilia als rechtmäßiges Erbe zu. Somit bedeutet das Haus für Zilia finanzielle Eigenständigkeit. Die damit verbundene Unabhängigkeit war für die Frau des 18. Jahrhunderts durchaus keine Selbstverständlichkeit und dürfte der Traum vieler

Frauen gewesen sein, nicht zuletzt jener Françoise de Grafignys. Zilias Haus ist die Voraussetzung für die von ihr am Ende des Romans erreichte geistige und emotionale Autonomie, in dem Sinne, in dem V. Woolf schreibt:

> Das ist es. Intellektuelle freiheit hängt von materiellen dingen ab. Dichtung hängt von intellektueller freiheit ab. Und frauen sind immer arm gewesen, nicht nur seit zweihundert jahren, sondern seit aller zeiten anfang [...] Deshalb habe ich so viel nachdruck auf geld und ein zimmer für sich allein gelegt.[96]

Zilias Haus ist also Voraussetzung für ihre schriftstellerische Arbeit. J. Undank interpretiert die Bedeutung des Hauses in diesem Zusammenhang sogar so weitgehend, daß er im Haus eine Metapher für den Roman sieht:

> Since Zilia is both the substance and the voice of her novel, the house no doubt figures the novel as well, so when a man dressed in black, holding a writing desk and a document „already drawn up" asks for her signature as owner of the house, Zilia, inscribing her name, takes possession of the text.[97]

In seiner *Poétique de l'espace* beschreibt Bachelard das Haus als Mikrokosmos: „La maison est notre coin du monde. Elle est – on l'a souvent dit – notre premier univers. Elle est vraiment un cosmos."[98] Dies trifft ebenfalls auf Zilias Haus zu. Die in ihrem Brief beschriebenen Zimmer sind das Eßzimmer, die Bibliothek und ein Raum, der eine Nachgestaltung des Sonnentempels ist. Das Haus weist damit gleichsam in die Vergangenheit zurück und in die Zukunft voraus. Der Raum, der den ‚Sonnentempel' beinhaltet, erinnert an das universale Schicksal der Frauen, in Abgeschlossenheit leben zu müssen. Dieser ‚Sonnentempel' innerhalb des französischen Landhauses symbolisiert jedoch auch Zilias Autonomie innerhalb der ihr fremden Kultur, in der sie sich den Freiraum für ihre eigene Kultur offenhält.[99] Dagegen stellt die Bibliothek die Öffnung zum ‚männlichen' Bereich der Bildung und der Kultur dar. Die Momente von Zilias Weg, die Momente ihrer bisherigen Existenz, sind in diesem Haus vereint und Voraussetzung dafür, daß Zilia ihre Integrität erhält und ein autonomes ‚Ich' entwickeln kann. So schreibt Bachelard:

> Notre but est maintenant clair: il nous faut montrer que la maison est une des plus grandes puissances d'intégration pour les pensées, les souvenirs et les rêves de l'homme. [...] La maison, dans la vie de l'homme, évince les contingences, elle multiplie ses conseils de continuité. Sans elle, l'homme serait un être dispersé. Elle maintient l'homme à travers les orages du ciel et les orages de la vie. Elle est corps et âme.[100]

Zilias ‚Freiheit' und Autonomie innerhalb der Gesellschaft sind jedoch wiederum gekennzeichnet durch einen Ort der relativen Abgeschlossenheit, ein Haus auf dem Lande, ein Ort gleichsam am Rande der Gesellschaft. Undank kritisiert diese räumliche Lösung innerhalb des Romans als Träumerei, als Realitätsflucht der Protagonistin bzw. der Autorin.[101] Es stellt sich jedoch die Frage, ob es für eine Frau der damaligen Gesellschaft eine andere Möglichkeit gab, als sich ihre Freiräume am Rande der Gesellschaft zu erschaffen, sie sich zu erträumen oder bestenfalls zu erschreiben. Das Haus symbolisiert die Schwierigkeit der Frauen in der damaligen Gesellschaft, in der sie, wie Zilia, immer Fremde bleiben, sich überhaupt Freiräume zu schaffen.

Das Problem der Integration bzw. Ausgrenzung ist auf diese Weise nicht lösbar. Für eine Frau im Frankreich des Ancien Régime bedeutet die gesellschaftliche Integration häufig Ausgrenzung, das heißt Ausschluß aus der Öffentlichkeit. So bleibt Zilia nur der freiwillige Rückzug (la retraite) in ihr Privatreich, dessen geöffnete Türen (S. 297) jedoch das Durchbrechen der Gefängnisstrukturen bedeuten. Im Gegensatz zu den früheren Lebensräumen Zilias ist dieser Ort von ihr gewählt und ermöglicht ihr persönliche ‚liberté‘.[102]

Auch versinnbildlicht das Haus das ambivalente Verhältnis der Frauen der Abgeschlossenheit gegenüber. Lehnen sie sich auf der einen Seite gegen den ihnen auferlegten Ausschluß von der Öffentlichkeit auf, brauchen sie auf der anderen Seite einen fest abgegrenzten Raum, einen Raum, in dem sie für sich sein und sich ihrer Existenz bewußt werden können. So schreibt Zilia in ihrem letzten Brief:

> Le plaisir d'être: ce plaisir oublié, ignoré même de tant d'aveugles humains, cette pensée si douce, ce bonheur si pur, *je suis, je vis, j'existe*, pourroit seul rendre heureux, si l'on s'en souvenoit, si l'on en jouissoit, si l'on en connoissoit le prix. (Brief 41, S. 322).

Zum einen symbolisiert das Haus Abgeschlossenheit, im Sinne eines Sich-Zurückziehens auf die eigene Person, zum anderen steht es für die Öffnung, die Möglichkeit eines alternativen Lebensweges, der in Zilias Angebot an Déterville zum Ausdruck kommt.

II.7. Geschlechterbeziehungen und Liebesdiskurs

Zilias Verhältnis zur Liebe und in Verbindung damit das vom damaligen Publikum als offen empfundene Ende des Romans hat viel Kritik hervorgerufen. Bei den Zeitgenossen stieß der Schluß des Romans auf allgemeines Unverständnis, von dem nicht zuletzt die vier Supplemente des Romans zeugen. Im Roman werden unterschiedliche Modelle von konventionellen Liebesbeziehungen angedeutet, die sich alle als nicht realisierbar erweisen.[103]

Zilias Liebe zu Aza erscheint als typische ‚amour-passion‘, wobei es sich auf den ersten Blick um den Idealfall einer Verknüpfung von Liebesehe und politischer Ehe handelt. Der Sohn des Sonnenkönigs heiratet immer seine Schwester, die jedoch bis kurz vor der Eheschließung von ihm ferngehalten wird. Die geplante Eheschließung von Zilia und Aza kann also ohne weiteres mit den damals üblichen politischen Eheschließungspraktiken gleichgesetzt werden. Bei Aza und Zilia ergibt es sich zufällig, daß die beiden sich bei ihrem ersten Zusammentreffen ineinander verlieben. Die Bedingungen dieser ‚amour-passion‘ erscheinen vollkommen günstig, trotzdem läßt die Autorin sie scheitern. Eine Verbindung von Liebesehe und politischer Ehe erweist sich im Roman als unmöglich, jedenfalls im Europa des 18. Jahrhunderts, in das Zilia entführt wird.

Zwei Umstände durchkreuzen die ‚passion‘ Zilias: Zum einen die Tatsache, daß in der christlichen Welt ihre politische Ehe zu einer verbotenen Inzestbeziehung wird, zum anderen die Untreue des Geliebten. Viele zeitgenössische Kritiker haben der Autorin vorgeschlagen, das Hindernis des Inzests durch die Veränderung des Verwandschaftsgrades aus dem Weg zu räumen, worauf Madame de Grafigny bewußt verzichtet hat. Meiner Meinung nach ist die Inzestproblematik metaphorisch zu lesen für die Unmöglichkeit einer Vereinbarkeit von Liebe und (Vernunft)-Ehe im Europa des 18. Jahrhunderts.

Doch liegt hier nicht der einzige Grund für das Scheitern von Zilias ‚passion‘. Ihre Liebe wird durch die Untreue des Partners verraten. Françoise de Grafigny wählt hier ganz bewußt das Modell der einseitigen, der unglücklichen Liebe. Gegenseitige ‚passion‘ scheint nicht möglich zu sein, erweist sich doch nicht nur Zilias Liebe zu Aza als einseitig, sondern auch Détervilles Liebe zu Zilia. Dieses Dreiecksmodell der einseitigen Liebe nach dem Muster der französischen klassischen Tragödie scheint den ‚Liebesverzicht‘ zu fordern.[104] Doch müssen wir feststellen, daß Zilia ihre Liebe zu Aza trotz dessen Untreue aufrechterhält, so daß Zilia im letzten Brief streng zwischen der Liebe unterscheidet, die sie nach wie vor für Aza hegt, und der Freundschaft, die sie Déterville entgegenbringt:

> Le cruel Aza abandonne un bien qui lui fut cher; ces droits sur moi n’en sont pas moins sacrés: je puis guérir de ma passion, mais je n’en aurai jamais que pour lui: tout ce que l’amitié inspire de sentimens est à vous, vous ne les partagerez avec personne. (Brief 41, S. 321).

Es geht Zilia also darum, die ‚passion‘ zu bewahren, aber dennoch von ihr geheilt zu werden. Genau diese Lösung, die eine Verschiebung von Zilias Begehren darstellt und nicht etwa einen ‚Liebesverzicht‘, macht die Originalität des Romans aus. Diese Verschiebung des Begehrens läßt sich folgendermaßen beschreiben: Die Liebe Zilias zu Aza existiert nicht mehr real, sondern vielmehr als abstrakte Idee, so daß es schließlich nicht mehr um die konkrete Liebe Zilias zu Aza zu gehen scheint, sondern um das Gefühl als solches mit seinem Absolutheitsanspruch. H. Meter stellt in diesem Zusammenhang zu Recht fest: „C’est ainsi que Zilia, tout en prônant son amour absolu pour Aza, est, en définitive, plus intéressée par le phénomène sentimental en tant que tel que par la personne qui en est l’origine.“[105]

Diese Annahme wird durch die Tatsache bestätigt, daß die Unerfüllbarkeit von Zilias Liebe für den Leser ihrer Briefe schon zu Beginn des Romans angelegt ist. In der einzigen Antwort Azas auf Zilias Briefe, von der uns in Brief 2 berichtet wird, zeigt sich bereits, daß Aza sich von seinen Eroberern verführen läßt. Die Zweifel des Lesers verstärken sich nach dem Ausbleiben von Azas Antworten. Zilia beginnt zwar auch zu zweifeln, nur verdrängt sie dieses Gefühl wieder. Nicht zuletzt die Gattung des monophonen Briefromans nach dem Muster der *Portugaises*, welches den *Lettres* zugrunde liegt, setzt implizit die Unerfüllbarkeit der Liebe voraus.[106]

Zu Beginn von Zilias Briefen, das heißt während ihrer Entführung bzw. Überführung nach Frankreich, ist ihre Liebe zu Aza der einzige Motor ihres Lebens- wie auch ihres Erkenntniswillens. Droht die Unerfüllbarkeit dieser Liebe, geht dies bei Zilia mit dem Gefühl des Existenzverlustes einher. Symptomatisch für dieses Gefühl sind Zilias Ohnmachten, die als eine Art Todesandrohung wirken. So träumt Zilia, als sie beim Überfall des spanischen Schiffes durch die Franzosen ohnmächtig wird, wie Aza auf die Nachricht ihres Todes reagieren würde:

> On cesse de vivre pour soi; on veut sçavoir comment on vivra dans ce qu'on aime. Ce fut dans un de ces délires de mon âme que je me crus transportée dans l'intérieur de ton Palais; j'y arrivois dans le moment où l'on venoit de t'apprendre ma mort. Mon imagination me peignit si vivement ce qui devoit se passer, que la vérité même n'auroit pas eu plus de pouvoir; je te vis, mon cher Aza, pâle, défiguré, privé de sentiment, tel qu'un Lys desséché par la brûlante ardeur du Midi. L'amour est-il donc quelquefois barbare? (Brief 3, S. 165).

Dieser Traum Zilias ist symptomatisch für ihre Liebe zu Aza, denn diese Liebe wird immer ein Traum bleiben, der sich auch bei Bewußtwerdung seiner Unerfüllbarkeit nicht auflöst.

Zilias Erkenntnisinteresse, die Fremde betreffend, in die sie ‚entführt' wird, ist durch ihren Wunsch geprägt zu erfahren, ob sie sich noch in Azas Reich und damit in seiner Nähe befindet:

> Je sçais que le nom du *Cacique* est Déterville, celui de notre maison flottante vaisseau, et celui de la terre où nous allons, France. Ce dernier m'a d'abord effrayée: je ne me souviens pas d'avoir entendu nommer ainsi aucune contrée de ton Royaume; mais faisant réflexion au nombre infini de celles qui le composent, dont les noms me sont échappés, ce mouvement de crainte s'est bien-tôt évanoui. Pouvoit-il subsister long-tems avec la solide confiance que me donne sans cesse la vue du soleil? [...] (Brief 9, S. 183).

Nach und nach emanzipiert sich Zilias Erkenntnisinteresse von seinem ursprünglichen Gegenstand. Aza tritt im Laufe der Ereignisse in den Hintergrund, die Liebe zu ihm wird nur noch am Ende jedes Briefes beschworen[107], welche sonst ganz den Vorgängen in Zilias neuer Umgebung sowie ihrer Auseinandersetzung mit derselben gewidmet sind. In der Mitte des Romans wird Zilia von einem Geistlichen über die Unmöglichkeit der Realisierbarkeit ihrer Liebe aufgeklärt. Ihr Erkenntnisinteresse hat sich jedoch jetzt – zumindest zum Teil – bereits von seinem ursprünglichen Objekt gelöst. Zilias Interesse gilt nunmehr der Kultur (Bücher, Sprache etc.) sowie der französischen Gesellschaft. Aufklärung und Bildung sind für Zilia zu autonomen, für sie erstrebenswerten Zielen geworden.

Die konkrete Realisierung von Zilias Liebesbeziehung zu Aza tritt noch einmal in den Vordergrund, als Déterville ein Treffen zwischen Zilia und Aza ermöglicht (Brief 36/37). Hier kommt es jedoch zur endgültigen Offenbarung der Unmöglichkeit ihrer Liebe, da Aza diese nicht mehr erwidert. Hat Zilia sich vor diesem Bruch vielleicht bereits teilweise von dieser Liebe, das heißt von ihrer Erfüllbarkeit distanziert, so daß diese nur noch in ihrer Hoffnung und ihren Träumen bestand, so ist diesen nun die

Basis entzogen. Doch Zilia ist fest entschlossen, die Erinnerung an diese Liebe für sich selbst aufrechtzuerhalten; im vollen Bewußtsein der Illusion gibt sie sich diesem Gefühl hin:

> Si le souvenir d'Aza se présente à mon esprit, c'est sous le même aspect où je le voyois alors. Je crois y attendre son arrivée. Je me prête à cette illusion autant qu'elle m'est agréable, si elle me quitte, je prends des Livres. Je lis d'abord avec effort, insensiblement de nouvelles idées enveloppent l'affreuse vérité renfermée au fond de mon cœur, et donnent à la fin quelque relâche à ma tristesse. (Brief 40, S. 318).

Liebe ist für Zilia von diesem Zeitpunkt an bewußte Illusion und wird von Zilia zu einem absoluten Gefühl stilisiert, das ohne realen Gegenstand um seiner selbst willen genossen wird. Es handelt sich dabei um eine Art Sublimation: Aus der Liebe zum anderen wird Liebe zu sich selbst. Zilia kann durch die Sublimation ihres Gefühls sich selbst treu bleiben. So scheibt J.-P. Hoffmann über Zilias Liebe: „›Fidèle à moi-même‹: l'amour est ici forme de l'amour de soi; de l'amour du ,moi' pour lui-même; d'un ,moi' qui ne conçoit pas qu'il puisse changer de norme, sans cesser d'être lui-même, sans cesser d'être, tout simplement."[108] Diese Sublimierung der Liebe erlaubt Zilia aber auch, das Gefühl als solches zu genießen, ohne dessen unruhebringender Leidenschaftlichkeit zu unterliegen. So fordert Zilia Déterville auf: „Renoncez aux sentimens tumultueux, destructeurs, imperceptibles de notre être; [...]" (Brief 41, S. 322). Zilia versucht, die Liebe ohne den ihr Ketten anlegenden Mann zu genießen. So drängt sich Zilia angesichts ihrer illusionären Liebe sowie angesichts ihres freundschaftlichen Gefühls für Déterville der Gedanke der Freiheit auf: „L'avouerai-je? les douceurs de la liberté se présentent quelquefois à mon imagination, je les écoute, [...]" (Brief 40, S. 318).

Indem Zilia ihre Liebe zu Aza derart sublimiert und deren Genuß auf eine Stufe mit dem Genuß von Büchern stellt, stilisiert sie ihre Liebe zu Aza gleichsam zu einem Kunstwerk, das an sich autonom ist. Es stellt sich dabei die Frage, ob diese Stilisierung der Liebe nicht metaphorisch für den Entstehungsprozeß des Liebesromans gedeutet werden kann. Zilias Liebe hat an dieser Stelle keine referentielle Funktion mehr. Es handelt sich vielmehr um eine rhetorische Konstruktion der Liebe.[109] Diese Verschiebung von Zilias Begehren beinhaltet eine Emanzipation von dem Objekt ihres Begehrens und damit ihre persönliche Unabhängigkeit. Einige Kritiker sehen in der Thematik des ,Liebesverzichts' in den Romanen weiblicher Autoren einen Traditionsstrang der Frauenliteratur und reihen die *Lettres* in die Linie der *Princesse de Clèves* der Madame de Lafayette ein.[110] N. K. Miller liest die veränderte Plotstruktur in den Werken dieser Autorinnen als eine Verschiebung der Lust, nämlich als Ablehnung der traditionellen Rolle der Frau als sexuelles Tauschobjekt und interpretiert diese exemplarisch als ein ,Zum-Schreiben-Kommen'.[111] Diesen Prozeß sieht sie in den *Lettres*, in denen dem materiellen Prozeß des Schreibens, des die Sprache-Erlernens, besonderes Gewicht beigemessen wird, noch verstärkt:

> Almost fifty years later, Françoise de Grafigny's *Lettres d'une Péruvienne* (1747) rewrites that passage from knot to dénouement in a way that thematically and mate-

rially grounds the seventeenth-century account of a subjectivity constituted through the refusal of the love story and retreat from its places. By its insistence on the material processes of coming to writing, on the apprenticeship to the act of writing itself, the eighteenth-century text explicitly stages the move beyond female plot as a repositioning of feminine desire through authorship.[112]

Diese Tendenz der *Lettres*, eigentlich den Prozeß des Zum-Schreiben-Kommens einer Autorin darzustellen, wurde bereits in Kapitel II.4. aufgezeigt. Das Ableiten spezifisch weiblicher Romantraditionen über mehrere Epochen hinweg macht Joan DeJean plausibel, wenn sie in ihren *Tender Geographies* beschreibt, wie sich die literarischen Werke von Frauen seit der ‚Préciosité' mit dem weiblichen Begehren und besonders mit dem Thema der Ehe auseinandersetzen. Dies geschieht in der Regel mit einer ‚unkonventionellen', kritischen Haltung der Ehe gegenüber, die sich in außergewöhnlichen Plotstrukturen widerspiegelt:

> In Scudéry's wake French women writers from Lafayette to Staël to Sand to Colette bring their novel to an end by calling into question marriage's function to regulate the social order. This repeated rejection of fictional and civil closure, couples with the simultaneous inscription of literary and legal disorder, can be seen as the founding gesture of the tradition of French women's writing.[113]

Die *Lettres* setzen sich in besonderem Maße mit der Ehe-Problematik auseinander. Nachdem Zilias Liebe zu Aza mit einer Enttäuschung endete, weigert sich Zilia nachdrücklich, mit Déterville eine Beziehung einzugehen, die auch die Ehe mit einschließen würde. Zilia begründet ihre Entscheidung zum einen mit ihren Gefühlen; sie liebt Déterville nicht, und eine Ehe, die nicht auf Liebe basiert, kommt für Zilia nicht in Frage. Des weiteren wird Zilias Entscheidung am Ende des Romans durch ihre vehemente Kritik an der Institution der Ehe unter dem Ancien Régime in Brief 34 vorbereitet. Zilia kommt bei ihren Reflexionen über die Ehe zu dem Schluß, daß diese durch die rechtliche Ordnung sowie durch die öffentliche Meinung per definitionem die Abhängigkeit der Frau vom Mann begründet. Und genau diese Abhängigkeit wird von Zilia verweigert. Spricht sie doch in Brief 40 von dem verlockenden Gefühl der Freiheit, das sich ihr plötzlich präsentiert (Brief 40, S. 318). So schlägt sie Déterville in vollem Bewußtsein der Unkonventionalität ihrer Handlungsweise (Brief 40, S. 319) vor, gemeinsam mit ihr in ihrem Landhaus eine freundschaftliche Verbindung zu pflegen, die auf einer gewissen Gleichberechtigung beider Teile beruht:

> Tout ce que l'amour a développé dans mon cœur de sentimens vifs et délicats tournera au profit de l'amitié. [...] Nous lirons dans nos âmes: la confiance sçait aussi-bien que l'amour donner de la rapidité au tems. Il est mille moyens de rendre l'amitié intéressante et d'en chasser l'ennui. Vous me donnerez quelque connoissance de vos sciences et de vos arts; vous goûterez le plaisir de la supériorité; je le reprendrai en développant dans votre cœur des vertus que vous n'y connoissez pas ... (Brief 41, S. 321).

Mit diesem Gegenmodell zu den traditionellen Mann-Frau Beziehungen entwirft Zilia eine Alternative zu den im 18. Jahrhundert üblichen Beziehungsmustern, die allerdings von den Zeitgenossen in keiner Weise verstanden wurde, wie die Rezeptionsgeschichte des Werkes bezeugt. Das Fazit des Romans ist die Unabhängigkeit Zilias: zum einen die gefühlsmäßige Unabhängigkeit, die Absage an die ‚passion‘, die durch die Transzendierung des Gefühls an sich geschaffen wird; zum anderen die praktische, rechtliche Unabhängigkeit, die wiederum durch die Absage an die Ehe garantiert wird.

II.8. ‚SENSIBILITÉ‘ UND STIL

Auf die *Lettres* wird bereits seit dem frühen 20. Jahrhundert der Begriff der ‚sensibilité‘ angewendet. So lautet der Titel der Biographie G. Noëls: „Une ‚primitive‘ oubliée de l'école des ‚cœurs sensibles‘".[114] H. Coulet führt das Werk unter dem Kapitel „le roman sentimental" auf.[115] In den 70er Jahren dieses Jahrhunderts spricht P. S. V. Dewey in Zusammenhang mit den *Lettres* von der „école des cœurs sensibles".[116] Allerdings handelt es sich bei den angeführten Beispielen um den traditionellen Begriff der ‚sensibilité‘, welcher die ‚sensibilité‘ als Gefühlskult betrachtet, der wiederum eine Reaktion auf den Rationalismus der ersten Hälfte des 18. Jahrhunderts darstellt und als ‚préromantisme‘ bezeichnet wird. In diesem Zusammenhang ist die Rezeption der *Lettres* in der zweiten Hälfte des 19. Jahrhunderts zu sehen. Da die *Lettres* als Ausdruck des ‚préromantisme‘ betrachtet wurden, fielen sie den antiromantischen Tendenzen der Zeit zum Opfer.[117] Ich möchte im Gegensatz dazu die ‚sensibilité‘ in den *Lettres* auf der Basis eines erweiterten ‚sensibilité‘-Begriffs beschreiben, der zum moralischen Konzept wird. F. Baasner schreibt dazu:

> In Verbindung mit dem optimistischen Credo der Aufklärung wird die ‚sensibilité‘ zum Garanten der menschlichen Güte, wenn nur die Natur zu der ihr gebührenden Entfaltung kommt. [...] Es handelt sich bei ‚sensibilité‘ um ein moralisches Konzept, mit dem eine Idealvorstellung vom Menschen und seinen Fähigkeiten bzw. Möglichkeiten verbunden ist.[118]

Was Zilia als Übel der französischen Gesellschaft definiert, ist eben diese fehlende ‚sensibilité‘, das heißt das Nichtvorhandensein wahrer Gefühle in dieser Gesellschaft. Diese ‚wahren‘ Gefühle werden von Zilia an die Stelle der „vertu" gesetzt, das heißt sie werden zur moralischen Instanz erhoben. Zilia stellt hier eine Art Rangliste der verschiedenen Gefühle im Hinblick auf ihre Bedeutung für die „vertu" auf: So sind „estime" und „amitié" nur „presque des vertus" (S. 239), während die eigentliche „vertu" aus dem Gefühl der Liebe hervorgeht, denn nur Liebe vermittelt Selbstachtung und damit die Fähigkeit zur Ausbildung von „vertu" (vgl. Brief 34, S. 295 f.).

Die gesellschaftliche Außenseiterposition Zilias macht sie zu einer „âme sensible", in der sich die „[...] Differenz von prinzipieller Unglückseligkeit der sensiblen Seele in der (noch nicht) perfekten Gesellschaft und momentaner Erfüllung des Ideals, meist im Kreise der Familie oder Freunde"[119] ausdrückt. Zilia findet am Ende des Romans diese verwandte Seele in der Person Détervilles, den sie ausdrücklich als „cœur sensible" bezeichnet (Brief 37, S. 311). In diesem Zusammenhang steht das Ende des Romans, Zilias Vorschlag an Déterville, sich mit ihr in ihr Landhauses zurückzuziehen.[120] Zilias Lösungsvorschlag, das heißt der Rückzug in die Natur, basiert auf der Ausweitung der Natur auf ihre philosophische Dimension, welche die Natur als Auslöser der Reflexion über die Ursprünge des Seins erfaßt:

> Sans approfondir les secrets de la nature, le simple examen de ses merveilles n'est-il pas suffisant pour varier et renouveller sans cesse des occupations toujours agréables? La vie suffit-elle pour acquérir une connoissance légère, mais intéressante, de l'univers, de ce qui m'environne, de ma propre existence? Le plaisir d'être, ce plaisir oublié, ignoré même de tant d'aveugles humains; cette pensée si douce, ce bonheur si pur, *je suis, je vis, j'existe,* pourroit seul rendre heureux, si l'on s'en souvenoit, si l'on en jouissoit, si l'on en connoissoit le prix. (Brief 41, S. 322).

Diese kontemplative Lebenshaltung geht mit dem Verzicht auf ‚passion' einher, wenn Zilia Déterville aufruft: „Venez Déterville, venez apprendre de moi à économiser les ressources de notre âme, et les bienfaits de la nature. Renoncez aux sentimens tumultueux, destructeurs imperceptibles de notre être; [...]" (Brief 41, S. 322). In dieser Sichtweise enthüllt sich die Haupteigenschaft der „sensibilité" als Vermittlerin zwischen „esprit" und „cœur".[121]

Somit erklärt sich Zilias Erkenntnisfähigkeit, die sie den Franzosen gegenüber voraus hat und die zuerst ihrem ‚naiven Blick' zu widersprechen scheint, aus ihrer ‚sensibilité'.[122]

Der ‚fremde Blick' Zilias und ihre ‚sensibilité' hängen also eng zusammen und bedingen sich gegenseitig. Die ‚sensibilité' bestimmt Zilias ‚fremden Blick' und ihre Erkenntnisfähigkeit. Die ‚sensibilité' widerspricht jedoch auch der traditionellen Dichotomie von Gefühl und Ratio und vermittelt zwischen diesen beiden Polen, so daß eine gesteigerte Erkenntnisfähigkeit erlangt werden kann. Es ist somit kein Zufall, daß viele Frauenromane des 18. Jahrhunderts von der Literaturkritik unter dem Bereich der ‚romans sensibles' eingeordnet wurden. Dies geschah jedoch in der Regel, um diese auf den Aspekt der unmittelbaren Gefühlsdarstellung zu reduzieren.

Die zeitgenössischen Kritiker der *Lettres* lobten an dem Roman vor allem den natürlichen und unverfälschten Ausdruck der Gefühle der Protagonistin. Der heutige Leser empfindet die Schilderung der Gefühle nicht mehr als natürlich, sondern wird sich beim Lesen des Werkes einer gewissen Spannung zwischen ‚natürlicher Empfindung' und deren rhetorischer Ausgestaltung bewußt.[123] Vor allem in der zweiten Hälfte des 18. Jahrhunderts haben insbesondere die ‚empfindsamen' Autoren mit der Notwendigkeit Schwierigkeiten, die Unmittelbarkeit der Gefühle rhetorisch auszugestalten und sie versuchen, die rhetorischen Strategien zu verschleiern.[124] Auch Zilia empfindet diese Spannung. In diesem Zusammenhang ist zum Beispiel ihre Präferenz für die Sprache der Musik und des Tanzes zu verstehen, die es vermag, Gefühle sehr viel unmittelbarer zu vermitteln, als es die menschlichen Einzelsprachen können:

Les sons vifs et légers ne portent-ils pas inévitablement dans notre âme le plaisir gai, que le récit d'une histoire divertissante, ou une plaisanterie adroite n'y fait jamais naître qu'imparfaitement? Est-il dans aucune langue des expressions qui puissent communiquer le plaisir ingénu avec autant de succès que le font les jeux naïf des animaux? Il semble que les danses veulent les imiter; du moins inspirent-elles à peu près le même sentiment." (Brief 17, S. 218).

Später, nachdem sie die französischen Sprache erlernt hat, drückt Zilia die Empfindung des Ungenügens dieser Sprache, natürliche Gefühle auszudrücken, in ihrer Kritik an eben dem übermäßigen Auftreten rhetorischer Strategien in dieser Sprache aus:

> Pour mériter quelque réputation à cet égard, il faut avoir fait preuve d'une grande sagacité à saisir les différentes significations des mots et à déplacer leur usage. Il faut exercer l'attention de ceux qui écoutent par la subtilité des pensées souvent impénétrables, ou bien en dérober l'obscurité, sous l'abondance des expressions frivoles. (Brief 29, S. 272).

Allerdings gelingt es Zilia in ihren Briefen nicht, diese Spannung aufzulösen. Auch sie bedient sich rhetorischer Strategien, sei es um die Unmittelbarkeit ihrer Gefühle zu inszenieren. Darüber hinaus entbehrt ihre Sprache nicht vielfach emotional aufgeladener Bilder, die dazu dienen, das Pathos ihrer Gefühle zu unterstreichen. Andererseits unterstreichen die rhetorischen Strategien in den *Lettres* die geistige Entwicklung der Protagonistin auch auf der sprachlichen Ebene.

So sind die Briefe Zilias an Aza nach dem strengen Prinzip der Gerichtsrede aufgebaut, wie C. L. Sherman in ihrem Aufsatz „Loves Rhetoric in Lettres d'une Péruvienne" nachweist.[125] Alle Briefe beginnen mit dem ‚exordium', in dem der Adressat direkt angesprochen wird, in der Regel mit „mon cher Aza". Zu Beginn jedes Briefes häuft sich jeweils die Anwendung sprachlicher Elemente, die der mündlichen Rede entnommen sind, wie z. B. die Invokation. Im zweiten Teil, der ‚narratio', stehen vor allem Zilias Gefühle im Vordergrund, insbesonders die Gefühle, die durch die Trennung von Aza ausgelöst werden. Hier dominiert der Topos der ‚Selbstvergewisserung', der sich in der monologischen Reflexion der eigenen Gefühle manifestiert: „Je ne vis plus en moi ni pour moi; chaque instant où je respire, est un sacrifice à ton amour, et de jour en jour il devient plus pénible; si le tems apporte quelque soulagement à la violence du mal qui me dévore, il redouble les souffrances de mon esprit [...]" (Brief 4, S. 167). Es geht im zweiten Teil der Briefe um die unmittelbare Mitteilung ‚authentischer' Gefühle, um die Ergründung eigener Interessen. Im jeweiligen Hauptteil der Briefe (‚argumentatio') beschreibt Zilia Ereignisse sowie Erfahrungen, wie z. B. ihre Entführung aus dem Sonnentempel, später dann ihre gesellschaftskritischen Beobachtungen. Je länger die Trennung von Aza andauert, desto länger und ausführlicher wird dieser Mittelteil. So sind in den gesellschaftskritischen Briefen in der Mitte des Romans ‚exordium' und ‚narratio' oft nur auf ein „mon cher Aza" reduziert. Der Hauptteil wird gefolgt von der ‚refutatio', in der Zilia noch einmal ihre Liebe und ihren Trennungsschmerz beteuert. Schließlich enden die Briefe mit der ‚peroratio', in der Zilia, ähnlich wie zu Beginn der Briefe, den

Geliebten noch einmal anruft. Diese Invokationen werden oft von kurzen Fragen begleitet, die eigentlich eine direkte Antwort erfordern und somit die Illusion der Unmittelbarkeit der Gefühlsäußerungen verstärken sollen: „Te reverrai-je, toi, cher Arbitre de mon existence? Hélas, qui pourra m'en assurer?" (Brief 3, S. 166). Dem vermeintlich unmittelbaren Ausdruck der Gefühle widerspricht bereits der streng rhetorische Aufbau der Briefe und die darin benutzten Strategien, die dazu dienen sollen, die Illusion der Unmittelbarkeit herzustellen. Insgesamt sind Zilias Briefe stark von dem Gegensatzpaar ‚Ombre'-‚Lumière' bestimmt.[126] Bereits im 17. Jahrhundert ist die Licht-Schatten Metaphorik in der Literatur sehr verbreitet. Sie ist, wie auch zu Beginn des 18. Jahrhunderts, noch mit einer religiösen Bedeutung konnotiert. Die Bedeutung der ‚Lumières', im Sinne von Erkenntnis und ‚ratio', wie sie im Begriff des ‚Siècle des Lumières' enthalten ist, gewinnt erst im Laufe des 18. Jahrhunderts an Bedeutung. In den *Lettres* sind beide Bedeutungsebenen des Begriffspaares vertreten. Die religiös-mystische Dimension des Begriffs, die besonders in bezug auf Zilias Liebe zu Aza in Erscheinung tritt, wird im Laufe des Romans von der zweiten Dimension, die der Erkenntnis, abgelöst. Diese ‚Bedeutungsverschiebung' entspricht damit den Stadien von Zilias Entwicklung.

Zu Beginn des Romans steht das Bild des ‚Lichtes' fast immer in Zusammenhang mit der Sonne als Gottheit, die das Reich Azas regiert und damit über Zilias Liebe zu Aza bestimmt. So hält Zilia Aza bei ihrem ersten Zusammentreffen für den Sonnengott selbst: „Tu parus au milieu de nous comme un Soleil Levant dont la tendre lumière prépare la sérénité d'un beau jour [...]" (Brief 2, S. 157). Das Licht bekommt somit eine mystisch-religiöse Dimension. Des weiteren ist das Licht mit dem Prinzip des ‚Lebens' konnotiert. In der Regel redet Zilia Aza in ihren Briefen als „O lumière de ma vie" oder als „lumière de mon esprit" an. Das Erscheinen der Sonne bedeutet für Zilia anfangs noch die Nähe zu Aza und damit die potentielle Erfüllbarkeit ihrer Liebe, welche wiederum lebensspendend ist: „Il est certain que l'on me conduit à cette terre que l'on m'a fait voir; il est évident qu'elle est une portion de ton Empire, puisque le Soleil y répand ses rayons bienfaisans" (Brief 8, S. 180). Der Entzug der Sonne dagegen, das heißt ‚ombre' und ‚obscurité', sind gleichbedeutend mit der Trennung von Aza und damit mit dem Tod: „[...] au lieu des honneurs du Trône que je devois partager avec toi, esclave de la tyrannie, enfermée dans une obscure prison, la place que j'occupe dans l'univers est bornée à l'étendue de mon être". (Brief 1, S. 151). Auch im ersten Teil des Romans ist der Bereich des Lichtes bereits mit dem Wissen bzw. der Erkenntnis konnotiert. Allerdings beschränkt sich dieses Wissen auf Zilias Trennung von Aza, das heißt auf ihr gemeinsames Schicksal. Erst ab Brief 19, das heißt mit Erwerb der französischen Sprache, ist der Bereich des Lichtes nicht mehr notwendigerweise mit Aza verbunden. Neue Begriffe, wie ‚éclaircir' im Zusammenhang mit ‚raison' treten der ‚ignorance' gegenüber, die wiederum in Zusammenhang mit ‚ombre' benutzt wird. Wenn Zilia in Brief 20 von „lumières naturelles" spricht, setzt sie diese eindeutig zu der ‚raison' in Beziehung (S. 228). Es hat innerhalb des Wortfeldes eine Bedeutungsverschiebung stattgefunden von einer religiös-mystischen Dimension des Begriffspaares hin zu der neuen Dimension des Verstandes, der ‚ratio'. Die mentale Entwicklung der Briefschreiberin spiegelt sich auf der sprachlichen Ebene ihrer Briefe zumindest ansatzweise wider. Die

Briefe Zilias, die unmittelbarer Ausdruck von Gefühlen sein sollen, sind also ganz bewußt nach rhetorischen Prinzipien konstruiert, die die inhaltliche Aussage des Romans unterstreichen.

III. GENESE UND AUTOBIOGRAPHIE

Im folgenden wird die Entstehungsgeschichte der *Lettres* auf der Grundlage der noch erhaltenen und zugänglichen Manuskripte dargestellt. So verfügen wir über die gesamte private Korrespondenz Françoise de Grafignys mit ihrem langjährigen Brieffreund François-Antoine Devaux in Lunéville, die für den Entstehungszeitraum zwar noch nicht im Rahmen der kritischen Gesamtausgabe der privaten Korrespondenz ediert ist, mir jedoch als mikroverfilmte Handschrift zugänglich war. Die Handschrift der Korrespondenz befindet sich zur Zeit in der Beinecke Rare Books Library der Yale University in den USA und wird an der Universität von Toronto unter der Leitung von J. A. Dainard als kritische Ausgabe vorbereitet. Erschienen sind bisher drei Bände mit den Briefen Madame de Grafignys bis 1742. Die handschriftlichen Manuskripte der *Lettres* selbst sind bis auf ein bruchstückhaftes Manuskript des Briefes 29 der zweiten Ausgabe der *Lettres* von 1752, die sich im vol. 78 der *Graffigny Papers* in der Beinecke Rare Books Library befinden, nicht mehr auffindbar. Aufgrund dieser Tatsache geht es bei dieser Arbeit nicht um eine Darstellung der Genese des Romans im strengen Sinne der ,critique génétique'[1], die wenn überhaupt, im engeren Sinne nur in einem Exkurs auf das den Brief 29 betreffende Manuskript angewendet werden kann. Die Korrespondenz gibt uns jedoch über die Genese der *Lettres* Aufschluß und ermöglicht uns, Rückschlüsse auf die Arbeitsweise der Autorin, auf ihre Motive zum Schreiben, auf ihren Status in der Gesellschaft sowie auf die Beziehung des Romans zur Autobiographie zu ziehen. Dieser Teil der Arbeit konzentriert sich deshalb auf die Auswertung der Korrespondenz als ,Vortext', und zwar in zwei Schritten. Der erste Abschnitt behandelt den Briefwechsel als Metadiskurs der Entstehungsgeschichte des Romans. Im zweiten Abschnitt sollen die inhaltlichen Interferenzen zwischen Briefroman und privater Korrespondenz erarbeitet werden, die unter anderem ermöglichen, das Verhältnis des Briefromans zur Autobiographie zu untersuchen sowie die Beziehung von Gattung und Genese des Werkes näher zu beleuchten.

III.1. DIE KORRESPONDENZ ALS METADISKURS

Die private Korrespondenz Madame de Grafignys gibt uns nicht nur Aufschluß über die Ereignisse im Leben der Autorin sowie über ihre jeweiligen momentanen Befindlichkeiten, sondern auch über ihre literarische Arbeit. Der Briefwechsel mit Devaux ist damit im doppelten Sinne als ,Vortext' zu bewerten: Zum einen liefert er uns Informationen über den biographischen Hintergrund Françoise de Grafignys, welcher wiederum für die Genese des Werkes eine große Rolle spielt. Zum anderen beleuchtet er direkt die Entstehung der *Lettres*. Mit seiner Hilfe läßt sich eine ungefähre Chronologie aufzeigen. Es lassen sich Rückschlüsse auf die Arbeitsweise der Autorin, ihre Schreibmotivation sowie ihre Schwierigkeiten ziehen.

In einem ersten Schritt soll die Chronologie der Entstehung der ersten Ausgabe der *Lettres* von 1747[2] betrachtet werden. In einem Brief vom 29. Juli 1745 an Devaux spricht Françoise de Grafigny zum ersten Mal in einer etwas rätselhaft anmutenden Ausdrucksweise von den *Lettres*:

> Le dernier ouvrage ne sera jugé que par toi. il est de ta competence je te veux seul pour correcteur. peutetre [...] t il pas; mais cest celui qui me plait davantage ne m'en demande ny le titre ny le sujet puisque tu en sera seul juge il faut que tu puisse juger de leffet si je ne vais pas plus vite tu auras le tems de le [...] lire si je me hate bien je pourrai te l'envoier vers la mi Septembre. (jeudi 29 juillet 1745).[3]

Es folgt eine intensive Arbeitsphase bis zum 17. August desselben Jahres. An diesem Datum schickt Françoise de Grafigny den ersten Teil ihrer Arbeit an ihren Freund Devaux. Nach mehreren Wochen erfolglosen Wartens auf eine Kritik seitens des Freundes, beschwert Françoise de Grafigny sich wiederholt über die ausbleibende Reaktion Devaux'. Nachdem sie am Sonntag, dem 22. August, seine Kritik der *Lettres* noch immer nicht erhalten hat, beschreibt sie in einem weiteren Brief an Devaux die Ablehnung, die sie für ihren Roman empfindet, den sie von da an nur noch mit dem Namen seiner Protagonistin bezeichnet, *Zilie*, die später zu Zilia wird.

> enfin j'en suis degouté Jusqu'au mal de cœur ce n'est la que le premier volume j'en veux deux; on comprendra que le second sera semé de critiques des usages ridicules de Paris en prenant garde de donner dans ce qui a déjà été dit mais la matière est si emple! [...] mondieu que je suis aise davoir a causer avec toi je suis si degoutée de Zilie et de son sot amant que le prétexte de t'ecrire est de ces empechements qui [...] vaut de plaisir à la sotise. la miene n'a point dexemple je reste tout court tout net, et si ce que tu me diras ne me reveille Jenvoyerai le commencement tenir compagnie a l'honnete homme pour peu que j'apercoive que cest ton ami je n'en ferai pas plus de dificulté que de mes vers. puisque ma betise me donne le tems de bavarder (*toute*) le plan de la (*suite*).[4] (dimanche, 22 août 1745).

Anschließend faßt sie in demselben Brief die Fortsetzung ihres Plans zusammen. Dieses Resümee, zusammen mit einem weiteren vom 11. September 1745, das sie anfertigte, nachdem sie schließlich die Kritik Panpans erhalten hatte, dient uns als ,Vortext'. Beide Ausschnitte werden vollständig zitiert, da sie die einzigen Anhaltspunkte für die Entstehung des einzigartigen Plots der *Lettres* bieten. Allerdings zeigt der Brief vom 11. September 1745, das die Handlung noch weit von ihrer endgültigen, für uns heute so wichtig erscheinenden Fassung, entfernt liegt.

> je fais arriver Zilie a paris dans la lettre qui suis celle que tu as. elle loge chez le pere et la mere de Deterville la mere est une prude c'est tout dire. elle a un fils ainé qui est son favoris et un maussade homme et une fille mariée fort aimable mais qui a un mari libertin. deterville et elle s'aiment beaucoup. le pere est un bon homme qui meurt bientot.
> dabord que Zilie est arrivée la mere la montre a tout le monde pour se targuer davoir la fille dun roi pour demoiselle suivante; elle a de bonnes facons en public mais en particulier elle fait enrager tout le monde et surtout Zilie quelle desole parce quelle se

doute que deterville en est amoureux. la sœur la console autant quelle peut en souffrant elle meme. enfin deterville voiant combien elle est malheureuse la fait mettre dans un couvent. elle y passe quelques années toujours visitée par lamoureux deterville et quelque fois par sa sœur. un beau jour on lui amene son aza. cest deterville qui a si bien fait [...] bref fait venir des indes grande Joye mais comme deterville a perdu son pere et quil est un peu plus maitre dans la maison, il le fait loger aza chez lui la vieille mere en devient amoureuse et veut l'epouser parce quil est prince jeune et fort. attendez je ne sais plus comment ca tourne [...] deterville [...] de gener ne pouvant avoir Zilie parce qu'il est chevalier de malthe la donne a aza avec plus de bien qu'il nen faut pour vivre heureux et le matin de leur noce il part pour malthe. je ne sais s'il ne faudroit attendre ce jour la pour troubler la fete par la mere et les tenir en nouveau peril. je ne sais si cette femme ne sera pas trop ridicule. enfin cela me paroit fort sot et fort incipide Jai cependant deja de bonnes notes sur les critiques que je ferai faire a la naive Zilie dis moi ce que je dois faire donnes moi des idees je n'en ai point aides moi mon ami je t'en prie je ten suplie je t'aimerois tant tant [...] (dimanche 22 août 1745).

Diese Handlungsskizze belegt, daß die gesellschaftskritischen Ideen für die Autorin wichtiger zu sein scheinen als die Handlung. Ihre ursprüngliche Absicht war offensichtlich, einen ‚roman philosophique' zu schreiben, denn in ihrem Brief an Devaux vom 6. August 1745 versucht sie, den Freund davon zu überzeugen, selbst einen solchen Roman zu verfassen. Über die Handlung ihres Werkes, die sie in erster Linie als Rahmen zur Darstellung ihrer Ideen ansieht, schreibt sie am 11. September 1745: „[...] car tous mes matériaux sont pres pour les sentimens et les critiques. En un mot toute la broderie il ne manque que la trame." Der Plot ist allerdings von seiner endgültigen Auflösung noch weit entfernt. Diese erste Skizze enthält bereits den Konflikt in Détervilles Familie, der in der endgültigen Fassung seinen lächerlichen Aspekt verliert und realistisch eine geläufige Praxis im Frankreich des 18. Jahrhunderts darstellt, nämlich die Art und Weise, diejenigen Kinder zu versorgen, für die keine Erbschaft mehr bleibt. So werden Céline und Zilia in der gedruckten Fassung ins Kloster geschickt, und Déterville wird ‚chevalier de Malthe', nachdem der älteste Bruder als Alleinerbe eingesetzt worden ist. Wie in der endgültigen Fassung hatte Françoise de Grafigny schon die Absicht, Aza und Zilia durch die Mithilfe von Déterville wieder zusammentreffen zu lassen. Auch der Charakter Détervilles zeichnet sich bereits mit Präzision ab. Des weiteren erscheint der Autorin ein Happy-End zu einfach; sie sucht nach einer Möglichkeit, die Heirat von Aza und Zilia zu stören. Im Gegensatz dazu hat die Idee, die Mutter von Déterville solle sich in Aza verlieben, nichts mit dem Ende der endgültigen Fassung zu tun, in der Azas Untreue die Heirat der beiden verhindert. In der Tat erscheint der Autorin selbst diese Auflösung „ziemlich dumm" zu sein, und Devaux kritisiert die Person der Mutter heftig:

[...] a la premiere vue votre plan me paroit bon, vos personnages, et vos caracteres sont bien choisis, les evenemens simples et interessans; l'arrivée d'aza en [...] est un beau coup de theatre, mais comment l'amenerai vous cela me paroit dificile [...] votre Deterville doit etre un homme cher meme; sa mere est en effet un peu trop

ridicule [...] je ne vois pas que cet amour soit necessaire a moins qu'il ne vous four-
nisse des incidens, il est vray que vous en avez besoin après l'arrivée d'aza a moins que
vous ne vouliés profiter de l'etonnement mais ne seroit-il pas mieux de le tuer. De
combiner la passion avec la vertu dans le cœur de Deterville [...]
(Devaux à Mme de Grafigny, le 24 aout 1745).

In diesem Brief erwähnt Devaux ebenfalls den Anachronismus, der die *Lettres* dominiert, das heißt die Tatsache, daß Françoise de Grafigny die Eroberung Perus zur Zeit
Ludwig des XV. ansiedelt.

Die Autorin erhält diese Kritik erst am 11. September, und in der Zwischenzeit sind
ihre Briefe geprägt von den Klagen über die Nachlässigkeit Devaux' und von Reflexionen zum Thema ,Freundschaft', die sie durch seine verspätete Reaktion in Frage gestellt
sieht. Am 11. September manifestiert sich in ihrem Antwortbrief an Devaux die Er-
leichterung darüber, die lang ersehnte Kritik endlich erhalten zu haben. In diesem Brief
stellt die Autorin auch eine weitere Handlungsskizze vor:

[...] Je viens de lire tes critiques il n'y en a pas une que je n'adopte cest que je te suive
mais tu me flate je crois trop car cela nest pas aussi joli que tu le dis Javois été bien
aise que tu me dises si linvention ta paru bonne [...] je suis a present bien embarassée
pour continuer. il me semble qu'aza nest point assez interessant pour n'en pas faire
tout ce que je voudrai. voici un de mes plans. je voudrois que deterville adorant toujours Zilie et ny trouvant que le desir detre fidelle fit venir aza que leur joye fut belle
et bonne que deterville arrange tout pour les marier et parte le jour qu'ils doivent
letre pour malthe. que par quelque accident ou de mort ou par lamour de la mere de
deterville. le mariage ne se fit point. alors Zilie ecrit a deterville tout ce qui lui arrive
et me voila a meme de lui faire continuer son histoire. Si je fais aza infidelle cest rendre la verité. la veux ton bien recevoir lautre inconvenient il faudra replonger Zilie
dans les hauts cris. cependant cela me plairoit fort, je ne serois pas fachée de faire
devenir aza francois et de peindre les amants tels que je les connois. Dahieurs dans
tous ceci je veux donner lavantage a la nationalité francoise atous autres egards; mais
comment prendra ton la translation de Zilie quil ne seroit pas dificil damener de
lamitié a lamour pour deterville cela choque les regles de ton [...] aristote tu ny
consentira jamais. cependant jaime tant deterville Jen veux faire un si bon si aimable
si honnete amant que je voudrois le faire heureux et ce maussade Aza je le tuerois si tu
ne veux pas quil soit infidel. decide moi ce cas embarassant [...] (le samedi 11 septembre 1745).

Dieser Brief zeigt, daß die endgültige Handlung sich immer klarer abzeichnet. Die Autorin möchte Aza untreu werden lassen, was mit der gedruckten Fassung übereinstimmt. Diese Lösung scheint außerdem der persönlichen Erfahrung der Autorin zu
entsprechen. An dieser Stelle zeigt sich bereits, wie die persönlichen Erfahrungen der
Autorin in ihr literarisches Werk einfließen. Die Korrespondez gibt jedoch keinen weiteren Aufschluß darüber, warum Françoise de Grafigny davon abgesehen hat, Déterville
„glücklich zu machen", wie sie in ihrem Brief vom 11. September 1745 schreibt. Wir

sind bei dieser, für die Gesamtinterpretation des Werkes sehr wichtigen Frage auf Andeutugen in der Korrespondenz angewiesen. Was den Anachronismus angeht, bittet sie Devaux, eine Lösung dafür zu finden. Sie selbst hatte gedacht, dem Publikum würde es nicht auffallen, und beruft sich im übrigen auf ihre dichterische Freiheit als Romanautorin. (vgl. Brief vom 11. September 1745). Der Anachronismus bleibt und wird, wie im folgenden noch zu sehen sein wird, die Aufmerksamkeit der Kritiker auf sich ziehen, die sich jedoch insgesamt darauf beschränken, auf diesen Schönheitsfehler hinzuweisen, und damit die Meinung der Autorin zu teilen scheinen.

Von September bis November 1745 arbeitet Françoise de Grafigny nur mit Unterbrechungen an den *Lettres*, und sie beklagt noch immer die geringe Beachtung, die ihr Werk bei Devaux hervorruft. In den Briefen des Monats Dezember erwähnt sie regelmäßig ihre Arbeit an *Zilie*, ohne jedoch nähere Angaben über den Inhalt des Werkes zu machen. Diese Tendenz zeichnet sich in ihrer Korrespondenz von jetzt an verstärkt ab. Ihre Äußerungen betreffen vor allem ihre Art zu arbeiten, nicht so sehr den Inhalt ihrer Arbeit.

Während des gesamten Jahres 1746 setzt sie die Arbeit an *Zilie* mit wiederkehrenden Unterbrechungen fort. So schreibt Françoise de Grafigny am 28. Januar 1746 an Devaux: „Mes affaires me rendent assez infidelle a Zilie sans la quitter des yeux." Der Monat Mai des Jahres 1746 ist dagegen von einer intensiveren Schaffensphase geprägt. In einem Brief vom 8. Mai 1746 erwähnt Françoise de Grafigny die bevorstehende Reise ihres Untermieters Dondon, die sie nutzen möchte, um den nächsten Teil *Zilies* auszuarbeiten. Am 11. Mai 1746 schickt sie einen neuen Teil des Romans an Devaux, warnt ihn jedoch, daß sie die Zeit vor allem mit Korrekturen verbracht habe und er nicht viel Neues zu sehen bekomme. Im Mai spricht die Autorin immer wieder davon, intensiv an ihrem Roman gearbeitet zu haben. Am 11. Mai erwähnt Françoise de Grafigny, daß Zilie fortan auf Französisch schreiben werde, das heißt der erste Teil des Romans ist weitgehend abgeschlossen: „[...] je compte faire de cela la premiere partie et comme desormais elle ecrira en françois je crois qu'il faudra un peu changer de stile et le rendre plus epistolaire quen dis tu je veux encore ton avis la dessus." (le mercredi 11 may 1746). Am 31. Mai schickt sie wiederum die Fortsetzung ihres Manuskriptes an Devaux. Zwei Wochen später, in ihrem Brief vom 14. Juni, reagiert sie auf die Kritik des Freundes, die offensichtlich vor allem die ‚vraisemblance' der Person Zilias sowie den Charakter Madame Détervilles betrifft:

> [...] croirois tu que je n'ai eu que ce matin cette critique que Jatendois avec tant d'impatience Jenvouai hier matin la demander a lautre lenfant et lavoit donnée aux facteur des ministres pour me laporter ce boureau la gardee Jusqu'a ce matin. Jai deja corige toutes les petites pecadille Jusqu'a la 4eme lettre. je vois que sur la fin cela deviendra plus long. il n y a que deux articles sur les quels je ne demordrai pas. celui de la ville de cosco. je ne me resoudroi Jamais a faire de ma Zilie une petite sauvagesse [...] tels quelles sont a present. le melhieur costume est celui des idées recue. on en a les plus magnifique des premiers incas et la plus miserable de ce qui reste de sauvages. il me semble que Voltaire n'a pas mieux observé le costume si costume il y a dans

alzire. les espagnols et les francois etoient en guerre dans ce tems la cest tout ce quil me faut pour la vraysemblance de la prise de Zilie par deterville. le reste n'a que cette vraysemblance a la quelle on se prete a la commedie et a lopera [...] et je ne m'en soussie guere. Si tu avois lu l'histoire des incas tu verois quils peuvent avoir de lesprit et qu'ils en avoient. je me moque de cela je veux que Zilia en ayes beaucoup. Jai pris le caractere de mde deterville dans celui de la mere de frosine cependant je le changerai. il prepare de trop grands etonemens pour la tuer si tot J'avois deia senti cette faute grossiere Je ne repondrai que cela et je corrigerai tout ce que tu condamnes dalhieurs [...] (le mardi 14 juin 1746).

Françoise de Grafigny mißt also dem ‚aufgeklärten' Charakter der ‚Wilden' Zilia grundlegende Bedeutung zu und wehrt sich vehement gegen die noch aus dem 17. Jahrhundert stammenden literarischen Regeln, wie die der ‚vraisemblance', die Devaux ihr wiederholt vor Augen hält. Sie erkennt die Regel der ‚vraisemblance' allenfalls noch für das Theater an, jedoch nicht für die relativ neue und noch undefinierte Gattung des Romans, in der sie als Autorin eine gewisse ‚Narrenfreiheit' zu empfinden scheint. Im Vordergrund steht für die Autorin also die Relativierung der Figur des ‚Wilden', die sie bei Voltaires *Alzire* im übrigen noch nicht gewährleistet sieht. Allerdings beschäftigt sie die Kritik Devaux' doch so sehr, daß sie in der Fortsetzung ihres Briefes vom 14. Juni noch einmal auf die Problematik der ‚vraisemblance' eingeht:

Jinteromp mon travail pour reponde encore un mot a lendroit de ta critique qui regarde le tems de la prise de Zilie. il faut que tu sois bien bete pour te choquer a chaque page du peu de vraysemblance elle nest que dans ton esprit la t'es figuré que Zilie etoit arrivée dhier a Paris ce n'est pas ma faute remes la au tems de la conquete du mexiq et tu trouveras toutes les difficulté applanie. [...] tu n'a a m'objecter que lopera qui nexistoit pas dans ce tems la Jai consulté labbe tres bon costumier qui m'a dit que pourvu que le nom [...] ny soit pas on passoit la chose [...] (14 juin 1746).

Diese Debatte zeigt uns, daß Françoise de Grafigny sich an der Schwelle zu einem Paradigmenwechsel befindet. Die literarischen Spielregeln des 17. Jahrhunderts werden langsam abgelehnt; gerade in einer neuen Gattung wie der des Romans werden neue Prioritäten, die sich im Rahmen aufklärerischen Gedankenguts bewegen, gesetzt. Spielt für die Autorin dieser gegen die ‚vraisemblance' verstoßende Anachronismus keine große Rolle, so liegt ihr jedoch an einer gewissen historischen Korrektheit. Sie beruft sich immer wieder auf historische Quellen, wovon später auch die Fußnoten im Roman zeugen. In ihrem Brief vom 20. Juni spricht Françoise de Grafigny von einer zehnseitigen Erklärung Détervilles, die sie fertiggestellt habe. Bei dieser Erklärung muß es sich um den Brief 23 handeln, in dem Déterville Zilia seine Liebe gesteht und in dem es zur anschließenden Diskussion über die Begriffe ‚amour' und ‚amitié' kommt. Am 21. Juni spricht die Autorin noch einmal das Problem der Auflösung des Romans an, das zu diesem Zeitpunkt noch immer nicht geklärt zu sein scheint: „[...] Je ne saurois encore dire ce que je ferai die Zilie quand elle sera grande nous verons a qui nous la marieront [...]" (le mardi soir 21 juin 1746).

Ihre Arbeit an *Zilie* wird während der Monate Juli und August durch eine Krankheitsphase unterbrochen. Françoise de Grafigny hat während dieses Zeitraums Probleme mit ihren Augen, was sie am Arbeiten hindert (vgl. die Briefe an Devaux von August 1746). Erst gegen Ende Oktober beginnt sie wieder, intensiv an ihrem Roman zu schreiben: „[…] Je travaille comme un greffier. mes eaux sont enfin arrivées mais tout résolument je ne les prendrai pas que je n'ay fini Zilie. il faudroit la remettre a lanne qui vient et je suis pressée delle. voila toute mon histoire. […] aujourdhuy jai fermé ma porte car après toi je reprends Zilie." (le dimanche 30 octobre 1746). So widmet Françoise de Grafigny jeden Morgen der letzten beiden Monate des Jahres 1746 ihrer Arbeit an den *Lettres*: „[…] croiroi tu que je tiquetaque tous les matins Zilie: une heure avant le jour je grille de la finir et plus Je travaille et moins Javance." (le mercredi 23 novembre 1746). Am 4. Dezember erwähnt sie zwei Briefe über den Charakter der Franzosen, die sie viel Mühe gekostet haben:

> ma Zilie occupe tous mes matins avec une exactitude inebranlable. J'en ai été bien contante hier et aujourdhuy jai enfin franchi un endroit scabreux qui des le commencement m'avoit tenu en cervelle […] ce sont deux lettres sur le caractère des francois et sur leur medisence. je me voiois environnée des amusemens serieux et comique, des lettres persanes et de tant dautres; comme d'autant decueil lesquels Jalois me buter. mais je crois m'en etre tirée assez bien. je nai plus a barbouiller que des sentimens ainsi je compte aller bon train. (le dimanche 4 décembre 1746).

Bei diesen beiden Briefen handelt es sich offensichtlich um die Briefe 28 und 30 der ersten Ausgabe der *Lettres*.[5] Wie der Brief an Devaux zeigt, mißt die Autorin der *Lettres* der Originalität ihrer Ideen großen Wert bei und hat ständig Angst, die Gedanken ihrer literarischen Vorgänger zu imitieren.

Am 30. Dezember spricht Françoise de Grafigny von drei Briefen, die noch zu schreiben sind: „Ce matin jai enfin repris Zilie jai vernissé L'avertissement mais les trois dernières lettres sont toujours en vrac. je ne sourois en reprendre le ton." (le vendredi 30 décembre 1746). Am 10. Januar ist der Roman bis auf einen Brief fertiggestellt: „enfin je n'ai plus quune lettre de Zilie a faire mais quand le sera telle. Jen fis hier une comme un eternument dont je fut toute contente pour aujourdhuy il ny a pas eu moien je me suis martelée la tete en vain". (Le mardi 10 janvier 1746). Am 25. Januar berichtet die Autorin von der Beendigung ihres Romans, den sie zur Korrektur an alle Freunde verschickt. Des weiteren geht es darum, einen Verleger für die *Lettres* zu finden: „Ensuite je la donnerai a Blaise qui croira etre le seul critique qui aprouvera tout car jamais il n'a trouvé un roman mauvais ny une comédie bonne. il me la vendra et […] enfin mon but sera rempli […]" (le mercredi 25 janvier 1747).[6] Die Arbeit an den *Lettres* ist jedoch noch nicht beendet. Ende Januar ist Françoise de Grafigny noch mit der Korrektur der Orthographie und der Überarbeitung einiger Briefe beschäftigt:

> Je suis entourée des habits de Zilie […] sur trois tables, […], jai retrouvé trois lettres au beau milieu quil faut quasi refaire a cela pres J'en suis fort contente. […] il m'est impossible de répondre à ta lettre aujourdhuy, pardonne le a Zilie je suis si lasse de la

voir que je voudrois la mettre vendredi a la poste. je ferai [...] ce qui restera aujourd-huy la meme ceremonie Jeudi parce que je ne puis avoir le neveu écrivain que les jours de fetes, et puis je la chasse faire fortune." (29 janvier 1747).

Zu diesem Zeitpunkt heißt die Protagonistin der *Lettres* noch immer Zilie, während sie in der gedruckten Fassung den Namen Zilia trägt. Außerdem können wir der Korrespondenz keine weiteren Anhaltspunkte entnehmen, warum Zilia das Heiratsangebot Détervilles ablehnt.

Erst im Brief vom Samstag, dem 29. August 1750 an Devaux erwähnt Françoise de Grafigny im Zusammenhang mit weiteren literarischen Projekten zum ersten Mal ihr Vorhaben, die *Lettres* zu erweitern:

[...] le tems est court songe que dici au premier de novembre il faut que [...] je fasse des corections a Cenie que Jacheve cette brioche que Je fasse la petite ferie que je fasse lepitre dedicatoire qui est le pis de tout. et que je travaille a la peruviene et beaucoup car je voudrois laugmenter de deux lettres. (le samedi soir 29 août 1750).

Am Mittwoch, dem 9. September versichert sie Devaux, nichts wesentliches an dem Roman ändern zu wollen. Sie denke nicht daran, Zilia sterben zu lassen. Es handle sich vielmehr um das Hinzufügen von gesellschaftskritischen Briefen. Zugleich macht die Autorin sich bereits Gedanken über die Veröffentlichung dieser Neuausgabe, das heißt vor allem über die finanzielle Seite derselben:

non tranquilise toi Zilia ne sera pas morte je ne suis pas assez bête pour cela. je n'ajouterai meme rien a sa personne ny a ses sentimens mais seulement je lui ferai remarquer des ridicules qui lui etoient echapés. en voici la raison. J'en veux tirer parti et pour cela faire les corections ne sufisent pas il faut de L'augmentation. alors pour laquis de la plus rafinee probité Je les ferais proposer a la pissot quoiquayant epuisé les editions nayant point de privilege le livre est autant a moi qu'a elle quimporte je ne dois pas penser tout cela. mais je lui metras a mille ecus. elle les prendra ou ne le prendra pas. si elle le prend a la bonne heure elle le payera surement comptant au point daffaire si elle refuse peutetre je ferai imprimer a mes frais ou je la laisserai a duchene qui n'est pas eloigné des mille ecus. Jai deia commandé lestampe les vignettes et fleurons qui seront bien Jolis Je la ferai imprimer de la meme forme que Cenie. cela la fera vendre pour en fair un volume raisonnable. (le mercredi 9 septembre 1750).

Das Ende dieses Briefes enthüllt uns die tatsächlichen Motive dieser zweiten Ausgabe. Es ging Françoise de Grafigny nicht etwa darum, auf die zahlreichen Kritiken und Anregungen zu antworten, die sie nach der ersten Ausgabe der *Lettres* erhalten hatte, sondern um finanzielle Motive. Ganz bewußt setzt sie sich jedoch von denjenigen Kritiken ab, die von ihrem Roman ein konventionelleres Ende verlangt hatten. Zum Teil lassen sich in den neuen gesellschaftskritischen Briefen Anregungen wiederfinden, die aus dem Brief des Abbé Turgot an Madame de Grafigny hervorgehen. Es lassen sich jedoch in der Korrespondenz des untersuchten Zeitraumes selbst keine Hinweise auf diesen

Brief entnehmen. Françoise de Grafigny verkehrte allerdings 1750 relativ regelmäßig persönlich mit Turgot (vgl. Briefe vom August und September 1750 an Devaux), so daß anzunehmen ist, daß dieser einige seiner Gedanken mündlich geäußert hat und der Brief an Françoise de Grafigny erst nachträglich verfaßt wurde. Im November des Jahres 1750 beginnt sie mit der Fortsetzung an den *Lettres*, empfindet jedoch Schwierigkeiten, die Arbeit wieder aufzunehmen: „[...] J'ai peine a me remetre a la peruviene. Jen ai perdu les idees et Jen ai pris dautres – qui ny vont point." (le vendredi 13 novembre 1750).

Bis zum Februar 1751 wird die Arbeit an den *Lettres* nicht mehr erwähnt. Am 21. Februar verhandelt sie mit Malzerhbe[7] über das ‚Privilège du roi' für die *Lettres*: „[...] hier donc je recus la visite de mr de malzerhbe cest une politesse bien singuliere car cest a moi a aller postuler a sa porte le privilege de la peruviene. [...] mais enfin Je l'aurai a condition expresse que je renvoierai en lorraine et quil ne sera Jamais imprimé en france" (le dimanche gras 21 février 1751). Am 16. März hat Françoise de Grafigny die drei neuen Briefe des Romans geschrieben. Es handelt sich dabei um den Brief 29 der Ausgabe von 1752 über den Charakter der Franzosen, von dem ein fragmentarisches Manuskript vorhanden ist. Weiterhin gehören dazu Brief 30, der laut Nicoletti in Brief 28 der ersten Ausgabe enthalten war[8] sowie Brief 34 über die Erziehung der Frauen. Madame de Grafigny zweifelt daran, ob diese drei Briefe für eine Neuausgabe ausreichen: „[...] a present que Jai trois lettres faites on dit que si Je nen fais pas six [...] on dira que je friponne le public. ou prendre de lesprit et des sujets? je nai ny lun ny lautre." (mardi 16 mars 1751). Noch am gleichen Abend hat Françoise de Grafigny die drei neuen Briefe mit Garmas besprochen und seine Kritik sofort eingearbeitet, wobei sie sehr stolz darauf ist, daß er insgesamt nur zwei Sätze geschrieben habe (vgl. mardi 16 mars 1751). Am 5. April liegt bereits eine Kritik von Devaux vor, die Françoise de Grafigny jedoch zurückweist:

Je suis fachee que tu nait pas trouve comme moi dans la letre sur leducation un ton de sermon fort monotones, et point du tout ressemblant a celui de la peruviene. aussi lai-Je culbutee dun bout a lautre et je lecrirois mieux [...] Je ne suis pas non plus de ton avis ny personne ici sur la superflus Jai aute des repititions du mot trop trop frequentes mais le personifie est reste et cest dans la premiere lettre que tout ceux qui lont lu se sont ecrie comme dune très jolie idée. (lundi 5 avril 1751).

In einem Brief vom 6. Juli 1751 spricht sie davon, daß am darauffolgenden Tage mit dem Druck der Neufassung der *Lettres* begonnen werden solle. Am 1. Oktober erwähnt sie noch einmal die Korrekturarbeit an der sich im Druck befindenden Ausgabe und beklagt sich über die zahlreichen Fehler der Setzer. Im Januar 1752 werden von ihr bereits die ersten gedruckten Fassungen verschickt.

Die Arbeit an der erweiterten Fassung der *Lettres* hat Françoise de Grafigny also weitgehend nebenbei erledigt. Neben kleineren literarischen Arbeiten, wie ihrem Stück *Phaza*,[9] das sie vergeblich zur Aufführung zu bringen versucht, und das erst posthum veröffentlicht wurde, hält sie vor allem ihr wachsender Bekanntheitsgrad in Atem. In ihrem neuen Haus am Jardin du Luxembourg, das sie seit August 1751 bewohnt, gehen die Besucher ein und aus, darunter Kritiker wie der Abbé Turgot und Fréron sowie auch

Jean-Jacques Rousseau (vgl. Brief vom 30. Dezember 1751). Des weiteren fallen in den Entstehungszeitraum der zweiten Ausgabe der *Lettres* die Heirat ihrer Nichte Minette mit Helvétius und eine Audienz beim König (vgl. Brief vom 28. September 1751). Entsprechend fragmentarisch sind ihre Äußerungen über ihre Arbeit an den *Lettres* in ihrer persönlichen Korrespondenz. Es bleibt zum Beispiel unklar, wie die Entstehung der in der Ausgabe von 1752 hinzugefügten „Introduction Historique" zu erklären ist, die in keinem ihrer Briefe des Entstehungszeitraumes der erweiterten Fassung der *Lettres* erwähnt wird.

Trotz der bestehenden Unklarheiten gibt die private Korrespondenz Françoise de Grafignys einigen Aufschluß über die Schreibmotivation der Autorin und über ihre Arbeitsweise. Im ersten Teil dieser Arbeit war die Rede davon, Françoise de Grafigny habe sich mit ihrer Protagonistin Zilia eine Figur geschaffen, anhand derer sie ihre eigene Person sowie ihr eigenes Leben reflektiere. Wir müssen an dieser Stelle jedoch streng zwischen drei Faktoren trennen: der Interpretation des literarischen Werkes, der unbewußten Prozesse des Schreibens und den Gründen, die die Autorin selbst ihrem Freund Devaux für ihre schriftstellerische Arbeit nennt. So wiederholt sie in ihrem Briefwechsel mit diesem immer wieder, nur aus finanziellen Gründen zu schreiben, nicht etwa für Ruhm oder weil es ihr Freude mache: „ah mondieu comme tu raissonnes faux sur le motif de mon travail veux tu l'eprouver fais moi donner par quelqu'un ce que Jespere vivre de mes deux ouvrages. Je les jete au feux de tout mon cœur sans le plus petit regret et je fais voeud de n'écrire jamais [...]" (le jeudi 29 juillet 1745). In ihrem Brief vom 13. August 1745 an Devaux nimmt sie dieses Thema wieder auf:

> tu crois donc que jai du plaisir a ecrire; pas plus que tu n'en a [...] en regardant le tems que J'y employe qui me serviroit à lire. [...] la comédie ce n'est pas pour avoir de L'argent en somme si elle reussit Je l'avouerai je ne demanderai qu'une loge à mes ordres une fois le mois ou deux pour les entrée et la part d'auteur – voilà mes uniques dessins. ny la gloire ny le gout nont aucune part a mon travail Je te jure bien dussai-Je vivre mille ans de ne faire que ces deux ouvrages sils sont mauvais je les brules [...] mes toi donc bien cela dans la tete et que n'ecrirai jamais pour mon plaisir ny pour la gloire. que je tache de faire le mieux quil m'est possible pace qu'un pis aller si on si on sait que cest de moi j'ai l'amour propre la dessus pareil a celui de ne pas aller dans le monde avec une robe tachée. il ne va pas plus loin. (le vendredi 13 août 1745).

Tatsächlich hat Françoise de Grafigny die Arbeit an den *Lettres* vor allem aufgenommen, um Geld zu verdienen, denn sie hat sie die Gattung dieses Werkes in dem Bewußtsein ausgesucht, daß diese ihr einen sicheren Erfolg bringen würde. Am 6. August 1745 schreibt sie an Devaux: „ah il y a encore une facon sure de reussir cest de faire des lettres enverité comme les notres [...] disoit dernièrement et il avoit raison que quand on ne disoit en lettre que nicole me donne mes pantoufles elles réussiront." (le vendredi 6 août 1745). Dieses Zitat bestätigt übrigens die These En. Showalters,[10] nach der in der privaten Korrespondenz Françoise de Grafignys bereits das Bewußtsein der Autorschaft vorhanden ist, das sie später auf das zum ,Schreiben Kommen' Zilias überträgt.

Dennoch scheint sie das Schreiben als Mittel, Geld zu verdienen, verstanden zu haben, das heißt als einen Beruf, der ihr – wenn auch in eingeschränkter Form – als Frau im 18. Jahrhundert offenstand: „[...] un bon métier que decrire ce coquin d'abbé tire de sa plume tout les ans pres de cinq mille francs. et ce Linan qui n'a eu que sept representations ma avoué aujourd'hui deux cens livres de son Alzaide, sans ce quil en tire encore car elle nest pas en regle. mon dieu quel argent Voltaire a du tirer de merope.“ (le mardi 2 août 1746). Dieses Zitat weist darauf hin, daß die literarische Produktion im 18. Jahrhundert insgesamt eine ernstzunehmende finanzielle Einnahmequelle darstellte. Mit diesen Beispielen im Kopf möchte Françoise de Grafigny nun: „chasser Zilie faire fortune“ (29 janvier 1747), denn sie benötigt dringend das Resultat dieser Arbeit: „[...] adieu donc Zilie Jaurois cependant grand besoin de son produit.“ (le mardi 6 septembre 1746). Aus demselben Grund beabsichtigt sie Mitte des Jahres 1750 eine Neuausgabe der *Lettres*. So schreibt sie bezüglich der Erweiterung des Romans: „En voici la raison. J'en veux tirer parti et pour cela faire les corections ne sufisent pas il faut de L'augmentation [...]“ (le mercredi 9 septembre 1750). Im Frühjahr 1751 treiben sie Geldsorgen dazu, den Druck der *Lettres* voranzutreiben: „Vraiment oui J'ai grand besoin davoir les premiers 30 louis je comptois un peu sur la peruviene Je suis en marché je la vendrai bien. Si on veut bien m'en donner mille ecus. mais ce n'est qu'a termes bien eloignés et cela ne m'accomode pas pour le present.“ (mardi matin 10 may 1751). In der Tat wird ihr die literarische Arbeit ermöglichen, den Traum eines eigenen Hauses am Rande des Jardin du Luxembourg noch im Jahre 1751 zu verwirklichen (vgl. die Briefe von Juli und August 1751). Ende des Jahres bestätigt sie dem Freund wiederum, sie schreibe nur, um sich ihrer Schulden zu entledigen: „Je Jure devant le soleil que je ne travaille que pour aquitter mes deptes. et que je men fais un devoir dont je trouve la recompense en moi- même“ (vendredi soir 3 novembre 1751). Der Zusatz dieser Äußerung erscheint mir allerdings interpretationsbedürftig: „et que je men fais un devoir dont je trouve la recompense en moi même.“ Die schriftstellerische Tätigkeit wird zum einen als ‚devoir‘, als Pflicht im finanziellen Sinne, begriffen, zum anderen ist dem Begriff aber auch eine gewisse innere Notwendigkeit inhärent, ein inneres Bedürfnis, das in dem Zusatz „dont je trouve la recompense en moi-même“ manifest wird. Wenn Françoise de Grafigny in ihren Briefen an Devaux die Freude am Schreiben sowie am Ruhm als ein Motiv dieses Schreibens immer wieder ablehnt, so erscheint ihre Argumentation doch zumindest ambivalent und nicht ganz aufrichtig, wenn sie am 12. Juni 1746 anläßlich seiner Kritik der *Lettres* an Devaux schreibt:

> [...] Jai besoin de courage tu ne peux pas t'imaginer; non tu ne sais Je n'ai pas voulu te le dire avant que tu n'ais ecrit ton avis car Jaurois cru apres que tes louanges etoient de comande mais je sens qu'il m'en faut. et qu'il ne faudroit que me dire un peu serieusement que tout cela n'est qu'un ouvrage tres mediocre pour le bruler sans le moindre chagrin. car je ten averti sil ne tient que le premier rang parmi les mediocres je nen veux point. je veux pour etre contante que lon n'ait point de regret a *(l'eau)* qu'il coutera. je me trompes pas je t'en prie crois tu que lon poura le tirer de la foule et le placer au dessous du siege de Calais et a coté de pamela. qu'on poura dire cela ne

vaud pas Zaide mais cest un Jolie ouvrage. je serai moins sensible a cette louange que je ne la serois a un mepris tel qu'on a pour nos autres productions." (le dimanche 12 juin 1746).

Dieses Zitat zeigt, daß die Autorin doch einen gewissen Qualitätsanspruch an ihr Werk stellt, der sich nicht allein in Verkaufszahlen ausdrücken läßt. Hierbei erscheint mir besonders interessant, welchen Rang sie dem eigenen Werk im Vergleich zu den Arbeiten ihrer Zeitgenossen beimißt. Bei den drei von ihr zitierten Werken handelt es sich um den historischen Roman *Le siège de Calais* (1739) von Madame de Tencin, den Roman *Pamela* von Richardson[11] und *Zaide* (1669 und 1671) von Madame de La Fayette. Traut Françoise de Grafigny sich zwar zu, an das Werk der Madame de Tencins heranzureichen und an der Seite *Pamelas* zu stehen, so steht es für sie doch außer Frage, Madame de La Fayette zu übertreffen.

Das Schreiben mit dem Motiv der Selbstreflexion tritt bei den *Lettres* erst einmal in den Hintergrund, denn diese sind im Bewußtsein der Autorin ganz klar für das Publikum ihrer Epoche mit dem Ziel konzipiert worden zu gefallen und damit möglichst viel Geld zu verdienen. Die Komponente des Schreibens als Selbstreflexion, die auf inhaltlicher Ebene in den *Lettres* als Motivation Zilias angegeben wird, tritt dagegen in der privaten Korrespondenz Françoise de Grafignys in den Vordergrund, welche wiederum in einer Wechselbeziehung zu den *Lettres* steht, wie wir im folgenden sehen werden.

Wenn die private Korrespondenz Françoise de Grafignys es uns auch nicht erlaubt, die Entstehungsgeschichte der *Lettres* lückenlos nachzuverfolgen, so gibt sie uns doch Aufschluß über die Art und Weise, wie die Autorin gearbeitet hat, und auf welche Hindernisse sie in ihrer Rolle als ‚femme-écrivain' stieß.

Zunächst ist auffallend, daß sie bereitwillig Freunde und Bekannte konsultiert, um Ideen oder Kritiken für ihre Arbeit zu erhalten. So schickt sie systematisch ihre Entwürfe an Devaux und weitere ausgesuchte Bekannte, um eine Resonanz zu bekommen, oder sie liest – vor allem für die zweite Auflage – die Briefe Zilias ihren Freunden vor. Bevor Françoise de Grafigny die ersten Briefe Zilias zwecks Kritik an Devaux schickt, erklärt sie diesem in allen Einzelheiten, welche Art von Kritik sie erwartet:

> je tache de mettre au net [...] le premier volume de mon autre ouvrage pour te l'envoyer bien vite. je suis curieuse de ta décision. je ne puis plus en juger moimeme quelque fois je le crois bon dautres fois il mennuie a mourir je suis toute prete a laisser tout au diable. tu m'encouragera ou tu me degoutera tout a fait; mais comme je veux tacher de te lenvoyer cette semaine. je veux dire davance que si tu ne mes pas de coté les lunettes de la prevention tu m'affligera beaucoup. je voudrois netre pas obligée de consulter Nicole que je voudrois garder [...] avec tous nos gens pour voir sil reconnoitrons mon stile. Si tu vas me louanger [...] me voilà perdue. que parles tu contre la seduction. je te permes de les lire avec Clairon – elle est assez bonne servante de Molière. avec la petite si tu veux receuille limpression que cela leur fera, ne dis moi pas que cest de moi pour leur auter toute prevention. en suite taille tranche *(faible/fine)* sans aucun égard mais donne moi des raisons de ta critique et dis moi ce que tu

croiroi quil faudroit a la place de ce que tu retranchera. remplis bien ta tete de tout ce que Je te dis la [...] (dimanche 15 aout 1745).

Dieser Ausschnitt ihres Briefes zeigt uns die ambivalente Beziehung, die sie zu ihrem Werk unterhält, das ihr auf der einen Seite zwar gefällt, sie auf der anderen jedoch abstößt. Diese ambivalente Haltung läßt sich bis zum Ende ihrer Arbeit an der ersten Ausgabe – sowie auch an der zweiten Ausgabe – nachvollziehen. Nicht zuletzt verrät dieser Brief ihre Angst, nicht ernst genommen zu werden, sowie ihre fehlende Selbstsicherheit, die sich erst nach dem Erfolg *Cénies* und der ersten Auflage der *Lettres* einstellt und die in den Briefen aus den Jahren von 1750-1752 zunehmend abzulesen ist. Die Angst, nicht ernst genommen zu werden, wird vor allem offensichtlich, als Devaux erst sehr spät auf die ihm zugesandten Entwürfe der *Lettres* reagiert. In der Tat antwortet er relativ oberflächlich auf die oben genannten Forderungen seiner Briefpartnerin, indem er ihr versichert, die Arbeit gefalle ihm. Françoise de Grafigny ist sich der Qualität ihrer Arbeit dagegen gar nicht gewiß und verlangt permanent nach Rückversicherungen Devaux'. So bittet sie ihn den ganzen Monat August des Jahres 1745 über, das heißt in der Anfangsphase der *Lettres*, er möge ihr Ideen und konstruktive Kritik geben, und gleichzeitig kritisiert sie unerbittlich ihre eigene Arbeit:

[...] je te vais dire ce qui m'en choque le plus c'est une insipide uniformité de tours de phrase. cest une repitition eternelle des memes mots il me semble quil n'y en a plus que dans le dictionnaire de Lopera. c'est un manque didée fines et delicates devroient etre partout [...] change mes vilains mots mon ami je ten prie remes tes idées ou Jen ai manquée toujours au cas ou tu ne me condamnes pas au feu je verai ton amitié a ton exactitude a ne me rien passer. (mardi 17 aout 1745).

Wenn Françoise de Grafigny zwar die erbarmungslose Kritik des Freundes einfordert, gibt sie doch auf der anderen Seite zu, Ermunterung und Rückversicherung zu brauchen: „[...] tu as bien raison de dire que je gronderai plus [...] ton indulgence que ta critique. cependant je ne suis pas fachée de ce qui est dans ta lettre. Jai besoin de courage tu ne peux pas t'imaginez; non tu ne sais Je n'ai ecrit ton avis car Jaurois cru apres que tes louanges etoient de commande mais je sens qu'il m'en faut." (le dimanche 12 juin 1746).

Eine weitere Hauptsorge Françoise de Grafignys betrifft die Originalität ihrer Arbeit. So schreibt sie an Devaux: „Il est certain que tu mas Jamais dit un mot sur lidée de Zilie si elle etoit neuve ou vieille, il est encore très certain que de cela comme du reste vous en faites le meme cas." (le dimanche 19 septembre 1745). In diesem Zusammenhang schildert sie auch ihre Schwierigkeiten, sich von all dem Gelesenen frei zu machen und eigenständige Ideen zu entwickeln: „Ma Zilie occupe tous mes matins avec une exactitude inebranlable. Jen ai eté bien contante hier et aujourdhuy jai enfin franchi un endroit scabreux qui des le commencement m'avoit tenu en cervelle [...] ce sont deux lettres sur le caractère des francois et sur leur medisence. je me voiois environnée des amusemens serieux et comique, lesquels Jalois me buter. mais je crois m'en etre tirée assez bien [...]" (le dimanche 4 décembre 1746). Dieses Problem betrifft ebenfalls ihre Bemerkungen über die Oper, für die sie Raimond de Saint Mar konsultiert hat und große Sorge trägt, die Idee zumindest auf ihre eigene Weise wiederzugeben:

> jai aussi un peu parcouru raimond de St Mar parce que le venereux borgne me dit quil parloit de L'opera la peur me pris de n'avoir fait parler Zilie que par reminiscence; et Jai trouvé que cela etoit vray mais Je ne leffacerai cependant pas. [...] tu vera bien que lorigine de lidée est prise de la mais elle n'est pas renduë de la meme il n y a pas grand mal. je me flate encore que ce que je dis sur la comedie est neuf a moins que le diable ne Lait fouré dans ma tete par quelque organe dont je n'ai nule memoire. mais je ne me souvenois pas plus de raimond de St mar. (le dimanche 12 juin 1746).

Diese Sorge über die Originalität ihrer Ideen ist durchaus bemerkenswert, wenn man bedenkt, daß diese für die Schriftsteller des 17. Jahrhunderts keine wesentliche Rolle spielte.[12] Besonders interessant ist deshalb auch das Bewußtsein, das Françoise de Grafigny von dem allgemeinen Problem des Autors entwickelt, demzufolge totale Originalität beim Schaffen eines Kunstwerkes nicht möglich ist, denn der Schriftsteller ist immer von seinem kulturellen Erbe beeinflußt.

In der Endphase ihrer Arbeit an den *Lettres* konsultiert Françoise de Grafigny nicht mehr nur ihre Freunde, sondern sie läßt sich auch von ihnen helfen. So korrigiert ihr Untermieter Valleré, genannt Dondon, die Rechtschreibfehler in den *Lettres*, und sein Neffe ändert einige Formulierungen: „Je suis entourée des habits de Zilie [...] sur trois tables, le neveu de dondon ecrit les pollitesses que je trouve encore a faire et dondon ecrit l'orthographe malgré tant d'ouvriers je n'aurai pas encore fini aujourdhuy [...]" (dimanche 29 janvier 1747).

Wenn diese Arbeitsweise uns vielleicht ein wenig merkwürdig erscheinen mag und vor allem im Widerspruch zu der Idee der Originalität des literarischen Werkes eines Autors zu stehen scheint, so entsprach sie doch der Praxis der Zeit und findet ihre Wurzeln in der Salonkultur des 17. Jahrhunderts. Joan DeJean hat für diese Schreibpraxis den Begriff des „salon-writing" geprägt, den sie folgendermaßen beschreibt:

> The group effort that may be called „salon writing" played a very different role for the powerful women who orchestrated these activities: it allowed them to fulfill their own literary aspirations at the same time that it served as the founding gesture of their salons by involving the members of their circle in literary activity.[13]

Wenn wir auch Madame de Grafigny nicht zu den berühmten ‚Salonières' zählen dürfen, können wir dennoch ihre Arbeitsweise mit der von Joan DeJean geschilderten vergleichen. Man muß hinzufügen, daß nicht nur Françoise de Grafigny von ihren Freunden profitierte, die ihren ‚Salon' frequentierten[14], sondern daß diese Männer, die sich regelmäßig bei ihr einfanden, auch von ihrem literarischen Talent profitierten, indem sie sich von ihr ihre eigenen literarischen Arbeiten korrigieren ließen, wie ein Brief an Devaux vom 9. November 1746 bezeugt: „Cet après-midi j'ai eu Linant[15] avec son exposition qui est longue comme le canot d'arlequin sauvage et quil faut que je lui racourcisse il n'est pas si difficile que toi il voudrois bien que je fisse toute la besogne."

(le vendredi 9 novembre 1746).[16] Durch das Korrigieren der literarischen Arbeiten ihrer Bekannten findet Françoise de Grafigny natürlich die Möglichkeit, ihre eigenen literarischen Fähigkeiten zu erweitern. Allerdings haben wir beim Lesen ihrer privaten Korrespondenz vielfach den Eindruck, Françoise de Grafigny kümmere sich so sehr um die anderen, daß ihr für eigene Arbeit kaum noch Zeit bleibt. Während ihr Freund Devaux nur sehr mäßiges Interesse an ihrer Arbeit zeigt, nimmt sie um so größeren Anteil an seiner literarischen Karriere. So arbeitet sie dreizehn Jahre lang daran, Devaux' Stück *Les Engagements indiscrets* zur Aufführung zu bringen, was schließlich 1752 gelingt.[17] Immerhin hatte sie bei dieser Gelegenheit die Möglichkeit, Erfahrungen mit dem französischen Theater zu sammeln, was ihr wiederum bei der Aufführung von *Cénie* zu Hilfe kommt. Von der Sorge über die literarische Laufbahn des Freundes zeugt ihr Brief vom 6. August 1745, in dem sie ihn dazu ermahnt zu schreiben: „[…] je t'en prie mon ami ne fais pas toujours une comere le *(fuseau)* a la main puisque dieu ta doué de la faculté de penser et de desirer d'etre connu remplis ta vocation ecris je ten saurois un gré infini je me glorifierois plus de ton ouvrage que des miens. alors prends la plume." (le vendredi 6 août 1745). Allerdings läßt sich aus der privaten Korrespondenz ablesen, daß die Mitarbeit der Freunde und Bekannten am Werk Madame de Grafignys weitaus weniger Bedeutung beigemessen werden muß, als bisweilen von einigen Kritikern angenommen wurde[18], wie es z. B. der Brief vom 16. März 1751 bezeugt, in der sie von einer letzten Korrektur der drei neuen Briefe der *Lettres* mit Garmas spricht: „[…] Joublios quhier Jai eu une bonne heure et demi de tete a tete avec garmas pour metre la derniere main a mes trois lettres. […] ah le bon critique! quil a desprit. il me couperois bras et Jambes que je ne dirois pas payé tant il dit bien ses raison. il ne ma couche que quelque mot, et a deux seules phrases Jen suis toute glorieuse […]" (le mardi 16 mars 1751). Im übrigen gelingt es ihr recht gut, ihre eigene Meinung zu verteidigen sowie zu sagen, wenn ihr eine Kritik nicht gerechtfertigt erscheint, so z. B. die Kritik Devaux' und Clairons, die ‚vraisemblance' der Spiegelepisode betreffend: „[…] tu […] et clairon aussi pour les glaces vous etes des ignards […] pourquoi donc la scene darlequin sauvage natelle pas revolte […] les ameriquains nont Jamais eu de miroir ils avoient des plaques d'or polies pour se mirer encore cela est il douteux mais quand cela seroit il ne pouroit rien auter a la surprise des glaces." (le mardi 14 juin 1746).

Françoise de Grafigny hatte die Angewohnheit, an mehreren Projekten gleichzeitig zu arbeiten, wie ihr Brief vom 29. August 1750 bezeugt: „[…] le tems est court songe que dici au premier de novembre il faut que […] je fasse des corections a Cenie que Jacheve cette brioche que Je face la petite ferie que je fasse lepitre dedicatoire qui est le pis de tout. et que je travaille a la peruviene et beaucoup car je voudrois laugmenter de deux lettres." (le samedi soir 29 août 1750). Auch während der Entstehungsperiode der ersten Ausgabe der *Lettres* arbeitet sie gleichzeitig noch an einer Komödie, welche sicher die ‚comédie larmoyante' *Cénie* sein dürfte, die sie 1750 zur Aufführung bringt. Außerdem spricht Françoise de Grafigny in den Briefen aus diesem Zeitraum von diversen Fabeln und ‚contes'. All dies hielt sie jedoch nicht davon ab, ihre Entwürfe immer und immer wieder zu korrigieren und umzuschreiben:

Si en corrigeant A Zilie il vous vient une idée qui en deranges dautres cest que tout soit fait il faut tout culbuter. Ah hui qu'a mesures, on les arranges ce n'est pas que tout le *(canevas)* ne soit *(dégrassi)* est jeté mais je prends cinq ou six lettres, je les touches retouches et retouches et puis Jen reprends six autres avec tout cela je n'ai pas encore été plus loin que ce que tu as vu je n'y suis meme pas encore. (le vendredi 27 décembre 1745).

In ihrem Brief vom 23. Januar 1746 erklärt sie Devaux, warum sie ihr Werk immer wieder überarbeitet:

je suis etonnée de ton étonnement à voir corriger et recorriger sans cesse un ouvrage. il semble que tu n'ais [...] connoissance des lecons des maitres de l'art, ils ont tous écrit la meme chose. et si jamais tu auras pu tirer quelques petits *(coins)* du bandeau de cuir bouillie de ton amour propre tu aurois trouvé comme moi quapres vingt corrections on trouve encore à corriger. il n'y a pas de jours ou je ne me souvienne de ces lecons si utiles [...] et avec tout cela nul ouvrage n'est parfait parceque cela est impossible. (le dimanche 23 janvier 1746).

Diese Äußerungen der Autorin machen deutlich, wie sehr es zu bedauern ist, daß bis auf ein Fragment diese Manuskripte, die uns ein reiches ‚dossier génétique'[19] geliefert hätten, nicht mehr auffindbar sind. Es wird ebenfalls klar, daß es sich bei der Arbeitsweise Françoise de Grafignys eher um eine ‚écriture à processus' als um eine ‚écriture à programme'[20] handelt. Die Ideen der Autorin entwickeln sich im Laufe des Schreibprozesses, wie wir der Korrespondenz entnehmen können. An erster Stelle stand die Idee, eine Art philosophischen Briefroman zu schreiben, wobei die gesellschaftskritischen Ideen der Autorin offensichtlich besonders am Herzen lagen. Die Handlungsführung ist im Laufe des Schreibprozesses entstanden. Des weiteren werden die bereits vorhandenen Briefe immer wieder korrigiert, bevor die Autorin die Fortsetzung schreibt. Erst nach Fertigstellung des gesamten Textes erfolgt noch einmal eine umfassende Korrektur unter Mithilfe von Freunden und Bekannten.

Zuletzt gilt es noch, über den Aspekt der Selbstzensur zu reden, der im Werk Françoise de Grafignys eine wichtige Rolle gespielt hat. Zum einen darf diese Selbstzensur der allgemeinen politischen Zensur ihrer Epoche zugeschrieben werden, zum anderen wohl auf ihre Rolle als ‚femme-écrivain' zurückzuführen sein. Insgesamt ist ihre Position als Frau im Vergleich zu anderen Vertreterinnen ihres Geschlechtes eher vorteilhaft, da sie nicht mehr verheiratet ist und somit ihre eigenen Geschäfte führen kann. Wenn die erste Ausgabe der *Lettres* anonym erscheint[21], dann unter anderem deshalb, weil die Autorin unparteisch und objektiv beurteilt werden möchte, unabhängig von ihrer Person und unabhängig von ihrem Geschlecht. Françoise de Grafigny ist sich der Vorurteile, die literarische Werke von Frauen treffen, wohl bewußt, unterliegt sie ihnen doch selbst, wenn sie über den Roman einer jungen Frau folgendes schreibt: „[...] et puis ma petite fille [...] qui mapportoit [...] un roman manuscrit a lire qui est dune demoiselle ecrit tres bien et si bien que J'ai peine a croire que ce soit dune femme." (jeudi soir 21 janvier 1751). Natürlich werden die *Lettres* vor allem deshalb anonym veröffentlicht, um der

Zensur zu entgehen, denn sie besitzen kein ‚Privilège du roi‘. Dennoch finden wir in der Korrespondenz immer wieder Hinweise auf eine Selbstzensur, die in klarem Zusammenhang mit dem Geschlecht der Autorin steht. So entsteht zum Beispiel eine Debatte mit Devaux über das Schreiben von Theaterstücken, die seiner Meinung nach in Versform geschrieben sein müßten. Aber Françoise de Grafigny antwortet darauf, sie möge keine Verse, und außerdem schicke es sich nicht für eine Frau, in Versform zu schreiben: „[…] et une autre chose qui va te révolter c'est qu'il est plus honnete a une femme decrire en prose quen vers. Les vers affichent l'auteur […] la prose ne dit que la femme du monde qui a de l'esprit […]“ (le dimanche 15 août 1745). An dieser Stelle manifestiert sich das gebrochene Selbstverständnis der ‚femme-auteur‘ im 18. Jahrhundert. Auf der einen Seite strebt Françoise de Grafigny den Status des ‚auteur‘ an, indem sie mit den *Lettres* Geld verdienen möchte. Auf der anderen Seite ist sie sich jedoch der Tatsache bewußt, daß dies für eine Frau nicht üblich ist. Diese darf sich allenfalls als ‚femme du monde qui a de l'esprit‘ geben. Diese Stellung der ‚femme du monde‘ erlaubt es ihr aber nicht, sich ihren gesellschaftlichen Verpflichtungen zu entziehen, um in Ruhe zu arbeiten. Der Wunsch nach Einsamkeit und Ruhe wird deshalb immer größer, je größer ihr Erfolg wird:

> ah mondieu avois tu oublié quil ny a point de plaisir plus touchant pour moi que celui detre seule. je me laisse entrainer avec autres et celui la je le prends comme on fait quand on a bien soif. je nai point dautre ambition que detre en etat davoir une chambre a lannee dans un couvent pour m'enfuir quand je suis excedee du monde et de la tirannie ou Je vis. car crois pas quoi que je ne te le repete pas sans cesse que je vive plus par *(lesprit/lennui)*. (lundi soir 21 février 1752).

Besonders interessant für die Analyse der Beziehung zwischen der Autorin und ihrem Werk scheinen mir die Metaphern zu sein, die Françoise de Grafigny in ihrer privaten Korrespondenz in bezug auf die *Lettres* verwendet. Als sie anfängt, an ihrem Werk zu schreiben, spricht sie in der Regel von „l'ouvrage“ (29 juillet 1745, 11 août 1745). Oft spricht sie auch von dem „autre ouvrage“ (15 août 1745), im Gegensatz zu ihrer Komödie. Um den Monat Dezember herum wird die Beziehung zu ihrem Roman persönlicher, und sie nennt ihn fortan einfach bei dem Namen seiner Protagonistin: *Zilie*. So schreibt sie am 4. November 1745: „Javois un peu repris gout à Zilie pendant deux jours.“ Nicht zuletzt drückt diese Personalisierung des Romans die allgemein ambivalente Beziehung der Autorin zu ihrem Werk aus. Auf der einen Seite fällt es ihr sehr schwer, an diesem Roman zu arbeiten, den sie, wie wir gesehen haben, vor allem aus materiellen Gründen schreibt. Diese Schwierigkeiten beschreibt sie folgendermaßen: „Je nai fait hier que taponner Zilie“ (dimanche 3 juillet 1746). Auf der anderen Seite scheint die Beziehung zu ihrer Protagonistin und damit zu ihrem Roman geradezu affektiv. So schreibt sie am 12. Dezember 1745: „J'ai travaillé jusqu'à présent à ma Zilie […]“ oder am 18. Januar 1746: „J'ai un peu consolé Zilie qui pleuroit hier et voilà tout […]“ Das Verhältnis zwischen der Autorin und ihrem Werk oder vielmehr ihrer Protagonistin, die zur Personifikation des Werkes wird und die selbst Autorin von Briefen ist, wird nun kompliziert. Wie es das letzte Zitat „J'ai un peu consolé Zilie.“ bezeugt, tritt Françoise de Grafigny mit ihrer Protagonistin in einen Dialog. Zilia scheint fast zu einer Briefpartnerin zu werden. Es ist, als spräche die Autorin mit ihrer Protagonistin und brächte sie nicht nur zum Sprechen. Der literarische Schreibprozeß wird so zu einem Dialog der Autorin mit ihrer Protagonistin, was durch folgende Wendungen deutlich wird: „je passai la matinée tant bien que mal avec Zilie." (22 juillet 1746), „je me proposais d'entretenir Zilie" (2 septembre 1746), „J'ai hier fait mes adieux a Zilie." (25 janvier 1747). Als Briefpartnerin tritt Zilia sogar in Konkurrenz mit Devaux: „aujourdhuy jai fermé ma porte car apres toi je reprends Zilie." (30 octobre 1746) oder: „il m'est impossible de repondre a ta lettre, pardonne le a Zilie [...]" (29 janvier 1747). Und wie mit ihrem Freund Devaux unterhält sie mit Zilie eine Beziehung, die zwischen Liebe bzw. Freundschaft und Haß, schwankt. Wenn die Arbeit nicht vorangeht, beschreibt sie dies folgendermaßen, indem sie die Personifikation des Romans gebraucht: „Hier je ne fis quatendre la moitié du jour que mes nerfs soit assez calmes pour donner l'autre a Zilie. Ah comme je la traine par limbeau cette pauvre créature. il y a peu de jours ou je ne renoue un de ses ponpons mais il y a tant a renouer quelle ne saura de longtems parler." (vendredi 14 janvier 1746). Dieses Zitat zeigt außerdem, daß die Autorin sich an die Stelle ihrer Protagonistin versetzt, wenn sie von den „ponpon", das heißt den Quipos schreibt.

Zuweilen wird die Protagonistin wieder zu einer Marionette in den Händen ihrer Autorin. So verwendet sie den ganzen Mai 1746 über die Metapher der ‚toilette‘, wenn sie von ihrer Arbeit spricht: „Tiens je vais te donner un moment de vapeur qui ne me laisse pas L'esprit assez libre pour habiller Zilie." (le jeudi 12 mai 1746) oder: „hier matin je peignai un peu Zilie et une partie de Lapres diner [...]" (le mercredi 18 mai 1746).

Oder sie bedient sich der Metapher der Geburt bzw. des Kindes, wenn sie zum Beispiel über die gerade verfaßte Erklärung Détervilles schreibt: „Jen suis assez contente mais on trouves tout charmant lenfant dont on vient d'accoucher." (le vendredi 20 juin 1746). Zilia wird als ihr Kind betrachtet, das im übrigen noch in der Entwicklung begriffen ist: „Je ne saurois encore dire ce que je ferai de Zilie quand elle sera grande nous verons a qui nous la marieront." (le mardi soir 21 juin 1746). Wenn die Arbeit der Autorin gut voran geht, wird „cette créature" wieder zu „ma Zilie", und die Beziehung von Autorin und Protagonistin wird durch die gemeinsamen Gefühle bestimmt. „Jai travaillé jusqu'a present a ma Zilie. il me semble que jexprime mieux ses malheurs mon ame est au ton quil lui faut" (le dimanche 12 décembre 1745). Spätestens an dieser Stelle wird offensichtlich, daß die Beziehung der Autorin zu ihrem Werk doch eine andere ist, als zu einem puren Mittel des Gelderwerbs. Dies wird um so klarer, wenn sie die Worte, die sie zuerst ihre Protagonistin hat schreiben lassen, jetzt selbst an Devaux richtet:

Jouir du souverain plaisir de faire des heureux je le suis par le plaisir de faire des heureux je le suis par le plaisir que tu donnes à mon cœur bien plus que je ne le serai par celui que tu veux que je prenne. [...] Zilie lecrivois les jours passés a son aza que le plus grand des bienfaits étoit de faire approuver à notre cœur un sentimens dont en vérité je ne pensois guère que tu m'engardois un si vif. tu men donne toujours un permanent par ton amitié sur laquelle je me dodine tous les jours Sans manquer bien plus voluptueusement que je ne dodinerois mon corps sur deux matelas de satin blanc [...] (le dimanche 24 juillet 1776).

Die private Korrespondenz der Autorin ist also nicht nur ein ‚Vor-Text' der fiktiven Korrespondenz, sondern tritt vielmehr in einen Dialog mit diesem ein, wie auch die Autorin in den Dialog zu ihrer Protagonistin tritt. Diese wird damit zu einer Reflexions- und Projektionsmöglichkeit für die Autorin. Durch das gedoppelte Medium des Briefes als privater Korrespondenz und fiktiver Korrespondenz wird die Dialogizität der Texte untereinander deutlich. Auf der Ebene des Schreibprozesses zeigt sich, wie sich die Texte gegenseitig generieren, wobei die persönliche Beziehung von Autorin und Protagonistin und damit auch jene zwischen Autorin und ihrem Text im Vordergrund stehen.

III.2. EXKURS: DAS MANUSKRIPT DES 29. BRIEFES DER ZWEITEN AUSGABE DER *LETTRES D'UNE PÉRUVIENNE* VON 1752

Zwischen den Manuskripten mehrerer Theaterstücke Françoise de Grafignys, die in den *Graffigny Papers* der Beinecke Rare Books Library[22] enthalten sind, befindet sich auch ein fragmentarisches Manuskript des Briefes 29 der *Lettres*, der dem 29. Brief der zweiten Ausgabe der *Lettres* von 1752 entspricht, welcher laut der textkritischen Ausgabe G. Nicolettis (a.a.O., S. 267-272) in der ersten Ausgabe der *Lettres* von 1747 noch nicht vorhanden war. Mit Hilfe der Anhaltspunkte, die wir der privaten Korrespondenz Françoise de Grafignys entnehmen können, muß dieses Manuskript in die Entstehungsphase der drei Zusatzbriefe für die zweite Auflage fallen, das heißt in den Zeitraum zwischen dem 29. August 1750 und dem 16. März 1751.

Es handelt sich bei dem Manuskript um fünf Folios,[23] die innerhalb des vol. 78 nicht sukzessiv erscheinen, sondern zwischen den Theaterstücken verstreut sind. Das erste Folio (Folio 53) trägt als Überschrift „letre 29 e". Es handelt sich dabei also um den Entwurf der ersten Seite des Briefes 29. Im Anschluß daran folgt Folio 54 als direkte Fortführung der ersten Seite des Briefes. Es folgt dann eine Unterbrechung. Folio 60 entspricht der Idee nach der dritten Seite der gedruckten Fassung (a.a.O., S. 269: „Dans la plupart des maisons [...]"), und in der Mitte des Folios ist ein Blatt mit einer korrigierten Fassung des mittleren Teils dieser Seite aufgeklebt. Es folgen Folio 65, das der Fortführung von Folio 54 entsprechen dürfte, und Folio 66, das mit den gleichen Worten beginnt wie Folio 60 „des gens plus senses", diesem jedoch vorausgehen muß, da Folio 60 eher der gedruckten Fassung entspricht als Folio 66.

Françoise de Grafigny beschreibt jeweils nur die linke Hälfte des Blattes, um die rechte für Korrekturen freizuhalten. Teilweise sind ganze Absätze auf der linken Seite gestrichen, und die korrigierte Form wird nachträglich von der Autorin auf der rechten Seite hinzugefügt (vgl. Folio 60 unten). Es lassen sich dabei keine fremden Handschriften erkennen. Insgesamt können wir festhalten, daß das Manuskript nur sehr fragmentarisch ist[24]: Es enthält einen Entwurf der ersten beiden Seiten der gedruckten Fassung sowie die zweite Hälfte der dritten Seite derselben. Die gedruckte Fassung enthält insgesamt sechs Seiten und ist damit wesentlich umfangreicher. Das Manuskript ist noch sehr weit von der gedruckten Fassung des Briefes 29 entfernt. Es muß sich also dabei um einen relativ frühen Entwurf des Briefes handeln. Folio 53, 54 und 65, die ungefähr den ersten zwei Seiten der gedruckten Fassung entsprechen, lassen sich nur annähernd, über die in ihnen enthaltenen Ideen sowie über einige Formulierungen, der gedruckten Fassung zuordnen. Es stimmen einige Korrekturen im Manuskript, wie z. B. „fait passer de ladoration de leur genie au mepris de ce qu'ils font" (Folio 53, Zeile 9) mit dem gedruckten Text überein: „que je passe de l'admiration du génie des François au mépris de l'usage qu'ils en font." (Lettres, S. 267) Insgesamt sind die Sätze des Manuskriptes oft unvollständig, es fehlen Satzanschlüsse, was teilweise zum Unverständnis des Textes führt: „lartisans aise ou il ne se trouve plus que rarement chez le bourgeois notable [...]" (Folio 54, Zeile 8-10). Der Stil der gedruckten Fassung ist insgesamt elaborierter; kurze Sätze werden zusammengefaßt, lange unverständliche Formulierungen werden präzisiert: „cest avec une bonne foy hors de toute croiance que les francois devoilent les misteres de leur gout insense de leurs mœurs perverses ou frivoles, et de les de leur conduite extravagante." (Folio 53, Z. 16-25). Dieser Satz wird in der gedruckten Fassung zu: „C'est avec une bonne foy et une légéreté hors de toute croyance, que les François dévoilent les secrets de la perversité de leurs mœurs" (Lettres, S. 267).

Die Ideen der gedruckten Fassung des Briefes 29 der Lettres sind im vorhandenen Manuskript im Entwurf bereits zu erkennen, sie werden jedoch im endgültigen Text insgesamt ausführlicher erklärt. Der Vergleich von Folio 60 mit Folio 66 zeigt außerdem, daß die Darstellung der Ideen im Laufe des Schreibprozesses stark variiert. So wird in Folio 66 die Idee des scheinbaren Reichtums der Franzosen mit der Idee der Metapher des Bildes illustriert, dessen Einzelheiten bei näherem Hinsehen miteinander verschwimmen und deshalb den Betrachter aus der Ferne täuschen. In Folio 60, das nach dem Folio 66 datiert werden muß, erscheint die Idee des Hauses, in dem morgens die Armut zum Vorschein kommt und abends der Reichtum vorgespielt wird:

> [...] sous le pretexte de visiter la maison ils m'ont fait voir dans les chambres de ces gens [...] charge de parures éblouissantes dont je tai parlé la pauvreté reelle a coté de la magnificence et laneantissement du necessaire sous le triomphe du superflus. nous y sommes entres au moment quils venoient den sortir. ah mon cher aza par ce qui reste deux que la difference des gens du matin a ceux de lapres midi est frapante. (Folio 60, unteres Blatt, Z. 6-18).

Diese Idee wird in der gedruckten Fassung präziser und zugleich raffinierter weiterverfolgt: „Dans la plupart des maisons, l'indigence et le superflu ne sont séparés que par un appartement. L'un et l'autre partagent les occupations de la journée, mais d'une manière bien différente. Le matin, dans l'intérieur du cabinet, la voix de la pauvreté se fait entendre par la bouche d'un homme payé pour trouver les moyens de les concilier avec la fausse opulence. [...]" (Lettres, S. 269). Die in Form eines über das Blatt geklebten Papiers eingefügte Passage über die Kleidung der Frauen und Männer (Folio 60 bis, Z. 1-14) entfällt dagegen vollständig.

Insgesamt läßt sich aus diesem Fragment des Manuskriptes des Briefes 29 der *Lettres* von 1752 für die Schreibweise der Autorin die Hypothese bestätigen, daß es sich bei dieser eher um eine ‚écriture à processus' als um eine ‚écriture à programme' handelt. Einige grundlegende Ideen sind zwar vorab vorhanden, wie sich aus der privaten Korrespondenz der Autorin entnehmen läßt (vgl. Brief an Devaux vom 9. September 1750), alles weitere entsteht jedoch erst während des Schreibprozesses, in dem die Briefe immer wieder aufgenommen werden und so neue Ideen entstehen (vgl. Folio 60 und 66). Die häufigen Korrekturen einer einzigen Formulierung, die allein in diesem lückenhaften Manuskript enthalten sind, bestätigen damit Françoise de Grafignys Aussage über ihre Arbeitsweise in ihrer privaten Korrespondenz mit Devaux. Da das Manuskript insgesamt noch ziemlich weit von der gedruckten Fassung entfernt ist, können wir davon ausgehen, daß noch weitere ‚réécritures'[25] des Briefes 29 existieren müssen.

III.3. Die Lettres d'une Péruvienne
und autobiographisches Schreiben

Während die ersten beiden Unterkapitel des zweiten Teils meiner Arbeit vor allem der Entstehungsgeschichte gewidmet waren, soll dieser Teil verstärkt die Wechselwirkungen zwischen der fiktiven Korrespondenz, das heißt dem Roman, und der privaten Korrespondenz der Autorin untersuchen. Zuerst einmal werde ich dafür kurz auf die Beziehung von Autobiographie, privater Korrespondenz und einstimmigem Briefroman eingehen, um anschließend die biographischen Spuren sowie die Parallelen zu der privaten Korrespondenz im Briefroman aufzuzeigen.

Bei der Definition des Begriffs der ‚Autobiographie' berufe ich mich auf die Kriterien, die Philippe Lejeune in seinem Werk *Le pacte autobiographique* nennt und die er als konstitutiv für die Autobiographie erklärt: „Récit rétrospectif en prose qu'une personne réelle fait de sa propre existence, lorsqu'elle met l'accent sur sa vie individuelle, en particulier sur l'histoire de sa personnalité."[26] Diese Definition soll selbstverständlich nur Anhaltspunkte bieten. Wenn wir im Zusammenhang mit den *Lettres* von Autobiographie sprechen, dann heißt dies nicht, daß es sich tatsächlich um eine solche handelt. Das Wort „Autobiographie" ist um 1800 in England entstanden.[27] Die Entwicklung der Autobiographie im eigentlichen Sinne setzt erst in der zweiten Hälfte des 18. Jahrhunderts ein und wird erstmalig mit den *Confessions* Rousseaus (1762-1770) verwirklicht.[28] Für die vor 1760 verfaßten Texte bedient sich Lejeune des Terminus „préhistoire de l'autobiographie". Zu dieser gehören die in der ersten Hälfte des 18. Jahrhunderts fallenden neuen Formen der Biographie, das heißt der ‚autobiographische Roman' in der ersten Person, der den Akzent auf die Entwicklung und die ‚sensibilité' legt und der der wachsenden Vorliebe des Publikums für die Authentizität des Dargestellten Rechnung trägt.[29] In diese Gattung ließen sich die *Lettres* einordnen. Man könnte den Roman also als autobiographischen Roman in Briefform bezeichnen. Conditio sine qua non für das Anwenden der Gattungsbezeichnung der Autobiographie ist nämlich, so Lejeune, die Identität des ‚sujet de l'énoncé' mit dem ‚sujet de l'énonciation'. Außerdem soll der Erzähler zu seiner Person im gleichen Verhältnis stehen wie der Autor zu seinem Modell.[30]

Die Identität des ‚sujet de l'énoncé' mit dem ‚sujet de l'énonciation' ist bei den *Lettres* gegeben: Zilia schreibt über sich selbst; ebenso die Identität zwischen Erzähler und Person, handelt es sich doch um Briefe einer Frau über ihr eigenes Leben, ihre Erfahrungen, teilweise auch über ihre Vergangenheit. Kompliziert wird das Verhältnis erst, wenn man die Beziehung zwischen der Autorin und ihrem Modell bzw. zwischen der Autorin und der Erzählerin betrachtet. In der 1747 anonym erschienenen ersten Ausgabe der *Lettres* ist die Identität zwischen Autorin und Erzählerin sowie die Identität zwischen der Autorin und ihrem Modell im Vorwort des Romans von der realen Autorin vorgegeben. Diese geht den ‚pacte référentiel'[31] ein, die Briefe Zilias nur herauszugeben:

> Nous devons cette traduction au loisir de Zilia dans sa retraite. La complaisance qu'elle a eu de les communiquer au Chevalier Déterville, et la permission qu'il obtint de les garder.
>
> On connoitra facilement aux fautes de Grammaire et aux négligences du style, combien on a été scrupuleux de ne rien dérober à l'esprit d'ingénuité qui règne dans cette Ouvrage. On s'est contenté de supprimer un grand nombre de figures hors d'usage dans notre style: on n'en a laissé ce qu'il en falloit pour faire sentir combien il étoit nécessaire d'en retrancher [...] (*Lettres*, „Avertissement", S. 137).

In der Tat besteht das Problem darin, daß es für die *Lettres* eine fiktive Autorin, nämlich Zilia, und eine reale, Françoise de Grafigny, gibt. Die Identität von Autorin und Erzählerin ist nur erfunden. Aber wir ersehen aus dem „Avertissement", wie groß das Interesse der realen Autorin daran war, die Authentizität herzustellen. Dieses Interesse kommt in der zweiten Ausgabe der *Lettres* noch stärker zum Ausdruck, durch das Hinzufügen der Fußnoten und der „Introduction Historique". Auf der anderen Seite wird die Täuschung des Lesers aufgedeckt, wenn der Name der realen Autorin in Erscheinung tritt. Es gilt nun, unter Berücksichtigung all dessen, was im vorhergehenden Kapitel bereits über das Verhältnis zwischen der realen Autorin und ihrer Protagonistin als fiktiver Autorin gesagt wurde, die Frage nach der Funktion dieser fiktiven Autorin, nämlich Zilia, innerhalb des Schreibprozesses der realen Autorin zu vertiefen.

In diesem Zusammenhang sollte kurz das Verhältnis Françoise de Grafignys zur ‚Autobiographie' behandelt werden, wie sie es in ihrer privaten Korrespondenz mit Devaux darstellt. Als Devaux sie im Laufe des Monats August dazu auffordert, ihre Memoiren zu verfassen, lehnt Françoise de Grafigny dies für sich strikt ab:

> L'idée qui tes venue dans la tete peut y rester. je te promes bien que tu ne verras jamais de memoires de ma facon voila un beau projet vraiment et un beau reffus de misère et de foiblesses. je n'y pense pas sans peine que serais-ce de me les rapeler exactement. C'est aux heros ou aux heroines a ecrire leur vie mais celle d'une femme toute ordinaire seroit fort insipide. et pour toi dis tu. tu en sais tout ce que Jen ecrivis et beaucoup davantage meme. mais voici la belle vision peut sen faut que je me fache. n'est tu pas content davoir la [...] l'ame la plus foible veux tu avoir un monument de ma honte. Oh non Jai trop d'amour propre pour me peindre telle que je me vois [...] (le vendredi 13 août 1745).

Diese Aussage macht deutlich, daß Françoise de Grafigny, wenn von der Gattung der ‚Memoiren‘ die Rede ist, nicht an das denkt, was wir unter Autobiographie verstehen und was Rousseau mit seinen *Confessions* zu einer literarischen Gattung erhoben hat, nämlich das Leben eines ganz gewöhnlichen Menschen, die Entwicklung seiner Persönlichkeit. Françoise de Grafigny versteht unter ‚Memoiren‘ die Wiedergabe von Heldentaten oder dem Leben am Hofe, wie z. B. die *Mémoires de Mme de Montespan,* um nur ein Beispiel zu nennen.[32] Auf der anderen Seite spricht sie über die ‚Memoiren‘ jedoch ganz im Sinne der modernen Autobiographie: Es geht darum, die eigene Person darzustellen, wie man sie sieht. („Oh non jai trop d'amour propre pour me peindre telle que je me vois.“) Die Briefe Zilias sowie besonders die private Korrespondenz Françoise de Grafignys sind von subjektiver Darstellung gekennzeichnet. So spricht sie selbst in dem oben zitierten Brief ihrer Korrespondenz eben dies aus, wenn sie an Devaux schreibt: „tu en sais tout ce que Jen ecrivis et beaucoup davantage meme.“ Die Korrespondenz ist der Ort, an dem sie ihre eigene Person darstellt und an dem sie dem Freund ihre innersten Gefühle schildert, wie im folgenden noch zu sehen sein wird. Insgesamt dominiert jedoch eine negative Sicht der eigenen Person wie auch ihres bisherigen Lebens. Sie vertieft diese Idee am Tage ihres 51. Geburtstages, indem sie zugibt, nicht gerne in die Vergangenheit zurückzuschauen, sondern vielmehr den Blick in die Zukunft zu bevorzugen: „Il y a aujourdhuy cinquante et un ans que jetois bien neuve dans le monde mon ami, sil faloit recommencer ma carriere en verité je ne le voudrois pas, en regardant derrière la plaine est barée par tant de forets et de broussailles que Jaime encore mieux regarder en avant quoique je voye de pres le terme du voiage […]“ (le mercredi 11 février 1746). Diese Lebenssicht kann uns in der Tat dabei helfen, die Konzeption Zilias zu verstehen, die vielfach utopische Züge trägt und von der Entwicklung ihrer Person, das heißt von der Zukunft geprägt ist. Zilias Briefe dienen zwar dazu, ihr bisheriges Leben zu verstehen, vor allem aber sind sie ein Mittel, die Gegenwart zu meistern und für die Zukunft ein Lebensmodell zu entwickeln. Dieselbe Tendenz findet sich in der privaten Korrespondenz Françoise de Grafignys wieder, wie im folgenden zu sehen sein wird.

Bei den *Lettres* handelt es sich um einen monophonen Briefroman. Das Werk reiht sich damit in die relativ große Anzahl von Briefromanen in der ersten Hälfte des 18. Jahrhunderts ein.[33] Ist die Zahl der Autorinnen in der Literatur des 18. Jahrhunderts vergleichsweise gering, so waren sie jedoch in der Gattung des Romans und speziell in der Gattung des Briefromans relativ häufig vertreten. Aufgrund dieses Sachverhalts liegt es nahe, die Frage nach einer möglichen Beziehung zwischen dem Geschlecht der Autorin und der Wahl der Gattung zu stellen.[34] So wird seit Madame de Lafayette der Roman von den Kritikern bis in das 20. Jahrhundert hinein zur Frauendomäne erklärt: in bezug auf die Leserinnen wie auch in eingeschränkterem Maße in bezug auf die Autorinnen.[35] Dabei geht es fast immer um die spezifische Form des Liebesromans. Die Kritiker sowie die männlichen Autoren gehen von der Annahme aus, daß Frauen in den Dingen des Gefühls und damit auch der Liebe besonders kompetent seien.[36] Weiterhin wurde als ein Grund für die Aktivität weiblicher Autoren in der Domäne des Romans gemeinhin angenommen, daß es sich bei dem Roman um eine niedere Gattung handele, die weniger den normativen Poetiken unterstehe als die traditionellen Gattungen und damit für die ‚ungebildeteren‘ Frauen leichter zugänglich sei.[37]

Es stellt sich jedoch die Frage, ob speziell der Briefroman nicht besonders deshalb Domäne der Frauen war, weil er am ehesten vermochte, ihre persönlichen Anliegen auszudrücken, wie S. Bovenschen bemerkt:

> Es sind die sich im 18. Jahrhundert Geltung verschaffenden Medien des Briefes, des Romans und des Briefromans, die der Ambition einer aktiv-produktiven Teilnahme der Frauen am literarischen Geschehen günstig waren, u. z. in mehrfacher Weise: nicht nur, weil sie als – im Sinne der regelpoetischen Gattungshierarchien – inferiore Gattungen weniger strengen formalen Reglements unterliegen, sondern auch und vor allem deshalb, weil ihre Sujets infolge einer Verlagerung der literarischen Gegenstände in den Erfahrungshorizont der Frauen rückten. [38]

Ein weiterer Grund für die Vorliebe der Autorinnen für den Brief als Ausdrucksmittel dürfte darin zu sehen sein, daß der Brief als privates Medium weitgehend dem Lebensraum der Frauen in der Privatsphäre entsprach und somit auch am ehesten als Sprachrohr der Frauen von der Öffentlichkeit akzeptiert wurde.[39] Im Hinblick auf den in dieser Arbeit untersuchten Roman erscheint mir jedoch die Annahme J. Habermas am wichtigsten, der über das Medium Brief sagt: „Das 18. Jahrhundert wird nicht zufällig zu einem des Briefes; Brief schreibend entfaltet sich das Individuum in seiner Subjektivität.“[40] Im folgenden möchte ich deshalb aufzeigen, wie die Gattung Briefroman in den *Lettres* als Mittel der Selbstfindung, das heißt als Möglichkeit der Konstitution eines weiblichen Subjekts funktioniert.

Bei den *Lettres* handelt es sich um einen einstimmigen[41] Briefroman. Der im 18. Jahrhundert aufgedeckte Konflikt zwischen Individuum und Gesellschaft findet in der Literatur in der Hinwendung zur Gattung des Romans in der Ich-Form seinen Ausdruck.[42] Der Unterschied zwischen der Gattung des Briefromans und der im 18. Jahrhundert ebenfalls üblichen Gattung des Memoirenromans liegt darin:

> […] daß im Briefroman die Unmittelbarkeit und Intensität der Aussage entschieden gesteigert wird, daß der Leser faktisch unmittelbar Beteiligter des Geschehens wird, das sich ihm nicht durch Vermittlung des Erzählers, sondern gewissermaßen durch die Lektüre der Originaldokumente, als die die Briefe erscheinen, erschließt.[43]

Besonders wichtig wird damit für die Autoren von Briefromanen die Vorgabe von Authentizität, weil der Roman im 18. Jahrhundert noch außerhalb der kanonischen Gattungen steht.[44] Auch Madame de Grafigny, wie vor ihr Montesquieu und andere, gibt vor, Herausgeberin der Briefe Zilias zu sein. So bemerkt sie in ihrem „Avertissement“ zur Ausgabe der *Lettres* von 1752: „[…] il semble qu'on ne devroit pas craindre de voir passer pour une fiction des lettres originales […]“ (S. 136). Weiterhin schreibt sie zum Problem der ‚Quipos‘ verfaßten Briefe: „Il semble inutile d'avertir que les premières lettres de Zilia ont été traduites par elle-même.“ (S. 136). Auch weist die Autorin auf die Authentizität der Sprache und des Stils der Briefe hin: „On connoîtra facilement aux fautes de Grammaire et aux négligences du style, combien on a été scrupuleux de ne rien dérober à l'esprit d'ingénuité qui règne dans cet ouvrage." (S. 137).

Der einstimmige Briefroman[45], in dem sich in der Regel ein einziger Briefschreiber an einen Adressaten richtet, ist spezifisch für den Liebesroman in Briefform. Der Brief wirkt hier als Kompensation von Distanz zwischen Liebenden – zurückgehend auf die Tradition der „Heroiden". Besonders beliebt ist er im 18. Jahrhundert bei Autorinnen nach dem Muster der „Portugaises".[46] In der Regel handelt es sich hierbei um die Darstellung eines asymmetrischen Verhältnisses wie zum Beispiel nicht erwiderter Leidenschaft. Dazu schreibt S. Lee Carell: „Le dialogue est illusoire parce que l'acte de communication aboutit à un échec, et les lettres finissent souvent par constituer un véritable monologue."[47] Der monophone Briefroman wird somit zum Ausdruck der Unmöglichkeit von Kommunikation. Er nähert sich dem Monolog an und bekommt eine tagebuchähnliche Funktion der Selbstreflexion („le mode réfléchi")[48]. In den *Lettres* herrscht der „mode réfléchi" vor, das heißt die Briefe sind weniger als Dialog an den Partner gerichtet, als vielmehr Mittel der Selbstreflektion. I. Landy-Houillon beschreibt diesen Zustand folgendermaßen:

> De fait, en l'absence de toute réponse du destinataire, le caractère nécessairement solitaire de l'acte épistolaire s'accompagne d'un repli du ‚je' sur son propre discours qui s'oriente donc, en dépit d'un simulacre de dialogue, vers le mode ‚réfléchi' du dialogue.[49]

Je länger Aza schweigt, je unerreichbarer er für Zilia erscheint und je mehr sie mit der französischen Gesellschaft konfrontiert wird, desto mehr tritt die Reflexion über ihren eigenen Zustand in den Vordergrund. Die Person Azas wird zeitweise geradezu zur Alibifunktion der Briefe. Er wird auf die Position eines imaginären Zuhörers reduziert. So schreibt S. Lee Carell über die *Lettres*: „[...] les ‚lettres à l'amant' se transforment nettement en ‚lettres au confident': l'Aza lointain, personnage imprécis et peu réel, n'a d'autres fonctions que celle d'écouter, [...]"[50] Die Briefe dienen vor allem der Kompensation von Isolation, wobei diese nicht nur durch die Abwesenheit des Geliebten, sondern vielmehr noch durch die sprachliche und kulturelle Distanz und damit durch die Unfähigkeit zur Kommunikation bedingt ist. Die Briefe werden zu einem Ort der Selbstreflexion, der Selbstvergewisserung der eigenen Gefühle:

> J'ai cru enfin que le seul moyen de les adoucir étoit de te les peindre; de t'en faire part, de chercher dans ta tendresse les conseils dont j'ai besoin; cette erreur m'a soutenue pendant que j'écrivois; mais qu'elle a peu duré! Ma lettre est finie, et les caractères n'en sont tracés que pour moi. (Brief 23, S. 245).

Im Gegensatz zu den *Lettres Portugaises*[51] wird in den *Lettres* das Scheitern der Liebesbeziehung überwunden und somit auch die Isolation. Mit dem Abbruch des Kontaktes zu Aza geht ein Wechsel des Briefpartners einher – die letzten fünf Briefe (37-41) sind an Déterville gerichtet. Vor allem die letzten zwei Briefe (40-41) haben appellativen Charakter; es hat somit ein Wechsel zum „mode actif"[52] stattgefunden. In Brief 40 erfährt der Leser zum Beispiel indirekt von einer Reaktion Détervilles: „Quelque plaisir que je me fasse de vous revoir, il ne peut surmonter le chagrin que me cause le billet que vous m'écrivez en arrivant." (Brief 41, S. 320). So ist Zilias letzter Brief mit ihrem Appell an Déterville als Antwort auf den von ihm geschriebenen Brief konzipiert und auf Dialogizität ausgerichtet, was auf eine Parallele zum Verhältnis von Françoise de Grafigny und Devaux hinweist. Insgesamt überwiegt jedoch in den *Lettres* der „mode réfléchi", und die Form des Romans wird somit in hohem Maße Ausdruck des Selbstfindungsprozesses Zilias. Die Tagebuchfunktion des Briefes, das heißt der Brief als Mittel zur Selbstreflexion, erscheint für die *Lettres* konstitutiv.

Die Wahl der Gattung ‚Briefroman' ermöglicht es, mit der impliziten ‚Offenheit' der Gattung zu spielen. Im Gegensatz zum traditionellen Roman, in dem der auktoriale Erzähler die Situation beherrscht und während des Erzählens bereits über den Ausgang der Handlung informiert ist, weiß die Briefschreiberin zu dem Zeitpunkt, an dem sie ihre Briefe schreibt, selbst nicht, wie ihre Geschichte enden wird. Dabei steht die Abgeschlossenheit der Einzelbriefe[53] der prinzipiellen Offenheit des Briefromans gegenüber. Die in Kapitel II.6. erarbeitete Raumstruktur des Werkes läßt sich somit auf die Gattung übertragen. Die Abgeschlossenheit der Einzelbriefe entspräche damit den abgeschlossenen Orten, die Zilias Lebenssituation darstellen. Die Offenheit des Romanganzen, die bewußte Verweigerung traditioneller Plotstrukturen (das heißt Tod oder Heirat der Protagonistin)[54] und die Unsicherheit des Lesers hinsichtlich der Frage, ob Déterville Zilias Angebot annehmen wird, ließe sich dementsprechend als tendenzieller Ausbruchsversuch aus dieser Zilia von außen auferlegten Abgeschlossenheit lesen. Dazu schreibt Mc Arthur: „The fact that these inconclusive plots are accompanied by feminist commentary on society suggests that the failure to close might represent a protest against ‚closures' generally imposed on women."[55] So sieht MacArthur in der Wahl des Briefromans generell ein Aufbegehren gegen die den Frauen auferlegten Grenzen:

> [...] the epistolary form seems to have been an integral part of an attack against the limits imposed on women's lives. The absence of central authority and the ambiguous closure that characterize epistolary novels apparently correspond, in these novels, to a desire to escape centralized power structures, with their accompanying fixed meanings, and to a desire to leave the outcomes of lives (particulary women's lives) perpetually open.[56]

In der Tat bietet der Briefroman als Gattung mit seiner ihm inhärenten Tendenz zur Offenheit für die schreibenden Frauen die Möglichkeit, festgelegte Handlungsschemata zu durchbrechen und das Schicksal der Protagonistinnen im Hinblick auf die spezifischen Wünsche der Frauen zu verändern.

Die prinzipielle Abgeschlossenheit der einzelnen Briefe, die die verschiedenen Lebenssituationen der Protagonistin widerspiegeln, lassen es zu, das Werk auch unter der Gattung des ‚Stationenromans' einzuordnen[57]. In der Tat hat jeder Brief einen bestimmten Entwicklungsschritt der Protagonistin zum Thema: Sei es Ortswechsel, Liebe oder Freundschaft, kulturelle Erfahrungen und die Stationen ihres Spracherwerbs, der ihre Entwicklung in hohem Maße konstituiert. Im Laufe dieser Arbeit habe ich aufgezeigt, daß in den *Lettres* die Entwicklung der Protagonistin zu einer selbstbewußten, aufgeklärten Persönlichkeit im Vordergrund steht. Es herrscht in der neueren Forschung der *Lettres* inzwischen Konsens darüber, daß es sich bei den *Lettres* auf inhaltlicher Ebene um eine ,weibliche' Form des Entwicklungsroman handelt (vgl.: R. Kroll 1988, J. Undank 1988, J. G. Altmann 1989/1991, L. S. Alcott 1990, J. V. Douthwaite 1991, B.-A. Robb 1992, D. Fourny 1992). S. Weigel weist in einem Aufsatz[58] darauf hin, daß der Entwicklungsroman vor allem auf den ,männlichen' Helden abonniert ist. Setzt doch der Entwicklungsroman die Kategorie ,Subjekt' voraus, die der Frau per se abgesprochen wurde. Die Frauen des traditionellen Entwicklungs- oder Bildungsromans stellen allenfalls Stationen im Leben des Helden dar, an denen dieser seine Erfahrungen sammelt:

> Das Genre konstituiert sich über die Darstellung der Entwicklung eines (männlichen) Individuums in konfliktreicher Auseinandersetzung mit der Umgebung, die entweder als ,Realität' oder als ,Außenwelt' bezeichnet wird. Die – oft nicht geringe – Anzahl von Frauenfiguren, denen der Held auf seinem Wege begegnet, sind im Roman als Stationen seiner Entwicklung situiert. Sie verkörpern Ideen bzw. Existenzweisen, mit denen er sich zum Nutzen seiner Bildung auseinandersetzt, um sie dann hinter sich zu lassen.[59]

Diese klassische Figurenkonstellation des Genres wird in den *Lettres* gerade umgekehrt. Hier setzt sich in Zilias Briefen ein ,weibliches' Ich mit den Stationen seines Lebens auseinander und macht dabei eine Entwicklung durch. Die Männer dagegen fungieren in diesem Werk als Stationen auf dem Lebensweg der Protagonistin und dienen ihr als Ausbildungsfaktor (vgl. die Rolle Azas und Détervilles in ihrer Entwicklung). Am Ende werden beide Instanzen von Zilia überwunden: Die unglückliche Liebe zu Aza wird durch ihre Sublimierung in der Schriftlichkeit überwunden, der Konflikt mit Déterville durch Zilias Lebensentwurf im letzten Brief. Es ist in diesem Zusammenhang signifikant, daß die Kritik und die Forschung noch bis vor wenigen Jahren das Werk entweder dem ,roman sentimental' zuordneten oder aber als ,mißglückten Liebesroman' bezeichneten. Erst mit der Aufarbeitung des Romans durch die feministische Literaturwissenschaft, vor allem in den USA, rückte die ,Entwicklung' der Protagonistin als eigentliches Thema des Romans in das Blickfeld. Die *Lettres* geben damit ein einmaliges Beispiel für einen ,weiblichen' Entwicklungsroman in Briefform.

J. G. Altman stellt fest, daß ein Briefroman immer schon eine ,mise-en-abyme' impliziert, da dieser grundsätzlich den Prozeß des Schreibens reflektiert: „Epistolary novel as a metaphor for all narrative, even all literature, a mise-en-abyme of the problems of communication from writer to reader."[60] Dies ist in den *Lettres* in ganz besonderem Maße der Fall. Es wurde bereits darauf hingewiesen, daß sich der Roman Madame de Grafignys auch als Metapher für das ,zum Schreiben Kommen' Zilias lesen läßt, als eine Metapher für die Entstehung weiblicher Autorschaft. In den *Lettres* wird die Funktion des Briefschreibens immer wieder von der Briefschreiberin, Zilia, thematisiert, genauso wie das Problem der Briefübermittlung:

C'est [= les Quipos; Anm.d.Verf.] le seul Trésor de mon cœur, puisqu'il servira d'interprète à ton amour comme au mien; les mêmes noeuds qui t'apprendront mon existence, en changeant de forme entre tes mains, m'instruiront de ton sort. Hélas! par quelle voye pourrai-je les faire passer jusqu'à toi? Par quelle adresse pourront-ils m'être rendus? (Brief 1, S. 152).

Die Quipos als Briefersatz und später die Briefe in französischer Sprache (ab Brief 18) dienen jedoch nicht nur als „chaînes de communication" (S. 219) zum Herzen des Geliebten, als „interprète de sa tendresse" (S. 220) oder als „soulagement au transport de mon cœur" (S. 307), sondern auch als historisches Zeugnis: „Je voulais conserver la mémoire des principaux usages de cette nation singulière." (S. 213). Zilia beschreibt die Schwierigkeit, die eigenen Gedanken in Worte zu fassen und schriftlich zu formulieren:

Il arrive souvent qu'après avoir beaucoup écrit, je ne puis deviner moi-même ce que j'ai cru exprimer. Cet embarras brouille mes idées, me fait oublier ce que j'avois rapplé avec peine à mon souvenir; je recommence, je ne fais pas mieux, et cependant je continue. (Brief 19, S. 222).

In den Briefen Zilias findet sich also ein Metadiskurs, der den Schreibprozeß thematisiert. In der Tat erinnern diese Worte Zilias sehr an jene Françoise de Grafignys, wenn diese in den Briefen an Devaux über ihre Mühe schreibt, Ideen und Worte für ihren Roman zu finden: „il faudroit donc avoir de lesprit a commande [...] ma foy la dose de chagrin est de besoin, et de la part de ce que jaimois elle a été si forte que reflections ont étouffée mon imagination, je te lai deja dit. je nai pas ecrit une phrase depuis quinze jours [...]" (le dimanche 10 octobre 1745).

III.4. Die Interferenzen zwischen der privaten Korrespondenz und dem Briefroman

Wenn von den Interferenzen zwischen der privater Korrespondenz Madame de Grafignys und der fiktiven Korrespondenz[61] Zilias die Rede ist, stellt sich zugleich auch die Frage nach dem Verhältnis zwischen der Autorin und ihrer Protagonistin. Es wurde bereits an anderer Stelle erwähnt, daß Zilia als Verkörperung des ‚Bon-Sauvage'-Mythos in weiblicher Gestalt nicht nur als Projektionsfigur für den damaligen Leser erscheint, sondern auch als Projektionsfigur für die Autorin selbst. Als ‚Bon-Sauvage'-Figur kompensiert Zilia nicht nur das Ungenügen an der damaligen Gesellschaft im allgemeinen, sondern speziell das Ungenügen an der Rolle der Frau in dieser Gesellschaft. Sie stellt damit ein mit utopischen Zügen versehenes ‚Frauenmodell' dar, das seine individuellen Züge dadurch erhält, daß es starke Parallelen zur Biographie der Autorin aufweist.

In der neueren Forschung ist diese Annahme allgemein akzeptiert. So sieht L. Scales Alcott Parallelen in der Entwicklung Zilias zu der ihrer Autorin: „The clear steps taken by Zilia toward autonomy throughout the novel consistently convey numerous parallels with Mme de Graffigny's very real and personal struggle for independance."[62]

J. Douthwaite bezeichnet Zilia sogar als „idealisiertes Selbst" der Autorin: „The emancipatory potential of Graffigny's fictions lies in its construction of an Other who doubles as an idealized self, a female self who defies social controls, retains significant aspects of her difference, and survives to enjoy life."[63] In der Tat handelt es sich bei den *Lettres* um einen – durch die Wahl der Gattung bedingten – individuellen Prozeß des Schreibens auf zweifacher Ebene: der der fiktiven Schreiberin Zilia und der der realen Autorin. Die Auseinandersetzung Zilias in ihren Briefen mit sich selbst sowie mit ihrer Stellung als Frau in der Gesellschaft weist evidente Parallelen mit der Biographie der Autorin auf, das heißt mit deren Auseinandersetzung mit der eigenen Person in ihrer privaten Korrespondenz. In diesem Zusammenhang möchte ich noch einmal daran erinnern, daß in den *Lettres* eine sehr enge Beziehung zwischen der Gesellschaftskritik Zilias und der Handlung des Romans besteht. Françoise de Grafigny ist es tatsächlich sehr gut gelungen, das Problem zu lösen, das ihr im Laufe des Schreibens der *Lettres* so unlösbar erschien, nämlich einen Rahmen für ihre gesellschaftskritischen Ideen zu finden.

So findet jeder Aspekt, der von der Gesellschaftskritik behandelt wird, seine Entsprechung auf der Handlungsebene des Romans. Wenn Zilia sich am Ende des Briefes 20, der das Wirtschaftssystem behandelt, die Frage stellt, in welche gesellschaftliche Klasse sie sich einordnen soll, da sie wirtschaftlich von Déterville abhängig ist, wird dieses Problem durch das Landhaus gelöst, das Déterville von den eroberten Schätzen des Sonnentempels kauft, die legal Eigentum Zilias sind. Wenn wir diese Lösung mit der privaten Korrespondenz der Autorin vergleichen, drängt sich der Eindruck auf, Françoise de Grafigny habe in ihrem Roman eine fiktive, utopische Lösung ihrer eigenen finanziellen Probleme entworfen, die ihr Leben sowie auch ihre Korrespondenz beherrschten. In der privaten Korrespondenz wird ihre prekäre finanzielle Situation immer wieder deutlich, wenn sie z. B. schreibt: „[...] je ne suis pas de trop bonne humeur; pour cause de lentretems toujours le meme sujet ma robe ne se vend point; ma Zilia ne se vendra pas, je serai toujours dans la misère; et je la hais par dessus tout." (le samedi 4 février 1747). Genauso erscheint in ihrer privaten Korrespondenz im Zeitraum der Arbeit an den *Lettres* immer wieder der Traum von einem Landhaus:

> Nous allames [...] en campagne a six chevaux nicole le bon homme et moi. voir une maison qui est a vendre dans une [...] divine delicieuse ah que cela fait sentir la pauvrete car toute mœublee et bien mœublees pour la campagne elle ne coutera pas plus de six mille francs a une heure de paris des fenetres on crache Dans la belle Seine elle n'est pas plus grande quil ne me la faudroit et tres honnete. helas Jy voiois hier ma *(sante / faute)* peinte dans tout les coing et dans tous les points de vuë. et Jen parti avec la tristesse en croupe. (le mercredi 1er septembre 1745).

So scheint der Traum der Autorin von einem eigenen Landhaus auf fiktiver Ebene durch und mit Zilia realisiert. Erst nach dem Erfolg der ersten Auflage der *Lettres* sowie dem *Cénies* ist Françoise de Grafigny selbst in der Lage, diesen Traum zu realisieren, nämlich in Form eines Hauses am Rande des Jardin du Luxembourg, das sie ab 1. August 1751 mietet. Im Gegensatz zu Zilias bleibt ihr Glück jedoch instabil, und sie wagt nicht, an das Fortdauern ihres momentanen Wohlstandes zu glauben:

[...] voilà une partie des evenemens de ma petite vie. Je la trouve bien bonne je n'en crains que le changement je ne saurois me figurer que Je puisse etre lontems aussi heureuse que Je le suis. Je me livre au repos je [...] goute le plaisir de n'avoir rien à faire. je Jouis de mon palais de mes meubles de l'air qui est charmant de laproche de lautomne qui est ma bonne saison je n'oublie rien – Cependant je n'ai pas une gaieté bien vive. je Jouis en silence. (le dimanche matin 22 août 1751).

Die Briefe 33 und 34 der *Lettres* über die Situation der Frauen dienen ebenfalls der Situierung der Protagonistin und damit auch der Autorin innerhalb der französischen Gesellschaft. Zilias Kritik in Brief 34 sowie das Ende des Romans bedeuten vehemente Kritik an der Institution ‚Ehe‘, von der wir annehmen können, daß sie auf Françoise de Grafignys eigene Erfahrungen zurückgeht. Nach ihrer unglücklichen Ehe mit einem gewalttätigen Ehemann[64] und der rechtmäßigen Scheidung von diesem ging Madame de Grafigny nie wieder eine solche Bindung ein. Auch Zilias enttäuschte Liebe zu Aza hat autobiographische Quellen, denn Françoise de Grafigny schreibt über die Person Azas an Devaux, sie wolle diesen untreu werden lassen, weil dies der Realität entspräche, das heißt ihren Erfahrungen mit ihren Liebhabern.[65] Tatsächlich gesteht sie Devaux am 27. Oktober 1748, daß die *Lettres* nur Reminiszenzen an ihren sehr viel jüngeren Geliebten Desmarest seien: „[...] mais le croirois tu il n'y a rien de nouveau dans Zilia il n'est ecrit que par reminiscence les cornes me viennent de tout ce que je trouve ici [...]“ (le samedi 26 octobre 1748). Desmarest betrog sie mit einer anderen Frau, die er auch heiraten wollte, was Françoise de Grafigny allerdings erst über Dritte erfuhr. Wir besitzen den Abschiedsbrief Madame de Grafignys an Desmarest, der sich unter den *Papiers de Madame de Grafigny* in der Bibliothèque Nationale in Paris befindet.[66] Dieser Brief ist nicht datiert, muß aber im Laufe des Jahres 1743 geschrieben worden sein. In diesem Brief drückt Françoise de Grafigny die Enttäuschung über das Verhalten des Geliebten aus und bittet ihn, ihr die Briefe, Zeugen ihrer Beziehung, zurückzugeben. In diesem Brief erinnern einige Wendungen an die Reaktion Zilias auf die Enttäuschung mit Aza, wenn sie zum Beispiel schreibt: „Le repos et la tranquilité m'attendent au dela des tourments que j'ai à surmonter.“ Dieser Satz läßt an das Ende der *Lettres* denken, wenn Zilia Déterville dazu aufruft, auf die „sentimens tumultueux, destructeurs imperceptibles de notre être“ (Brief 41, S. 322) zu verzichten. Aza scheint also sein Modell in der realen Figur Desmarest zu haben.

In diesem Zusammenhang ist auch der Liebesverzicht Zilias und die damit einhergehende strenge Trennung der Begriffe ‚amitié‘ und ‚amour‘ auf der diskursiven Ebene zu sehen. Wie ihre Protagonistin unterscheidet Françoise de Grafigny genau zwischen den beiden Begriffen, wenn sie an Devaux schreibt: „ah que le mot damour ma frapee quand tu me prie de me menager et que tu met lamour de la partie. ah cet amour la merite bien moins le nom de ton amitié.“ (le jeudi 26 août 1745). Wie Zilia für Déterville die Freundschaft reserviert, möchte Françoise de Grafigny nicht, daß das Wort ‚Liebe‘ mit ihrer Beziehung zu Devaux in Verbindung gebracht wird. Die private Korrespondenz Françoise de Grafignys ist von einer für die damalige Zeit ungewöhnliche Offenheit sowie einer erstaunlichen Subjektivität geprägt. Neben den Schilderungen der Ereignisse aus Paris und vom Hofe, stellt sie in ihrer Korrespondenz detailliert ihren Tagesablauf dar, und es dominiert das Schreiben über die körperlichen und seelischen Befindlichkeiten der Autorin. Wie bereits erwähnt, erhält die Korrespondenz damit nahezu den Charakter von Memoiren oder den eines Tagebuchs, das dennoch auf Kommunikation ausgerichtet ist. Françoise de Grafigny dient die Korrespondenz, wie übrigens auch Zilia, als Überbrückung der Distanz zum Freund in der Provinz, das heißt als Substitut der direkten Kommunikation. So schreibt sie: „Je ne t'ai pas ecrit dimanche par la raison que je ne saurois jamais prendre sur moi de parler seule. j'ai recu ta lettre ce matin qui me provoque a la causerie quoique je n'en sois guère contante" (le mardi 2 novembre 1745). In einem anderen Brief an Devaux erklärt sie, wie sehr sie sich eine halbe Stunde Unterhaltung am Tag mit ihm wünschte: „tu me demande le besoin que Jaurais de toi une demi heure de conversation le matin et le soir ou mon ame et la tiene se parleroient voudroit le tout." (le jeudi matin 6 janvier 1752). Die Autorin möchte also nicht nur für sich sprechen; die Briefe dienen als Ersatz für mündliche Kommunikation, wie auch für Zilia die Quipos diese Funktion einnehmen, für die dieses Bedürfnis aufgrund ihres sprachlichen Exils noch in gesteigerter Form erscheint: „[...] ces nœuds qui frappent mes sens, semblent donner plus de réalité à mes pensées; la sorte de ressemblance que je m'imagine qu'ils ont avec les paroles, me fait une illusion qui trompe ma douleur: je crois te parler, [...]" (*Lettres*, Brief 4, S. 170). Wie Françoise de Grafigny ihr ganzes Leben auf die Tage hin ausrichtet, an denen gewöhnlich die Post kommt, richtet Zilia ihr ganzes Leben auf die ersehnte Antwort Azas aus, die jedoch nicht kommt. Auch Madame de Grafigny reagiert mit Enttäuschung, wenn die Briefe des Freundes, die für sie Trost bedeuten, auf sich warten lassen: „voila le soir et point de lettre il faut se repondre a ne les recevoir a present que le lendemain; je serais encore quelque tems a my faire. je suis mal a laise il me semble que tu as tant de choses a me dire que Jy trouverai de la consolation." (le dimanche 12 décembre 1745).

In ihren Briefen entwickelt Zilia eine Kritik der französischen Sprache, namentlich ihres Inflationismus, der sich ihrer Meinung nach besonders in der rhetorischen Figur der Metapher manifestiere:

> Or mon cher Aza, que mon peu d'empressement à parler, que la simplicité de mes expressions doivent leur paraître insipides! Je ne crois pas que mon esprit leur inspire plus d'estime. Pour mériter quelque réputation à cet égard, il faut avoir fait preuve d'une grande sagacité à saisir les différentes significations des mots et à déplacer leur usage. Il faut exercer l'attention de ceux qui écoutent par subtilitée des pensées souvent impénétrables, ou bien en dérober l'obscurité, sous l'abondance des expressions frivoles [...] (*Lettres*, Brief 30, S. 272).

Diese Inflation der Sprache widerspräche also einer natürlichen Sprache, die ihrerseits natürliche und ehrliche Gefühle ausdrücke. Auch Françoise de Grafigny kritisiert diesen Aspekt der Sprache an den Briefen Devaux'. So beschwert sie sich mehrfach über die Superlative, derer der Freund sich des öfteren bedient: „pour des parolles en lair tant qu'on voudra et un dictionnaire des superlatif on le transcrira a merveille mais *(des faits oh cela ne vaud pas le marché)*." (le dimanche 19 septembre 1745). Auf der anderen Seite lobt sie seine Briefe, wenn diese in ‚natürlicher Sprache' gehalten sind: „mais nymagine pas de quelle degré de chaleur tu echaufes mon cœur quand tu me parles naturellement." (le dimanche 26 décembre 1745) oder:

> ce matin qu'on mapporte ta lettre je me hate dy repondre; elle est réellement du ton de l'honnete douleur, de l'amitié tendre et sage; quenfin tu me touches pour toi et pour tes amis. Jeprouve bien la vérité de ce que je te disois hier. Lenflure fais rire; l'expression modérée touche; je te vois tel que je te veux; pensant et parlant en homme sensible. (le lundi 3 janvier 1746).

Dieser Brief gibt nicht nur Aufschluß über die Sprachkritik Françoise de Grafignys, die sich sowohl in der privaten Korrespondenz als auch im Roman manifestiert, sondern auch über die Tatsache, daß sie in der Entstehungsperiode der *Lettres* zunehmend versucht, ihren Freund Devaux dem literarischen Ideal Détervilles anzunähern. So schreibt Zilia Déterville: „Si vous m'abandonnez, où trouverais-je des cœurs sensibles à mes peines?" (*Lettres*, Brief 37, S. 311). In der Entstehungsperiode der *Lettres* zeigt sich damit immer wieder die Tendenz, daß die im Roman entworfene Idealvorstellung in die private Korrespondenz einfließt und die Beziehung zum Korrespondenten beeinflußt. Das literarische Ideal bezieht sich vor allem auf die Person Détervilles sowie auf das Ende des Romans als utopischer Lebensentwurf einer Frau.

Wie im Roman spielt auch in der Korrespondenz der Faktor der Sprachbeherrschung eine wichtige Rolle für die Autorin. Schon Zilia gewinnt aus der Tatsache, daß sie die französische Sprache inzwischen besser beherrscht als viele französische Frauen, ein Gefühl der Überlegenheit: „Elles ignorent jusqu'à l'usage de leur langue naturelle; il est rare qu'elles la parlent correctement, et je m'apperçois pas sans une extrème surprise que je suis à présent plus sçavante qu'elles à cet égard." (*Lettres*, Brief 34, S. 292). Bei der Autorin selbst erstreckt sich dieses Gefühl nicht nur auf die Frauen, sondern auch auf Devaux, wenn sie schreibt: „[...] je ne suis guere touchee du succes de Cenie. cependant je le sens. tu te moques de moi de me traduire le mot du *(persan / parison)*. je sais mieux ma langue maternelle que toi" (le dimanche 10 janvier 1751).[67]

Aus dem interpretatorischen Teil dieser Arbeit geht hervor, daß das ungewöhnliche Ende der *Lettres* als fiktiver Lebensentwurf sowie als Selbstfindungsprozeß einer Frau zu lesen ist. In diesem Kapitel geht es nun darum, vor dem Hintergrund der privaten Korrespondenz Françoise de Grafignys zu analysieren, wie dieser Utopieentwurf auf der Ebene des Schreibprozesses zu bewerten ist. Dabei läßt sich feststellen, daß die Korrespondenz nicht mehr nur als ‚avant-texte' fungiert, sondern daß vielmehr, wie im vorhergehenden Kapitel bereits angedeutet, eine Wechselbeziehung zwischen der realen Korrespondenz und der fiktiven Korrespondenz existiert. Besonders während der Entstehungsperiode der zweiten Ausgabe der *Lettres* wird deutlich, in welchem Maße der Roman tatsächlich als fiktiver Lebensentwurf bewertet werden kann. Dies läßt sich an den zahlreichen Spuren ablesen, die er in der privaten Korrespondenz der Autorin hinterlassen hat. So beginnen die Gedanken der Autorin der fiktiven Korrespondenz und die der realen Autorin ineinander überzugehen. Es wird nahezu unmöglich zu sagen, welcher Text eigentlich der ‚avant-texte' ist. So schreibt Françoise de Grafigny im Januar

1747 an Devaux: „[…] tache donc de t'arranger pour venir passer le printems et l'ete avec nous a la campagne tu nous sera charmant et tu ne ty ennuera pas […] viens mon ami je t'en conjure je le veux je ten prie a genoux." (le vendredi 20 janvier 1747). Dieser Brief wurde zwischen denen vom 10. Januar und vom 25. Januar geschrieben. Im ersten teilt die Autorin mit, ihr bleibe nur noch ein Brief Zilies zu verfassen, und im letzten berichtet sie Devaux, daß der Roman beendet sei. In der Tat enthält der letzte Brief Zilias, der also ungefähr zur gleichen Zeit entstanden sein muß wie der Brief an Devaux, den Aufruf an Déterville, mit ihr auf das Land zu ziehen, um dort die Freuden des einfachen Lebens, der Freundschaft und der Natur zu genießen:

> Venez, Déterville, venez apprendre de moi à économiser les ressources de notre âme, et les bienfaits de la nature. Renoncez aux sentiments tumultueux, destructeurs imperceptibles de notre être; venez apprendre à connoître les plaisirs innocens et durables, venez en jouir avec moi, vous trouverez dans mon cœur, dans mon amitié, dans mes sentimens tout ce qui peut vous dédommager de l'amour. (*Lettres*, Brief 41, S. 322).

An dieser Stelle deutet sich bereits an, was sich später noch bestätigen wird: Es scheint eine wechselseitige Beziehung zwischen Devaux als realer Person und Déterville als fiktiver Person zu geben. Auf der einen Seite ist Devaux das reale Modell der Figur Détervilles, auf der anderen repräsentiert Déterville ein fiktives Ideal, einen Devaux, wie Françoise de Grafigny ihn sich wünscht: „[…] je te vois tel que je te veux; pensant et parlant en homme sensible." (le lundi 3 janvier 1746). Diese Tendenz verstärkt sich insgesamt in den Äußerungen der privaten Korrespondenz aus dem Entstehungszeitraum der zweiten Ausgabe der *Lettres*, wobei hier die Frage nach dem ,avant-texte' eindeutiger zu beantworten ist. Es handelt sich in diesem Fall um Rückwirkungen des Romans auf die private Korrespondenz, die davon zeugen, daß die Autorin danach strebt, ihren fiktiven Lebensentwurf zumindest teilweise zu verwirklichen. In der Tat ist die Ideallösung des Romans zu diesem Zeitpunkt zum Teil bereits realisiert worden. Der Erfolg der ersten Ausgabe der *Lettres* sowie der Erfolg *Cénies* haben es Françoise de Grafigny ermöglicht, ihrer finanziell sehr schwierigen Situation zu entkommen. Ihre Briefe sind nun nicht mehr nur von den Klagen über ihre „misère" dominiert, sondern vielmehr von sehr subjektiven Reflexionen über ihren momentanen Wohlstand, der mit dem Gefühl einer gewissen seelischen Gelassenheit und dem Wunsch, das Leben zu genießen, einhergeht:

> il sen faut bien que je ne mene une vie conforme a mon gout. et cependant je (*vive*) a tout moment mon bonheur du milieu de ses broussailles pour le contempler a mon aise. je pense que la misere m'a quitté a un certain point que je ne serai plus dans les etats violens ou je me suis trouvée. Je Jouis du mediocre bien etre ou Je suis comme epicure de son fromage. Je Jouis de la gaieté de mon ame par comparaison a la noirceur de cet été. je suis pressée de vivre je ne laisse rien echaper […] (le jeudi 12 décembre 1750).

Dieses Gefühl verstärkt sich noch, als Françoise de Grafigny im August 1751 endlich den Traum von ihrem eigenen Haus verwirklicht hat:

[…] voila une partie des evenemens de ma petite vie. Ja la trouve bien bonne je n'en crains que le changement je ne saurois me figurer que Je puisse etre lontems aussi heureuse que Je le suis. Je me livre au repos […] je goute le plaisir de n'avoir rien a faire. je Jouis de mon palais de mes meubles de l'air qui est charmant de laproche de lautomne qui est ma bonne saison je n'oublie rien – Cependant je n'ai pas une gaieté bien vive. je Jouis en silence. et pour le comble de tant de bonheur je t'atens je te verai je Jouirai avec toi. ô je serai trop heureuse cela ne durera pas. (le dimanche matin 22 août 1751).

Diese Worte Françoise de Grafignys über die einfache Freude, die sie an ihren eigenen vier Wänden empfindet, erinnern an die Worte Zilias, wenn diese schreibt: „L'avouerai-je? les douceurs de la liberté se présentent quelquefois à mon imagination, je les écoute; environnée d'objets agréables, leur propriété a des charmes que je m'efforce de goûter; de bonne foi avec moi-même, je compte peu sur ma raison." (*Lettres*, Brief 40, S. 318 f.). Genauso wiederholt sich in der privaten Korrespondenz mit Devaux immer wieder der Aufruf an denselben, das momentane Glück der Freundin zu teilen. Nicht nur dieser Aufruf erinnert an die letzten Briefe Zilias an Déterville, sondern auch die melancholische Gelassenheit Françoise de Grafignys, die sich in gesteigerter Subjektivität besonders in einem Brief vom November 1751 manifestiert, in dem sie explizit auf den Epikurëismus Zilias verweist:

Ah je serois bien contant si Javois le tems de te parler de mes Jouissance. loin de diminuer il me semble tous les jours en etre plus occupee les mieux sentir. Je n'ai pas meme la crainte que quelques accidens les trouble, Je men fais un sisteme la dessus qui peut etre faux mais qui me fait Jouir sans trouble et quand cette idée me vient cest une raison de plus pour mieux sentir pas parce que je ne saurois mettre une entrave au tems qui me fait marcher malgré moi mais qui ne m' empeche pas de Jouir des minutes enfin mon ami quoiqu'il ny paroisse pas beaucoup en dehors je tassure que je suis toute occupee de moi. […] J'ai plein de petites attentions pour moi, dont le mistere me rejouis. Je Jouis comme Je lai fait dire a Zilia du plaisir detre. je me rapelle tant que je puis que c'est sans grandes importance. Jen vois dans lavenir, je ne veux pas quand elles m'accableront y Joindre les remors de n'avoir pas pensé au beaux Jours […] Je ne veux pas non plus qu'a la mort jai a me reprocher d'avoir oublié le tems comme on oublie le soleil. si tu etois ici tout cela doubleroit mon pauvre ami. je te dirois toutes mes pensées la dessus, et tu Jouirois toi meme de la paix de mon ame […] (le vendredi soir 3 novembre 1751).

Zum einen zeigt dieser Brief, daß die Autorin sich die Lebensphilosophie ihrer Protagonistin selbst zur Maxime gemacht hat und daß sie danach strebt, diese im eigenen Leben auch zu verwirklichen. Zum anderen stellt dieser Brief eine Art Weiterführung der Gedanken Zilias dar, die in ihren Briefen nur angedeutet wurden. Die private Korrespondenz dient hier also als Weiterführung und Vertiefung der fiktiven Korrespondenz, wobei der selbstreflexive Charakter dieser Briefe auf den selbstreflexiven Charakter der Briefe Zilias zurückweist.

III.5. DER ROMAN ALS FIKTIVER LEBENSENTWURF

Dieser Teil der Arbeit hat gezeigt, daß die Interferenzen zwischen dem Roman als fiktiver autobiographischer Korrespondenz und der realen privaten Korrespondenz nicht nur auf der Gattungsebene vorhanden sind, sondern auch auf der inhaltlichen Ebene. Autobiographische Elemente, die in der realen Korrespondenz angesprochen werden, wie zum Beispiel die finanziellen Probleme Madame de Grafignys, werden auf die fiktive Korrespondenz übertragen und finden in dieser eine ideale Lösung, die wiederum auf den realen Briefwechsel zurückwirkt. Der Gehalt des Romans, das heißt die Gesellschaftskritik, beruht auf den Beobachtungen und Problemen der Autorin als Frau in der französischen Gesellschaft des Ancien Régime; zugleich bietet die fiktive Lösung, wie sie im Roman für die gleichen Probleme der Protagonistin angeboten wird, der Autorin einen Lebensentwurf, dessen Verwirklichung diese im realen Leben anstrebt, wie die private Korrespondenz zeigt. Diese Realisierung betrifft nicht nur ihre eigene Person, die sich im Roman mittels ihrer Protagonistin als Reflexionsfigur eine neue Identität schafft, sondern auch ihre Beziehung zu Devaux, dessen Ideal wiederum die fiktive Person Détervilles darstellt. Gelingt es Françoise de Grafigny zwar, was ihre eigene Person betrifft, ihren fiktiven Lebensentwurf zu einem großen Teil zu verwirklichen und die im Roman begonnene Selbstreflexion in der privaten Korrespondenz zu vertiefen, so bleibt die Realisierung der idealen freundschaftlichen Beziehung nach Zilias Entwurf zu Devaux ein Wunsch. Es wird bei den Appellen an diesen bleiben, das Glück mit der Freundin zu teilen. Die *Lettres* erscheinen damit als der Ort, an dem die Autorin versucht, Lebensideal und Lebensrealität miteinander zu vereinbaren und damit auch als ein Ort der Selbstreflexion und der Selbstfindung. Diese Selbstfindung funktioniert mittels einer Protagonistin, die für die Autorin gewissermaßen zur Briefpartnerin wird. Die fiktive Briefschreiberin ermöglicht der Autorin, sich mit sich selbst zu unterhalten. Diese Selbstreflexion findet ihren Niederschlag wiederum in der realen Korrespondenz. Im Roman werden autobiographische Elemente verarbeitet, wobei die Gattungsbezeichnung des autobiographischen Romans insofern nicht greift, als die zeitliche Komponente eine andere ist.

Bei den *Lettres* dominiert nicht etwa die Darstellung von bereits Vergangenem, sondern vielmehr – bedingt durch die Wahl des Mediums Brief – die unmittelbare Darstellung der Gegenwart bzw. die offene Perspektive der Zukunft, was wiederum durch das vom damaligen Publikum als offen empfundene Ende des Romans unterstrichen wird. Diese Hinwendung zur Gegenwart und zur Zukunft ist ebenfalls in der privaten Korrespondenz der Autorin zu erkennen. In der Tatsache, daß Françoise de Grafigny sich mittels Erschaffung eines ‚anderen Ichs‘ ein neues Selbstbewußtsein konstituiert, weist darauf hin, daß der Prozeß des Schreibens hier für sie als Mittel der Subjektkonstitution sowie als Mittel zur Bewältigung realer Konflikte in der Imagination gesehen werden kann.

Die *Lettres* scheinen damit genau das Vorurteil zu bestätigen, aufgrund dessen die Werke weiblicher Autorinnen vom literarischen Kanon ausgeschlossen werden: Werke von Frauen trennen nicht zwischen Kunst und Leben. In die Werke von Frauen fließe immer Autobiographisches ein. Es stellt sich jedoch die Frage, ob in dieser Tatsache nicht gerade der Eigenwert von Frauenliteratur gesehen werden kann. So stellt L. Lindhoff fest:

> Das Schreiben von Frauen zielt weniger als das männlicher Autoren darauf, das eigene Leben im literarischen Werk ‚aufzuheben'; es läßt sich in vielen Fällen eher mit einer sprachlichen Selbstanalyse vergleichen.[68]

In der Tat scheint es schreibenden Frauen – im Gegensatz zu ihren männlichen Kollegen – besonders darum zu gehen, ihre eigene Subjektivität in der Schrift zu begründen, eine Subjektivität, die ihnen im Gegensatz zu den Männern im Leben abgesprochen wird und die sie nur mittels der Schrift zu erlangen vermögen.[69] L. Lindhoff beschreibt das Schreiben von Frauen als „Selbstfindungsprozeß", dessen Ziel „die Gewinnung einer Subjektposition sei, die eigene Begehrens- und Handlungsmöglichkeiten eröffnet."[70] So könnte sich an dieser Stelle ein mögliches Definitionskriterium einer *écriture féminine* herausbilden.

IV. DIE REZEPTION DER
LETTRES D'UNE PÉRUVIENNE

Die Rezeptionsgeschichte der *Lettres* erscheint als beachtliches Phänomen, wenn man die bis in das 19. Jahrhundert hinein erschienene große Anzahl von Neuauflagen, Übersetzungen sowie von Supplementen betrachtet. Gab es in den ersten vierzig Jahren nach Erscheinen der Erstausgabe der *Nouvelle Héloïse* von Rousseau ca. siebzig Editionen, bringen es die *Lettres* laut D. Smith immerhin auf achtundvierzig Ausgaben.[1] Übersetzungen der *Lettres* liegen in sieben Sprachen vor. Das offene Ende des Romans gab Anlaß zu fünf Supplementen. Insgesamt zählt D. Smith in seiner bisher ausführlichsten Bestandsaufnahme der Editionen der *Lettres*[2] 134 verschiedene Ausgaben (incl. Übersetzungen) des Romans. Allerdings haben auch seine Untersuchungen noch keinen Anspruch auf Vollständigkeit, da in seiner Aufstellung unter anderem drei deutsche Übersetzungen fehlen. Nach 1835 erschienen bis in die zweite Hälfte des 20. Jahrhunderts keine Neuauflagen mehr.

Diese Rezeptionssituation verdient es nicht nur, in ihrer Breite zumindest ansatzweise dargestellt und analysiert zu werden, sondern es gilt ebenfalls, einige wichtige Fragen zu untersuchen. Wie läßt sich zum Beispiel erklären, daß die Rezeption des Werkes nach 1835 nahezu abbricht? Im Hinblick auf die vorangegangene interpretatorische Analyse des Romans soll auch die Rezeption des feministischen Gehalts der *Lettres* untersucht werden sowie die allgemeine Beurteilung der ,femme-écrivain' durch die Kritiker. Da die das Werk betreffenden Rezeptionsphänomene in ihrer ganzen Bandbreite aufgezeigt werden sollen, werden diese ebenfalls für einige nicht französischsprachige Länder, in denen die *Lettres* seinerzeit auf große Resonanz gestoßen sind, ansatzweise dargestellt. Die Aufteilung der Kapitel erfolgt nach der räumlichen Gliederung des Materials und wird innerhalb dieser Abschnitte wiederum nach der Art des Materials (Literaturkritik, Supplement, Übersetzung) unterteilt.

IV.1. FRANKREICH

D. Smith zählt von 1747 bis 1751 neunzehn Editionen der ersten Ausgabe der *Lettres* und von 1752 bis 1835 sechsunddreißig weitere französischsprachige Ausgaben.[3] Bei letzteren Auflagen handelt es sich um die unterschiedlichsten Varianten: Editionen mit anschließendem Supplement sowie Editionen der ersten oder der zweiten Auflage der *Lettres* von 1752. Drei der fünf Supplemente gehen auf französischsprachige Autoren zurück.[4] Insgesamt scheinen die *Lettres* in Frankreich eine regelrechte literarische Mode ausgelöst zu haben: In zahlreichen Werken zumeist relativ unbekannter Autoren taucht eine Peruanerin namens Zilia oder Zilie auf.[5] Nach 1835 gibt es praktisch keine Neuauflagen mehr.[6] Die *Lettres* werden von der Kritik nicht mehr erwähnt und wenn, dann tendenziell negativ. Da für den französischsprachigen Bereich die breiteste Materialbasis vorliegt, möchte ich hier auch eine zeitliche Einteilung vornehmen. In einem ersten

Schritt wird die Rezeption durch die Literaturkritik in dem Zeitraum von 1747 bis 1835 untersucht. In einem zweiten Schritt werden wir auf die Rezeptionssituation nach 1835 eingehen, um das Problem des plötzlichen Abbruchs der Rezeption zu erläutern.[7]

IV.1.1. Die Literaturkritik

In den Bereich der Literaturkritik werden hier unter anderem die Artikel in literatur-kritischen Werken, wie z. B. die *Lettres sur quelques écrits de ce temps,* herausgegeben von Fréron[8], wie die *Observations sur la littérature moderne* des Abbé de La Porte[9], die *Nouvelles littéraires* eines Clément[10] und die *Correspondance littéraire* eines Raynal[11] gefaßt. Es handelt sich bei diesen Werken um Sammlungen meist kurzer Artikel, die zum Teil in Briefform (wie die *Correspondance littéraire* des Raynal) verfaßt wurden und zu den Neuerscheinungen der zeitgenössischen Literatur im In- und Ausland Stellung nehmen. Weiterhin fallen in den Bereich der Literaturkritik Besprechungen der *Lettres* in den damaligen Periodika wie dem *Mercure de France*[12] und dem von den Jesuiten ge-prägten *Journal de Trévoux*[13]. Auch Werke zur Literaturgeschichte wie Abbé de La Portes *Histoire littéraire des Femmes Françoises*[14], die *Galerie Françoise ou Portraits des Hommes et des Femmes célèbres* von Gautier d'Agoty[15] sowie Mme de Genlis' *De l'influence des femmes sur la littérature française, comme protectrices des lettres et comme auteurs*[16]. Schließlich sollen im Bereich der Literaturkritik die Urteile der zeitgenössischen Auto-ren wie Montesquieu und Prévost behandelt werden.

In einem ersten Schritt werden wir uns der Rezeption der *Lettres* von 1747 bis 1835 widmen. Die Tendenz der Kritik der *Lettres* vom Erscheinen der ersten Ausgabe 1747 bis zum Erscheinen der nahezu letzten Ausgabe von 1835 kann als allgemein positiv bezeichnet werden. So lobt Montesquieu die *Lettres* als gelungenste Nachfolgerin seiner *Lettres Persanes*[17], und Prévost wünscht, seine Übersetzung der *Clarissa Harlowe* möge von Madame de Grafigny adoptiert werden:

> Si j'étois dans l'usage de mettre un nom célèbre à la tête de mes livres, mon choix ne seroit pas incertain: Grandeurs, richesses, vous n'obtiendrez pas mon hommage. Je supplierois l'illustre auteur de *Cénie* et des *Lettres Péruviennes*, d'adopter *Clarisse Harlowe*. L'aimable famille! Un livre chéri du ciel qui ressembleroit à Zilia, Cénie et Clarisse, sous les ailes de cette excellente mère, seroit le temple de la *Vertu* et du *Sentiment.*[18]

Die Aspekte, nach denen der Roman vor allem beurteilt wurde, sind der Stil und die Sprache, wobei insbesondere die Darstellung der Gefühle für die Kritiker eine große Rolle gespielt hat. Weiterhin fand das Phänomen der Gesellschaftskritik und das Ende der *Lettres* bei den Kritikern breite Beachtung. Der feministische Gehalt des Werkes wurde weitgehend ignoriert, während die Situation der ,femme-auteur' relativ intensiv thematisiert wurde.

Der Stil und die Sprache, vor allem die Darstellung der Gefühle in den *Lettres,* wur-den von den zeitgenössischen Kritikern als durchweg positiv empfunden. Der Ausdruck des Gefühls wird mit den Attributen „natürlich", „lebendig" und „rührend" beschrieben. So erklärt Raynal gleich nach dem Erscheinen der ersten anonymen Ausgabe der *Lettres* in seiner *Correspondance littéraire* von 1747:

> Il y avoit longtemps qu'on ne nous avoit rien donné d'aussi agréable que les Lettres d'une Péruvienne. Elles contiennent tout ce que la tendresse a de plus vif, de plus délicat et de plus passionnée. [...] C'est la nature embellie par le sentiment, c'est le sentiment qui s'exprime lui-même avec une élégante naïveté. A la vérité, c'est toujours l'amour que ces lettres peignent, mais sous des couleurs si nouvelles, si variées, si intéressantes, qu'on ne peut les lire sans être ému.[19]

Allerdings zählt Raynal im Anschluß an dieses Lob gleich die Schwächen des Werkes auf, die seiner Meinung vor allem in der ‚invraisemblance' einiger Aspekte liegen. So hält er es für ‚unwahrscheinlich', daß Zilia Détervilles Sprache der Liebe nicht erkennt.[20] Auch Fphérons Kritik an den *Lettres* bezieht sich vor allem auf das Kriterium der nichterfüllten ‚vraisemblance'[21]. Er nimmt Anstoß am Gebrauch der Quipos als Schriftsprache, an der Spiegelepisode und Zilias Verkennen der Liebe Détervilles, die dieser ihr entgegenbringt.[22] Jedoch schließt auch er seine relativ ausführliche Abhandlung über den Roman mit einem Lob der Darstellung der Gefühle:

> On partage la joye et la tristesse de Zilia; on souscrit à ses louanges et à sa censure; on trouve ridicule ce qu'elle ridiculise avec tant de finesse: en un mot, elle réunit une grande délicatesse dans le cœur, et une grande justesse dans l'esprit.[23]

Genauso betont Clément in seinen *Nouvelles Littéraires* von 1746 den gelungenen Ausdruck der Bewegungen der Seele in den *Lettres*:

> Mais en falloit-il être moins sensible à cette variété de beaux détails, d'images vives, tendres, ingénieuses, riches, fortes, légères, singulièrement tracées de sentiments délicats, naïfs, passionnées. A ces accélérations de stile si bien ménagées, ces mots accumulés de tems en tems, ces phrases en se précipitant les unes sur les autres expriment si heureusement l'abondance et la rapidité des mouvements de l'âme [...].[24]

La Porte unterstreicht in seinen *Observations sur la littérature moderne* von 1752 sowie in seiner *Histoire littéraire des Femmes Françoises* von 1769, in der er sein Urteil von 1752 wieder aufnimmt, die Neuartigkeit und den abwechslungsreichen Charakter von Zilias Gefühlen sowie den eleganten Stil der Autorin.[25] Wie Fréron und Raynal vor ihm, kritisiert auch La Porte die Tatsache, daß Zilia die Liebe nicht zu erkennen vermag, die Déterville ihr entgegenbringt:

> [...]; cette fille du Soleil étoit quelquefois un peu dissimulée; rien ne le prouve mieux, que l'ignorance affectée qu'elle fit paroître sur les premières marques que Déterville lui donna de son amour.[26]

Weiterhin weist La Porte, wie Fréron, auf den Anachronismus hin, der dem Werk zugrunde liegt: Zilia zeichnet das Bild Frankreichs im 18. Jahrhundert, während sich die Handlung eigentlich zweihundert Jahre zuvor, während des Zeitalters der Entdeckung der Neuen Welt abspielt.[27] Insgesamt überwiegt auch bei La Porte die positive Einschätzung der *Lettres*:

> On peut dire qu'en général qu'il n'a paru aucun ouvrage dans ces derniers tems parmi nous, où le style fût plus brillant, les expressions plus tendres, le sentiment plus vif, les pensées plus neuves, que dans l'histoire de Zilia.[28]

Noch 1811 begründet Madame de Genlis ihre positive Beurteilung der *Lettres* mit dem harmonischen Stil derselben: „Les lettres dont le style a tant de douceur et d'harmonie, sont remplies de pensées délicates, exprimées avec grâce et sensibilité [...]"[29]. Die zeitgenössische Literaturkritik legt insgesamt großen Wert auf die Natürlichkeit und Glaubwürdigkeit der Gefühlsdarstellung im Roman. Dabei wird immer wieder das Neuartige und Außergewöhnliche dieser Gefühlsdarstellung hervorgehoben. Mehrfach tritt das Attribut der ‚sensibilité' auf. Es zeichnet sich hier bereits die die zweite Hälfte des 18. Jahrhunderts bestimmende literarische Srömung der ‚littérature sensible' ab.[30] Schließlich werden die *Lettres* noch bis in die zweite Hälfte des 20. Jahrhunderts hinein unter der Kategorie des ‚roman sensible' erfaßt.[31] Die Spannung zwischen der unmittelbaren Gefühlsdarstellung und deren rhetorischer Ausgestaltung werden von der Kritik nur ansatzweise empfunden, wenn z. B. auf leichte Stilbrüche hingewiesen wird, wie Clément es tut:

> Mon grand tort étoit de m'être laissé trop frapper de certains défauts que je trouve encore dans l'ouvrage. Ce stile peigné d'une jeune fille m'avoit indisposé; ce ton métaphysique en amour, essentiellement froid, contre nature et qui ne peut passer à l'abri d'aucune indisposition, m'avoit donné de l'humeur [...].[32]

Weiterhin fällt die für die Kritiker so wichtige Beziehung von ‚nature' und ‚sentiment' auf, die für sie in den *Lettres* erfüllt zu sein scheint. ‚Sentiment' in Verbindung mit ‚nature' erhält dabei eine durchaus moralische Dimension.[33] Die Einheitlichkeit des Urteils der zeitgenössischen Literaturkritik hinsichtlich des Stils und der Gefühlsdarstellung in den *Lettres* zeugt von der Tatsache, daß der Roman in diesem Bereich vollkommen dem Zeitgeschmack entsprach.

Weniger einheitlich stellt sich das Urteil der zeitgenössischen Literaturkritik in bezug auf den Aspekt der Gesellschaftskritik im Roman dar. Die Tendenz ist schwankend, von gelungen bis zu oberflächlich bzw. zu negativer Darstellung der französischen Gesellschaft, wobei die *Lettres Persanes* von Montesquieu bei vielen Kritikern die Vergleichsgrundlage darstellen. Fréron (1749) erwähnt den Aspekt der Gesellschaftskritik nur am Rande, bezeichnet den Roman jedoch als: „un mélange adroit et amusant de satyre fine de nos mœurs, de saine philosophie, et de peinture fortes et naïves de l'Amour."[34] Auch im *Mercure de France* von 1752 äußert sich der Berichterstatter nur kurz über die gelungene Beobachtung der französischen Sitten im Roman: „[...] ce sont des observations sur nos mœurs, faites avec beaucoup de sagacité, et rendues avec un agrément infini [...]"[35]. Gautier d'Agoty vergleicht in seiner *Galerie Françoise ou Portraits des Hommes et des Femmes célèbres* von 1770 die Gesellschaftskritik in den *Lettres* mit den *Lettres Persanes* eines Montesquieu: „Les mœurs, le caractère et le ridicule de notre Nation y sont saisis d'après nature. Et si l'on excepte les *Lettres Persanes,* on n'en a jamais fait une critique qui réunisse autant de finesse et de vérité."[36] Madame de Genlis betont noch 1811 die treffende Darstellung der herrschenden Gesellschaftsschicht, wobei sie das Wort Kritik bzw. ‚satyre de mœurs' vermeidet: „L'auteur, dans ce même ouvrage a tracé, avec autant de charme que de vérité, quelques scènes du grand monde."[37] Turgot dagegen liefert in seinem Brief an Madame de Grafigny von 1751 sehr detaillierte Anmerkungen zur Gesellschaftskritik in den *Lettres.*[38] Er geht dabei auch auf den Zusammenhang zwischen Gesellschaftskritik und der Gattungsproblematik ein:

> Quoique les *Lettres Péruviennes* aient le mérite des *Lettres Persanes,* d'être des observations sur les mœurs et de les montrer sous un nouveau jour, elles y joignent encore le mérite du roman, et d'un roman très intéressant. Et ce n'est pas un de leurs moindres avantages que l'art avec lequel ces buts différents sont remplis sans faire tort l'un à l'autre. C'est donc une nécessité absolue, si l'on y veut ajouter beaucoup de morale, d'allonger le roman, et j'avouerai qu'indépendamment de cette nécessité, je pense que quelques changements y feraient point mal.[39]

Turgot versucht, Madame de Grafigny in diesem Brief zu überzeugen, ihre Gesellschaftskritik im Roman in bestimmten Punkten weiter auszugestalten und zu differenzieren. Turgots Brief unterscheidet sich insofern von den anderen vorliegenden Literaturkritiken, als er die *Lettres* zum Anlaß nimmt, selbst profunde Reflexionen über die von Zilia im Roman geäußerten Probleme anzustellen. So geht er sehr differenziert auf Zilias Forderung nach der Gleichheit aller Menschen – vor allem im materiellen Bereich – ein. Turgot verteidigt in seinem Brief die Ungleichheit der Verhältnisse, die seiner Meinung nach in einer arbeitsteiligen Gesellschaft unumgänglich sei.[40] In diesem Zusammenhang kritisiert er darüber hinaus den seiner Meinung nach unreflektierten Gebrauch des ‚Bon-Sauvage'-Mythos.[41] Er fordert vielmehr ein gerechtes Abwägen der Vor- und Nachteile der ‚sauvages':

> Que Zilia ne soit point injuste, qu'elle déploie en même temps les compensations, inégales à la vérité; mais toujours réelles, qu'offrent les avantages des peuples barbares. Qu'elle montre que nos institutions trop arbitraires nous ont trop souvent fait oublier la nature; que nous avons été dupes de notre propre ouvrage, qui ne sait pas consulter la nature, sait souvent la suivre. Qu'elle critique surtout la marche de notre éducation; qu'elle critique notre pédanterie, car c'est en cela que notre éducation consiste aujourd'hui […].[42]

Dieses Ideal des zivilisierten Menschen, der in Einklang mit der Natur lebt und handelt, fordert Turgot vor allem für die Erziehung der Kinder, der ein Großteil seines Briefes gewidmet ist. So verlangt er für die Kinder eine ‚natürliche' Erziehung, anstatt sie mit abstraktem Wissen zu belasten. In der französischen Zivilisation werden den Kindern Turgots Meinung nach Naturerlebnisse wie z. B. das Erleben der Jahreszeiten, Tiere und Pflanzen vorenthalten.[43] Wie Zilia spricht sich auch Turgot gegen die ‚falschen Gefühle' aus, die sich bei näherem Hinsehen als bloße gesellschaftliche Konventionen herausstellen.[44] So schreibt er im Hinblick auf die Kindererziehung: „Ne dites pas à votre fils:

soyez vertueux, mais faites-lui trouver du plaisir à l'être; développez dans son cœur le germe des sentiments que la nature y a mis."[45] In einigen Punkten seines Briefes erscheint Turgot als Vorläufer Rousseaus.

Im Gegensatz zu der sehr konkreten Kritik Turgots, die in den Grundsätzen mit Madame de Grafignys Gesellschaftskritik übereinstimmt, begnügen sich Raynal und La Porte mit einer unbegründeten Abwertung der Gesellschaftskritik in den *Lettres*. Raynal bezeichnet sie als zutreffend, aber zu oberflächlich.[46] La Porte findet sie zwar grundsätzlich gelungen, allerdings insgesamt übertrieben: „J'ajouterai seulement un portrait vrai, mais peu flatteur de notre nation, et que notre équité naturelle nous force de trouver ressemblant quelque intérêt que nous puissions avoir à le croire un peu outré."[47] Alles in allem fällt das Urteil der Zeitgenossen über die Gesellschaftskritik in den *Lettres*, auch vor dem Hintergrund des Vergleiches mit dem sogenannten ‚Modell' der *Lettres Persanes*, positiv aus, wenngleich der Vorwurf der Oberflächlichkeit mitschwingt, und es sicher nicht dieser Aspekt des Romans ist, den die Kritiker besonders ernst genommen haben.

Es ist in diesem Zusammenhang allerdings interessant, daß Zilias Kritik an der Situation der Frau in der französischen Gesellschaft des Ancien Régime, mit Ausnahme von Turgot, keinerlei Beachtung geschenkt wird. Auch wenn Turgot die Kritik an der ‚condition féminine' in den *Lettres* zur Kenntnis nimmt, beurteilt er sie doch als überflüssig. Zilias Kritik an der Institution ‚Ehe', die sich in der ersten Ausgabe der *Lettres* vor allem in dem Ende des Romans manifestiert, unterstützt Turgot insofern, als er das Übel der Konvenienzehe denunziert und für die Liebesheirat eintritt.[48] Turgot fordert Madame de Grafigny auf, Zilia diese Problematik aufgreifen zu lassen, was sie in der erweiterten Ausgabe der *Lettres* von 1752 tatsächlich tun wird (vgl. Brief 34). Insgesamt ist Turgot jedoch der Meinung, die Männer und speziell Aza seien im Roman zu schlecht dargestellt. Er kritisiert den Wunsch Françoise de Grafignys, die Frauen gegenüber den Männern aufwerten zu wollen, wenn er schreibt:

> Je sais bien que vous avez voulu faire le procès aux hommes, en élevant la constance des femmes au dessus de la leur. Cela me rappelle le lion de la fable, qui voyait un tableau où un homme terrassait un lion: ›Si les lions savaient peindre, dit-il, les hommes n'auraient pas le dessus.‹ Vous qui savez peindre, vous voulez donc les abaisser à leur tour; mais, au fond, je ne vous conseillerai pas de gâter votre roman pour la gloire des femmes, elle n'en a pas besoin. D'ailleurs, il n'en sera ni plus ni moins, et la chose demeurera toujours à peu près égale pour les deux sexes; dans l'un et dans l'autre, très peu de personnes ont assez de ressources et dans l'esprit et dans le cœur pour résister aux dégoûts, aux petites discussions, aux tracasseries qui naissent si aisément entre les gens qui vivent toujours ensemble.[49]

Im Zusammenhang mit der Kritik an der ‚condition féminine' steht implizit das Ende des Romans, das bei allen zeitgenössischen Kritikern auf Widerstand bzw. Unverständnis gestoßen ist. Nahezu jeder Kritiker nahm den Ausgang des Romans zum Anlaß, seinem Artikel über die *Lettres* sehr konkrete, das Ende betreffende Änderungsvorschläge beizufügen. So schreibt Clément 1748: „Quel dommage que ce dénouement soit manqué! Car il l'est [...] Il faut ici tuer quelqu'un: [...] c'est Zilia, la seule personne à qui vous vous intéressez véritablement; il faut la tuer, afin qu'elle nous intéresse encore davantage, et voici comment [...]."[50] Im folgenden skizziert Clément kurz seinen Lösungsvorschlag für den Briefroman, indem er zwei traditionelle Plotstrukturen des Liebesromans kombiniert, nämlich den Tod der enttäuschten Liebenden mit einem Happy-End. Als Zilia aus Schmerz an ihrer enttäuschten Liebe schon fast gestorben ist, solle plötzlich wieder ein bekehrter Aza erscheinen und Zilia vom Tod aus Liebeskummer erretten. Dieser für uns heute eher trivial anmutende Lösungsvorschlag steht den Romanauflösungen Turgots und La Portes gegenüber, die geradewegs für das Happy-End votieren. Während La Porte vorschlägt, einfach den Verwandtschaftsgrad zwischen Zilia und Aza zu vermindern, um das leidige Problem der Geschwisterehe zu umgehen,[51] empfiehlt Turgot, für Aza einen Dispens vom Papst einzuholen.[52] Turgot macht sich ebenfalls Gedanken über die Auflösung der unglücklichen Dreieckskonstellation Aza-Zilia-Déterville und wünscht diesbezüglich: „Je voudrois donc qu'Aza épousât Zilia; que Déterville restât leur ami et trouvât dans sa vertu le dédommagement du sacrifice de son amour, en reconnaissant les droits d'Aza antérieurs aux siens."[53] Wie La Porte spricht sich auch Fréron für eine Verminderung des Verwandtschaftsgrades aus, um Aza und Zilia am Ende miteinander vereinen zu können.[54]

Insgesamt zeigen diese Stellungnahmen die klare Tendenz, daß Abweichungen von der literarischen Norm, das heißt hier der Plotstruktur, von der Kritik sanktioniert werden.[55] Andersartigkeit wird mit Minderwertigkeit gleichgesetzt. Während La Porte, Fréron und Clément sich nicht einmal die Mühe gemacht haben, diese Abweichung von den traditionellen Handlungsstrukturen zu hinterfragen, erahnt Turgot zumindest, daß Madame de Grafignys Entscheidung auf einer ‚feministischen‘ Intention beruht, wenn er schreibt: „Je sais bien que vous avez voulu faire le procès aux hommes en élevant la constance des femmes au dessus de la leur.[...] mais, au fond, je ne vous conseillerais pas de gâter votre roman pour la gloire des femmes, elle n'en a pas besoin."[56] Er rät ihr jedoch davon ab, diese Tendenz weiterzuverfolgen, und empfiehlt ihr, statt dessen eine Apologie der Liebesehe zu liefern.

Wenn auch die Kritik an der ‚condition féminine‘ auf Unverständnis beim zeitgenössischen Publikum gestoßen ist, so finden sich um so mehr Stellungnahmen zur Problematik der ‚femme- auteur‘. Zwar stellten schreibende Frauen in der ersten Hälfte des 18. Jahrhunderts in Frankreich bereits kein Novum mehr dar, doch sind die Äußerungen zu der Tatsache, daß die *Lettres* von einer Frau geschrieben wurden, durchaus gemischt. Während Clément nur Françoise de Grafignys Vorliebe für die Metaphysik kritisiert, welche sich seiner Meinung nach für eine Frau nicht gezieme[57], äußert sich Abbé Raynal grundsätzlich negativ über die Tatsache, daß es sich bei dem Autor der *Lettres* um eine Frau handelt. Er bringt das alte Vorurteil ins Spiel, nach dem eine Frau nur versuche, sich geistig zu betätigen, wenn es ihr an weiblichen Reizen fehle: „Cette femme, ne pouvant se distinguer par ce qui donne de l'éclat à nos femmes, s'est jetée dans le bel esprit, et dit avec les gens de lettres."[58] Die weiteren – teilweise sogar sehr ausführlichen Stellungnahmen – zum Phänomen der ‚femme-auteur‘ sind durchweg positiv und zeugen von einer gewissen Akzeptanz der literarischen Tätigkeit von Frauen zu Beginn des 18. Jahrhunderts. Diese Akzeptanz spiegelt sich in der relativ großen Anzahl von literaturgeschichtlichen Werken wider, die entweder ganz den Frauen gewidmet sind[59], wie z. B. die *Histoire littéraire des femmes françoises* des Abbé de La Porte[60], oder zumindest die Berücksichtigung von Frauen in ähnlichen Werken, wie in der *Galerie Françoise ou Portraits des Hommes et des Femmes célèbres* von Gautier d'Agoty Fils von 1770. Das Werk der Madame de Genlis *De l'influence des femmes sur la littérature française, comme protectrice des lettres et comme auteurs,* das 1817 erschien, nimmt eine Sonderstellung ein, da es sich um das Werk einer Frau handelt und außerdem in einer Periode des Umbruchs in der Literaturkritik zu situieren ist. Fréron jedenfalls sichert Françoise de Grafigny bereits 1749 einen Platz unter den berühmtesten Autoren zu: „Ce roman ingénieux, plein de grâces, de délicatesse et de goût, a placé Mme de Grafigny au nombre des Ecrivains célèbres."[61] Auch der *Mercure de France* verspricht ihr anläßlich des Erscheinens der erweiterten Ausgabe der *Lettres* von 1752 großen Ruhm: „La Nouvelle Edition que nous annonçons, assurera à Mme de Grafigny la réputation très brillante et très étendue dont elle jouit."[62] Der Abbé de La Porte rühmt in seinen *Observations sur la littérature moderne* von 1752 die französische Nation dafür, eine so begabte Frau hervorgebracht zu haben: „Heureuse la nation, où le sexe, borné partout ailleurs aux soins obscurs du ménage, ose prendre l'essor, et se mêler aux êtres pensans! Heureuse la femme qui a assez de force d'esprit, pour se mettre au-dessus des préjugés de son sexe."[63] In seiner *Histoire littéraire des Femmes Françoises ou Lettres Historiques et critiques* von 1769 widmet er mehrere Briefe Madame de Grafigny und ihrem Gesamtwerk.[64] Das Vorwort zu seiner Frauenliteraturgeschichte nutzt er dazu, allgemeine Gedanken über die Situation der Frauen in der Literatur sowie in der Kulturgeschichte zu äußern. Er verteidigt darin offensiv die geistigen Fähigkeiten der Frauen, die er in seinem Werk zu dokumentieren versucht: „La liste de celles qui se sont occupées avec succès des arts agréables et des études sérieuses, étonnera nos Lecteurs, par le nombre et la qualité des noms illustres qui la décorent."[65] Darüber hinaus möchte La Porte das Vorurteil eines Raynal entkräften, nach dem geistige Fähigkeiten bei einer Frau nicht mit gutem Aussehen bzw. der Fähigkeit zu gefallen zu vereinbaren seien:

> Ils y verront que l'esprit n'est point incompatible avec la beauté, les lettres avec la naissance, l'étude avec le plaisir, les Muses avec les Grâces. Que les femmes destinées à plaire par les charmes de la figure, peuvent également aspirer à la gloire des talens, et cueillir autant de lauriers que de mythes; qu'il peut être aussi satisfait de les entendre, que de les voir; de lire leurs ouvrages, que de contempler leurs attraits.[66]

Allerdings neigt auch La Porte dazu, die intellektuellen Fähigkeiten der Frauen auf den schöngeistigen Bereich zu beschränken, das heißt vor allem auf die Domäne des Romans, und ihnen die Fähigkeiten für die abstrakten Wissenschaften und für die sogenannten ‚hohen' literarischen Gattungen weitgehend abzusprechen:

> Il est vrai qu'elles excellent plus dans les ouvrages de pur agrément, que dans les sciences abstraites et dans les grands génies de la littérature, tels que l'Histoire, la morale, la haute Poésie, etc. La délicatesse, la vivacité, les grâces qui leur sont naturelles,

sont faites pour les écrits agréables, plutôt que pour des recherches profondes et des discussions philosophiques.[67]

La Porte verteidigt vehement das Recht der Frauen auf geistige Betätigung, besonders im Hinblick auf die Periode im Leben der Frauen, in der sich ihr Dasein nicht mehr damit erfüllt zu gefallen: „On ne sçauroit donc trop s'élever contre l'injustice de ceux qui exigent que les femmes ne fassent aucun usage de leur esprit. Il peut être pour nous une source d'instruction et de plaisir, en même temps qu'il leur ménage à elles un avenir agréable et des ressources pour un âge où il ne leur est plus permis de plaire."[68]

Dieses Argument wurde bereits 1749 von Fréron in seinen *Lettres sur quelques écrits de ce temps*[69] angeführt, der wie La Porte die *Lettres* der Madame de Grafigny zum Anlaß nimmt, einige interessante Gedanken zur Situation der Frauen in Literatur, Kultur und im Bildungswesen zu äußern. Er geht dabei so weit zu schreiben, der Hochmut der Männer sei Anlaß dafür, daß den Frauen die Beschäftigung mit der Literatur versagt bleibe:

Si l'on blâme dans les hommes d'un certain rang l'amour des lettres, on le pardonne encore moins aux femmes. On les a, pour ainsi dire, condamnées à une ignorance perpétuelle. Il leur est défendu d'orner leur esprit et de perfectionner leur raison. Notre orgueil a sans doute imaginé ces loix insensées. Comme les femmes nous effacent déjà par les charmes de la figure, nous avons craint qu'elles n'eussent encore sur nous la supériorité des lumières et des talens.[70]

Fréron weist weiterhin auf die Vorzüge hin, die die geistige Betätigung der Frauen für die Gesellschaft bringen könnte, und spielt dabei auf die bereits bestehenden Salons an, in denen die Frauen als geschmacksbildende und kulturtragende Instanzen fungieren. Im Hinblick auf die Ausbildung der Mädchen rät Fréron allen Vätern, ihren Töchtern wenigstens einen korrekten Umgang – mündlich wie auch schriftlich – mit der Muttersprache zu ermöglichen. Außerdem empfiehlt er auch für die Mädchen den Unterricht in Geschichte und Geographie, in der Philosophie und Poesie. Fréron schließt seine allgemeinen Bemerkungen zu der Situation der Frau in der Kultur mit dem Hinweis auf die ausgeprägte französische Tradition der ‚femme-auteur‘, die vor allem die französischen Frauen dafür prädestiniere, durch ihren Geist zu glänzen. Auch Madame de Grafigny reiht er in diesen Traditionsstrang ein, wenn er schreibt:

Nous avons encore aujourd'hui quelques femmes qui, pour me servir de l'expression de Saint-Evremond, font infidélité à leur sexe, en prenant le mérite des hommes. Si leur nombre peut augmenter nous aurons bientôt un Parnasse François composé de neuf Muses; l'Appolon sera difficile à trouver. Mme de G ... vient de contribuer à la gloire de son sexe et de sa nation par les Lettres d'une Péruvienne.[71]

Einen Zusammenhang zwischen der französischen Gesellschaft und einer stark ausgeprägten weiblichen literarischen Tradition stellt auch Alletz her in seiner Anthologie *L'Esprit des Femmes célèbres du Siècle de Louis XIV et de celui de Louis XV, jusqu'à prèsent* in zwei Bänden.[72] In diesem Sammelband liefert der Autor jeweils kurze Ausschnitte aus den Werken der unten genannten Autorinnen, denen jeweils eine Kurzbiographie sowie eine Kurzcharakteristik ihres Werkes vorangehen. Die Bemerkungen zu den jeweiligen literarischen Werken sind allerdings sehr kurz gehalten und haben im Hinblick auf den literaturkritischen Wert kaum Aussagekraft. So schreibt Alletz über Madame de Grafigny:

> Mme de Graffigni avoit une grande connoissance du monde et du cœur humain. Son Style étoit poli, noble, sententieux, plein de grâces. Ce sont toutes ces excellentes qualités qu'elle a développées dans les diverses productions qui sont sorties de sa plume. Ses Lettres d'une Péruviennes eurent le plus grand succès.[73]

Es folgen einige Auszüge aus den gesellschaftskritischen Teilen der Briefe Zilias, so über den allgemeinen Charakter der Franzosen (Brief 29), über das Duell (Brief 33) und über die Bildung (Brief 34). Alles in allem möchte Alletz die weibliche literarische Tradition Frankreichs mit seiner Anthologie dokumentieren und die Vielfalt des weiblichen Schaffens darstellen.[74] Weiterhin stellt Alletz in seinem Vorwort – wie La Porte – allgemeine Überlegungen über den Charakter der Frauen sowie insbesondere über ihre Stellung im kulturellen Leben an. Seine Bemerkungen zeichnen sich dabei durch eine gewisse Ambiguität aus: Einerseits formuliert er, bezüglich des weiblichen Charakters, mehr oder weniger Allgemeinplätze, andererseits setzt er sich über das Vorurteil hinweg, Frauen verständen sich nur auf schöngeistige Fähigkeiten:

> Le nombre des Femmes célèbres qui ont illustré le beau siècle de Louis XIV, et celui de Louis XV jusqu'aujourd'hui, est un de ces avantages qui honorent le plus notre Nation. Il est aisé de s'en convaincre par les divers morceaux de leurs Ouvrages qui forment la matière de ce recueil, et dont la réunion présente comme la fleur de leur esprit. On y verra qu'il n'y a guère de sujets que les femmes n'ayent traité convenablement et agréablement, dès qu'elles ont voulu prendre la peine d'écrire, Histoire, Poésie, Romans, Genre épistolaire. Ce sexe a produit même des Physiciennes et qui ont atteint aux plus hautes connoissances.
> Le sexe par lui-même ne met pas de différence dans les esprits; on a vu des femmes réussir dans les Sciences autant que les hommes.[75]

Auch Madame de Genlis stellt ihrem Werk *De l'influence des femmes sur la littérature françoise, comme protectrices des lettres et comme auteurs ou Précis de l'Histoire des femmes françaises les plus célèbres* von 1811 einige allgemeine Betrachtungen über die Frauen in der Literatur voran.[76] Diese erscheinen jedoch im Vergleich zu ihren männlichen Vorgängern als Rückschritt. Madame de Genlis macht ebenfalls die fehlende Bildung der Frauen für den Mangel derselben in der Literaturgeschichte und vor allem in den sogenannten höheren Gattungen verantwortlich.[77] Dadurch erklärt sie auch die verstärkte Präsenz der Frauen in der Gattung des Romans und des Briefes, in denen es mehr auf Einbildungskraft und Gefühlsausdruck ankommt.[78] Sie gesteht zwar den Frauen literarisches Talent zu, stellt jedoch anschließend konkrete Verhaltensmaßregeln für Frauen auf, die die Absicht haben, sich literarisch zu betätigen oder gar ihre literarischen Produktionen zu veröffentlichen: „Mais il faut que les femmes sachent à quelles conditions il leur est permis de devenir auteurs."[79] Die folgenden Verhaltensmaßregeln erstaunen durch ihre Strenge und die den Frauen auferlegten Bescheidenheitsvorschriften. So sollten diese ihre Werke erst im Alter veröffentlichen, in ihren Schriften höchsten moralischen und religiösen Ansprüchen genügen, und vor allem sollten Autorinnen davon absehen, sich gegenüber der Literaturkritik zu verteidigen, es sei denn, es handele sich um falsche Zitate u. ä.[80]

In bezug auf die *Lettres* hebt Madame de Genlis vor allem die für eine Autorin außergewöhnliche Eleganz des Stils hervor: „Madame de Grafigny, peu d'années après, donna un ouvrage qui réunit tous les suffrages; elle fit paraître les Lettres Péruviennes, roman charmant, digne de sa réputation, et le premier ouvrage de femme écrit avec élégance."[81]

An dieser Stelle läßt sich auch La Harpes *Lycée ou Cours de Littérature Ancienne et Moderne* von 1797-1803 situieren.[82] Im Gegensatz zu früheren Literaturgeschichten möchte La Harpe einen Beitrag zur Schulliteraturgeschichtsschreibung leisten und gibt seinem Werk einen entsprechend normativen Duktus.[83] In seinem achtbändigen Werk widmet er zwei Bände den ‚Anciens', zwei Bände der Literatur unter Louis XIV. und die letzten vier Bände der Literatur des 18. Jahrhunderts. Dabei respektiert er eine feste Gattungshierarchie, indem er in jeder Epoche zuerst die Poesie behandelt, dann die Tragödie und die Komödie, um schließlich den Roman sowie literarische Kleingattungen unter dem Kapitel ‚littérature mêlée' zu erläutern. In seinem achtbändigen Werk sind dementsprechend wenige Seiten dem Roman des 17. und des 18. Jahrhunderts gewidmet, und noch dürftiger fällt seine Behandlung der Frauenliteratur aus. Für das 17. Jahrhundert erwähnt er nur Madame de Scudéry und Madame de Lafayette, für das 18. Jahrhundert zählt er immerhin Madame de Tencin, Madame de Fontaine, Madame de Beaumont, Madame de Grafigny und Madame Riccoboni auf. Insgesamt widmet er drei Seiten der vier Bände über das 18. Jahrhundert den Frauen. Zu Madame de Grafigny schreibt er kurz: „Les *Lettres péruviennes* immortaliseront la mémoire de Madame de Grafigny, plus que *Cénie*, qui n'est qu'une copie un peu faible de *la Gouvernante*, sans en avoir les beaux détails. C'est le premier roman épistolaire qu'on ait composé en France."[84] Die kurze Kritik weist auf die Rezeption der *Lettres* im 19. Jahrhundert voraus und ist allenfalls insofern interessant, als La Harpe die *Lettres* als ersten französischen Briefroman bezeichnet. Seine anschließende kurze Stellungnahme zur ‚femme-auteur' nutzt La Harpe wie einige seiner Vorgänger dazu, den Zusammenhang zwischen Frauen und der Gattung ‚Roman' aufzuzeigen, seiner Meinung nach die einzige literarische Gattung, in der diese reüssieren könnten:

Les romans sont de tous les ouvrages d'esprit celui dont les femmes sont le plus capables. L'amour, qui en est toujours le sujet principal, est le sentiment qu'elles connoissent le mieux. [...] Ce n'est pas qu'elles sachent peindre, mieux que les hommes, l'énergie et la violence des passions extrêmes: au contraire, elles n'ont rien fait en ce genre qui approche, même de loin de nos bons tragiques, et le pinceaux qui a tracé Hermione et Orosmane n'a jamais été sous la main d'une femme. Il n'en faudrait pas conclure qu'elles ont moins de sensibilité que nous, car rien n'est supérieur à l'éloquence d'une femme passionnée, mais c'est que la sensibilité ne suffit pas pour exceller dans les ouvrages de poésie et de théâtre [...][85]

Zusammenfassend läßt sich festhalten, daß literarische Modeerscheinungen wie z. B. der natürliche Ausdruck der Gefühle im Roman wie auch die Kritik an der zeitgenössischen Gesellschaft positiv beurteilt werden, da sie dem Publikumsgeschmack entgegenzukommen scheinen. Abweichungen von der literarischen Norm dagegen, wie das Ende der *Lettres*, werden von der Kritik negativ beurteilt.[86] Kein einziger der Kritiker sieht den Sinn der Romanauflösung in der Entwicklung der Protagonistin bzw. in der Tatsache, daß Madame de Grafigny bewußt Alternativlösungen zu den herkömmlichen Beziehungsmustern zwischen Männern und Frauen entwirft. Vielmehr halten die Leser an den traditionellen Handlungsstrukturen fest: Entweder es gibt ein Happy-End, oder aber die Frau muß an ihrer enttäuschten Liebe verzweifeln und zugrunde gehen.[87] Nicht beachtet werden erstaunlicherweise die Kritik an der ‚condition féminine‘, die vor allem in der erweiterten Ausgabe der *Lettres* von 1752 an Gewicht gewinnt, sowie die literarische Perspektive des ‚fremden Blicks‘ in Zusammenhang mit dem ‚Bon-Sauvage‘-Mythos. Einzig Turgot, dessen Kritik sehr detailliert ist und der sich bemüht, einzelne Aspekte des Werkes zu hinterfragen, geht am Rande auf diese Punkte ein, jedoch weniger, um sie zu verstehen, als sie im Hinblick auf seine eigenen Intentionen zu verändern.

Die Kritik bleibt somit im großen und ganzen recht oberflächlich. Außer mit den bereits skizzierten Aspekten wie Gefühl und Stil, Gesellschaftskritik, Ende des Romans und der ‚femme-auteur‘ scheinen sich die Kritiker nicht weiter mit dem Werk auseinandergesetzt zu haben. Es fällt in diesem Zusammenhang weiterhin auf, daß die Autoren sich größtenteils noch an den literarischen Kriterien des 17. Jahrhunderts orientieren, so spielt z. B. die ‚vraisemblance‘ des Plots für einige Kritiker eine große Rolle. Erstaunlich ist dagegen, daß die Situation der ‚femme-auteur‘ auf große Resonanz stößt. Insgesamt fällt die relative Liberalität des 18. Jahrhunderts in diesem Bereich auf sowie das Bemühen, vor allem bei Fréron, der Frau einen Platz in der Literaturgeschichte einzuräumen.[88] Allerdings beschränkt sich der Ort der Frau in dieser Literaturgeschichtsschreibung auf den traditionellen Bereich des Gefühls und der Imagination; damit scheint die Frau damit für die Gattung des Romans und speziell des Briefromans prädestiniert zu sein.[89] Die ‚bescheidene‘ Position Madame de Genlis' ist wahrscheinlich schon im Vorfeld zur Wende des 19. Jahrhunderts zu sehen, die einen Rückschritt in der Kritik der Frauenliteratur mit sich bringt. Schließlich mag ihre sehr moderate Haltung auch durch ihre Position als Frau bedingt sein, die sich in der Defensive befindet und deshalb eine Überlebensstrategie zwischen Anpassung und Emanzipation wählt.[90]

Die Literaturkritik bezüglich der *Lettres* nach 1835 spiegelt weitgehend die ‚Auflagenstärke‘ des Romans in dieser Periode wider: Die allgemeine Tendenz schwankt zwischen negativer Beurteilung und Nichtbeachtung. Die Art der vorhandenen Dokumente ist auf Artikel beschränkt, die eigentlich die Veröffentlichung von Madame de Grafignys Briefen über ihren Aufenthalt bei Voltaire in Cirey zum Gegenstand haben, sowie auf Artikel, die sich auf die Veröffentlichung von G. Noëls Grafigny-Biographie (1913) beziehen.

Insgesamt sind die Kritiken sehr oberflächlich. Meistens werden die *Lettres* in anderem Zusammenhang nur kurz negativ erwähnt, z. B. durch Sainte Beuve, der in seinen *Causeries du Lundi* die Briefe Madame de Grafignys an Voltaire bespricht: „On peut être tranquille, je ne viens parler ici ni du drame de *Cénie*, ni même des *Lettres Péru-viennes*, de ces ouvrages plus ou moins agréables à leur moment et aujourd'hui tout à fait passés."[91] Auch L. Etienne insistiert 1871 darauf, daß die *Lettres* nicht mehr dem Publikumsgeschmack entsprächen: „Certes cette jeune sauvage de l'illustre sang des Incas n'a pas conservé pour nous les mêmes charmes qu'elle avait pour nos arrière-grand'mères [...]".[92] G. Noël versucht in seiner Biographie, in der er ein Kapitel den *Lettres* widmet, zu erklären, warum der Roman in Vergessenheit geraten ist: „Un jour, la grande vague du romantisme passa et les Lettres de la Péruvienne n'eurent pas la chance de rester debout. Bien que les ayant oubliées, les Augures s'en moquèrent."[93]

Auch gehen die Kritiker des 19. Jahrhunderts auf die Gefühlsdarstellung in den *Lettres* ein, die den Ruhm des Romans im 18. Jahrhundert ausmachte. Allerdings stößt diese im 19. Jahrhundert eher auf Ablehnung und scheint eines der Kriterien auszuma-chen, die das Werk für das Publikum plötzlich unlesbar machen. Die Darstellung des Gefühls wird in der zweiten Hälfte des 19. Jahrhunderts sowie zu Beginn des 20. Jahr-hunderts mit der Romantik in Verbindung gebracht, welche von den Kritikern dieser Zeit vehement zurückgewiesen wird. So schreibt G. Aubray:

> Décent dans les mots, indécent au fond de l'intention de faire très passionné, anodin par le flou des idées et le mou de la critique, ce livre est aujourd'hui rendu tout à fait inoffensif par le rococo de l'histoire – et du style – et par l'ennui: de tels écrits pullulent en France à cette date sous les plumes féminines. Ils ont fait d'humes, ou, comme on dirait aujourd'hui, l'ambiance, où ont poussé les névroses littéraires de la seconde moitié du siècle, et les vénéreux paradoxes de Jean-Jacques.[94]

G. Noël äußert sich weniger kritisch, was den Stil der *Lettres* betrifft; er ist der Meinung, daß dieser auch zu Beginn des 20. Jahrhunderts noch den einzigen positiven Aspekt des Romans ausmache: „Ce qu'on pourrait continuer d'admirer dans ce petit livre, c'est un naturel, une vivacité et une vérité rare dans l'expression des deux grandes passions du cœur, de l'amour et de la douleur."[95]

Auch Puymaigre bezeichnet den Stil Zilias als einfallsreich und bringt diesen speziell mit dem Thema der ‚femme-auteur' zusammen. Seiner Meinung nach ist ihr Stil cha-rakteristisch für die Frauen:

> L'arrivée de Zilia à Paris, les naïves périphrases qu'elle emploie pour décrire les objets qui lui sont étrangers, les impressions qu'elle en reçoit, l'étonnement que lui causent nos usages, les réflexions que lui suggèrent nos mœurs, tout cela est dit avec ce talent fin, spirituel qui caractérise la manière des femmes.[96]

E. Bruewart schließlich weist 1924 auf eine mögliche Beziehung zwischen Madame de Grafigny und Rousseau hin.[97] Im Vergleich zum 18. Jahrhundert stößt der Aspekt der Gesellschaftskritik auf mehr Interesse. Besonders wichtig ist in diesem Zusammenhang der Aufsatz L. Etiennes von 1871, in dem er die *Lettres* als „roman socialiste" bezeich-net.[98] Wenn auch Etienne den Roman allgemein für nicht mehr lesenswert hält, stellt er Madame de Grafignys originale Ideen im Rahmen der Gesellschaftskritik heraus, näm-lich ihre Kritik an der Luxussucht und der ungleichen Besitzverteilung im Frankreich des Ancien Régime. Wie Bruewart bezeichnet Etienne Françoise de Grafigny als Vorläuferin Rousseaus: „Elle a été la première de son temps, au moins dans la littérature proprement dite à faire le procès du luxe; elle a précédé Rousseau sur ce point comme sur quelques d'autres. […] Il était aussi réservé à Mme de Grafigny à risquer la première des paradoxes touchant la propriété, c'est là le caractère le plus singulier de son ouvrage."[99] L. Etienne ist allerdings der einzige, der die Originalität von Zilias Gesellschaftskritik bemerkt. Für Sainte-Beuve zum Beispiel hat diese einzig und allein das Verdienst, Turgot zu seinen gesellschaftskritischen Überlegungen angeregt zu haben, die er in seinem Brief über die *Lettres* äußert:

> Les *Lettres d'une Péruvienne* ont aujourd'hui pour moi le mérite d'avoir inspiré à Turgot des réflexions pleines de forces, de bon sens, de philosophie politique et pratique. Mme de Grafigny, en présentant une jeune Péruvienne, Zilia, brusquement transplantée en France, et en lui faisant faire, au milieu d'un cadre romanesque, la critique de nos mœurs et de nos institutions, comme cela a lieu dans les *Lettres Persanes*, avait trop oublié de tenir compte des raisons de ces mêmes institutions et des causes naturelles de ces inégalités sociales, qui semblent choquer si vivement sa jeune étrangère.[100]

Im Gegensatz zu den Kritiken des 18. Jahrhunderts werden in der zweiten Hälfte des 19. Jahrhunderts der ‚fremde Blick' und der Exotismus als literarische Strategien behandelt. So kritisiert Aubray diesen „kindischen Exotismus"[101], und G. Noël bezeichnet die literarische Technik des ‚fremden Blicks' als billiges und abgenutztes Stilmittel à la Montesquieu.[102] Die Frage der Handlung bzw. des Endes des Romans scheint für die Kritiker nach 1835 kaum mehr bemerkenswert, nur G. Noël schreibt kurz: „La pauvre histoire reste sans conclusion et sans idée raisonnable."[103]

Auch in der Mitte des 19. Jahrhunderts lassen sich noch Anthologien zitieren, die der Frauenliteratur gewidmet sind, so beispielsweise *Le trésor littéraire des Jeunes Personnes* von J. Duplessy.[104] Diese Anthologie bietet eine recht ausführliche Auflistung der französischen Schriftstellerinnen vom Mittelalter bis 1842. Dem Ausschnitt aus einem literarischen Werk geht jeweils eine kurze Einführung über dessen Autorin voraus. Es handelt sich hierbei um einen Sammelband, bei dem der moralisch belehrende Aspekt eine große Rolle spielt[105]. Unter diesem Gesichtspunkt schreibt der Autor über die *Lettres*:

> C'est un ouvrage ingénieux, où l'on fronde nos usages et nos mœurs à la manière des *Lettres Persanes* de Montesquieu, moins les inconvenances et l'irréligion qui entachent ce dernier ouvrage. Toutefois on rencontre aussi, dans les *Lettres Péruviennes* quelques idées philosophiques, contre lesquelles il est bon de prévenir les jeunes esprits, pour lesquels d'ailleurs cet ouvrage ne peut être une lecture convenable.[106]

Allerdings beklagt der Autor die Tendenz seiner Zeit, die Werke der Frauenliteratur aus der Literaturgeschichtsschreibung auszuklammern, wenn er in seinem Vorwort schreibt:

> Les femmes-auteurs sont à peu près omises dans les divers recueils connus, ou y tiennent si peu de place, que s'il falloit juger de leur nombre par quelques noms

qu'on aperçoit à peine dans la foule des prosateurs et des poëtes, on croirait que *la plus belle moitié du genre humain* a laissé aux hommes la culture à peu près exclusive des lettres, comme elle leur a abandonné totalement celle des sciences. Cependant la France, si glorieuse à juste titre de ses écrivains, n'a pas moins à s'enorgueillir de la multitude de femmes qui, dès l'aurore de notre littérature, ont illustré les lettres et la poésie, ou se sont illustrées par elles.[107]

Zur Problematik der ‚femme-auteur' äußert sich vor allem Puymaigre in seinem literaturgeschichtlichen Werk *Poètes et romanciers de la Lorraine* von 1848. Er widmet ein Kapitel seines Werkes Madame de Grafigny und nimmt ihr Beispiel auch zum Anlaß, allgemeine Überlegungen zur Frau als Autorin anzustellen. Er erwähnt den Beitrag der Autorinnen zur Entstehung der Gattung des Romans und stellt in diesem Zusammenhang fest, daß Frauen offensichtlich aus einer anderen Perspektive als Männer schreiben, daß sie einen spezifisch ‚weiblichen Blick' einnehmen, der sich von dem ihrer männlichen Kollegen unterscheidet:

C'est aux femmes qu'appartient l'honneur d'avoir rendu en France le roman vraisemblable, de l'avoir débarrassé des incidents extraordinaires qui l'encombraient. Avec la sorte de seconde vue qu'elles possèdent, elles savent découvrir des fictions intéressantes dans telle donnée où les hommes auraient à peine soupçonné qu'y eut matière à une élégie. Le plus frêle canevas, sous leurs mains délicates, se couvre de charmantes broderies. Que de sujets traités par Mme de Lafayette, de Duras ou de Souza se seraient offerts à une pensée virile sans qu'elle daignât les accepter![108]

Zu Beginn des 20. Jahrhunderts verbreitet sich aufgrund G. Noëls Hinweis, daß die Zuschreibung der *Lettres* nicht ganz unumstritten sei, sogleich die Annahme, daß Madame de Grafigny sich das Werk zu Unrecht zugeschrieben habe. So stellt Aubray sogar die Autorschaft von Frauen generell in Frage, wenn er schreibt: „ De qui sont les *Lettres Péruviennes* ? Avec ces femmes-là, on ne peut jamais le savoir surement. Il est certain qu'il y avait dans la coulisse plus d'un excitateur et d'un maître d'écriture [...]".[109]

Insgesamt manifestiert sich die Tendenz, daß die Kritik ab Mitte des 19. Jahrhunderts dem Phänomen weiblicher Autorschaft gegenüber wesentlich weniger aufgeschlossen ist als die des 18. Jahrhunderts. Sie situiert sich vielmehr in der Tendenz dessen, was Barbey d'Aurevilliers 1878 über die ‚Bas Bleus' schreibt:

Ce n'est ni une inconséquence ni même une division, comme on pourrait le croire, que d'introduire dans un livre de critique intitulé: les œuvres et les Hommes au XIXe siècle, la série des femmes qui écrivent, car les femmes qui écrivent ne sont plus des femmes. Ce sont des hommes – du moins de prétention, – et manqués. Ce sont des Bas Bleus. Bas Bleu est masculin. Les Bas Bleus ont plus ou moins, donné la démission de leur sexe [...][110]

An dieser Gesamttendenz ändert auch J. Larnacs *Histoire de la littérature féminine en France* von 1929 nichts. Er setzt sich mit seinem Werk zwar zum Ziel, eine weibliche literarische Tradition aufzudecken, verbindet dieses Ziel aber mit der Fragestellung, ob die Frauen nur aufgrund ihrer mangelnden Bildung niemals in der Lage gewesen seien, ein wirkliches Chef- d'Œuvre zu verfassen, oder ob dies an ihrer biologisch begründeten geistigen Minderwertigkeit liege:

> Ainsi serai-je amené à répondre à ces questions si controversées: est-il vrai que les femmes n'eurent ni la liberté, ni la culture nécessaire à l'élaboration des œuvres géniales? Est-il vrai que leur esprit, longtemps en friche, n'a pu donner toute sa mesure? Ou bien est-il vrai que malgré les changements sociaux, jamais la femme n'a pu et ne pourra créer d'œuvre comparable à celles que Joseph de Maîstre énumérait à sa fille? Est-il vrai que les différences physiologiques qui opposent la femme à l'homme conditionnent des différences intellectuelles que le temps et la volonté n'effaceront jamais? [...][111]

Am Ende seines Werkes kommt er zu dem Fazit, den Frauen mangele es an der nötigen Abstraktionsfähigkeit, das heißt sie trennten nicht ausreichend zwischen ihrem Leben und ihrem Werk, um z. B. einen großen Sozialroman à la Balzac oder gar ein dramatisches Werk zu erschaffen.[112] Larnac wiederholt damit das übliche Vorurteil gegenüber der Literatur von Frauen, diese trenne nicht zwischen Kunst und Leben und werde damit nicht dem Autonomieanspruch der Kunst gerecht. Seine Frauenliteraturgeschichte dient nur dazu, die literarisch schaffende Frau auf die Gattung der Autobiographie festzulegen. Alles in allem behandelt sein Werk die Texte der Autorinnen sehr oberflächlich, so daß er der allgemeinen Tendenz der Rezeption von Frauenliteratur nicht entgeht, die diese in der Regel auf den Aspekt der Gefühlsdarstellung reduziert. Die *Lettres d'une Péruvienne* werden entsprechend von ihm kurz als ,roman sentimental' dargestellt, wenngleich Larnac Madame de Grafigny und ihrem Roman ein gewisses Maß an Überzeitlichkeit zugesteht und sie zudem als Begründerin der Mode des Briefromans sowie als Vorläuferin Rousseaus ansieht:

> Deux romancières atteignirent pourtant une rénommée si universelle qu'on n'a pas encore oublié leurs noms: Mme de Graffigny, Mme de Riccoboni. Avec ses *Lettres Péruviennes,* Mme de Graffigny inaugura la mode du roman par lettres dont le succès fût si grand que Rousseau la suivit. Le sentiment, la passion qu'elle y étalait habituèrent le public, las d'exercer la raison, aux élans du cœur. [...] Les cœurs sensibles s'émurent et partagèrent les émois de Zilia.[113]

Die Kritiken nach 1835 zeugen insgesamt von einer veränderten Haltung den ,femmes-auteurs' gegenüber. Diese werden unter dem Blickwinkel einer geschlechtsspezifischen Festschreibung zunehmend mit Ablehnung betrachtet. Diese wird auch auf die Werke der Frauenliteratur des 18. Jahrhunderts übertragen, die im allgemeinen auf den Aspekt der sentimentalen Darstellung reduziert werden. Unter ästhetischen Gesichtspunkten erscheint diese jedoch ab der zweiten Hälfte des 19. Jahrhunderts als nicht mehr lesbar.

Wie der Überblick über die literaturkritische Rezeption der *Lettres* aufgezeigt hat, wurde das Werk vor allem für seine natürliche Gefühlsdarstellung, seine ,sensibilité' gelobt. Es bestätigt sich damit L. Steinbrügges Aussage über die Rezeption von Frauenliteratur, derzufolge diese nämlich vor allem auf die Authentizität der Gefühlsdarstellung reduziert werde.[114] In diesem Zusammenhang läßt sich das in Vergessenheitgeraten der *Lettres* nach 1835 unter anderem mit dem Untergang der Romantik erklären, der um die Jahrhundertwende in einer Art ‚Anti-Romantismus‘ gipfelt.[115] Vor dem Hintergrund einer allgemeinen Rousseau-Kritik, wie sie sich z. B. im Werk Lasserres zeigt, der Rousseaus Werk als „feminisierte Ekstase"[116] bezeichnet, mußte auch der Roman Madame de Grafignys der Kritik anheim fallen. In bezug darauf ist es interessant, daß von den Vertretern des antiromantischen Denkens die Romantik mit Weiblichkeit bzw. Entmännlichung zusammengebracht wird, Attribute, die ab der zweiten Hälfte des 19. Jahrhunderts negativ besetzt sind. Mit dem Untergang der Romantik geht die Etablierung der Gattung ‚Roman‘ in Form des realistischen Sozialromans einher, wie er von Balzac begonnen und von Flaubert fortgeführt wird.[117] Nachdem der Roman als minderwertige Gattung weitgehend den Frauen als literarisches Betätigungsfeld überlassen wurde, wird er nun im 19. Jahrhundert von den männlichen Autoren adoptiert und somit nicht mehr ohne weiteres als Frauendomäne angesehen. Aus dieser Konkurrenzsituation ergibt sich, daß die Romanproduktion von Frauen nun plötzlich scharf kritisiert wird.[118] Im 19. Jahrhundert verliert die Authentizität der Gefühlsdarstellung als Wertmaßstab von Romanen an Bedeutung, und da die *Lettres*, wie Frauenromane allgemein, auf diesen Aspekt reduziert werden, erscheinen sie für das Publikum der zweiten Hälfte des 19. Jahrhunderts als nicht mehr lesbar.

Der zweite Hauptgrund für die abrupte Wende in der Rezeption der *Lettres* dürfte in dem gesellschaftlichen Hintergrund, das heißt in der allgemeinen Situation der Frau im Frankreich des 19. Jahrhunderts zu suchen sein. Diese stellt im Vergleich zur vorrevolutionären Zeit einen beachtlichen Rückschritt dar und wirkt sich auf die Situation der ‚femme-auteur‘ wie auch auf die Literaturkritik aus. Genossen wenigstens die adeligen Frauen im Ancien Régime zumeist in einem gewissen Rahmen die Freiheit, öffentliche Aktivitäten auszuüben – wovon ihre rege Salontätigkeit zeugt – wurden die Frauen im Zeitraum des Übergangs zum bürgerlichen Zeitalter und der damit einhergehenden Trennung zwischen dem privaten und dem öffentlichen Raum zunehmend in den Bereich des Privaten, das heißt auf ihre Rolle als Hausfrau und Mutter zurückgedrängt.[119] Zeugt der vorrevolutionäre aufklärerische Diskurs von der Gleichheit unter den Menschen und damit auch zwischen den Geschlechtern noch von einer gewissen Offenheit gegenüber den Themen Frauen und Bildung, Frauen und Literatur sowie der Position der Frau in der Ehe, so werden diese Errungenschaften nach der Revolution vollkommen zurückgenommen. Die Grundrechte der Frauen werden im Code Napoléon und speziell unter der Restauration (1816 wird in Frankreich das Recht auf Scheidung wieder abgeschafft) praktisch vollständig aufgehoben:

Napoleons Bemühen, die französische Gesellschaft nach der Revolution neu zu strukturieren und zu hierarchisieren, findet seinen deutlichsten Ausdruck darin, daß der Code Civil sich vornehmlich für die Bewahrung und Mehrung des Grundbesitzes interessiert und die bürgerlichen Rechte der Frau auf dieses Ziel hin konzipiert werden. Im einzelnen führt dies zu einer Totaldisziplinierung der Frau und zu einer für alle Staatsbürgerinnen gesetzlich festgeschriebenen Unterordnung unter die Autorität des Patriarchen als alleinigen Verwalter des Familienvermögens.[120]

Diese allgemeine rechtliche Situation der Frauen wirkte sich auf den Status von Schriftstellerinnen aus. So weist J. DeJean darauf hin, daß George Sand im 19. Jahrhundert, solange sie verheiratet war, nicht die Möglichkeit hatte, ohne weiteres die Rolle der Autorin einzunehmen, denn dies hieß, einen Vertrag einzugehen, zu dem sie rechtlich nicht befugt war. Dies erklärt zu einem guten Teil, warum die Frauen im 19. Jahrhundert vorwiegend anonym oder unter Pseudonym schrieben.[121] Teilweise läßt sich so auch die Tatsache erklären, daß die Frauenliteratur in Frankreich ihren Höhepunkt im 17. Jahrhundert hatte und im 19. Jahrhundert nahezu auf Georges Sand und Madame de Staël reduziert zu sein scheint.[122] Diese allgemeine Situation der Literaturgeschichte im 19. Jahrhundert läßt sich ebenfalls auf die Literaturkritik übertragen. Die Literaturkritik ist immer eine Domäne der Männer gewesen[123], aber die Präsenz der Frauen in Anthologien und Literaturgeschichten war trotzdem von der zweiten Hälfte des 17. Jahrhunderts an bis zum Ende des 18. Jahrhunderts beachtlich, wie diese Studie über Madame de Grafigny gezeigt hat. So zählt J. DeJean in dieser Periode allein zwölf Anthologien, die nur schreibenden Frauen gewidmet sind.[124] DeJean zeigt auf, wie die Frauen im späten 18. und beginnenden 19. Jahrhundert in dem Maße aus dem literarischen Kanon herausfallen, indem dieser für den Schulunterricht, der sich allein an männliche Schüler richtet, neu aufgestellt wird.

Die Rezeptionsgeschichte der *Lettres* muß also in einem breiten sozio-historischen Rahmen gesehen werden, der für die männliche Tradition der Literaturgeschichtsschreibung sowie für die allgemeine Stellung der Frau im 19. Jahrhundert repräsentativ zu sein scheint. So schreibt J. G. Altman über die Rezeption der *Lettres*:

> For the conservative literary establishment of the Prewar Third Republic, Graffigny was a convenient target for venting anti-Republican, xenophobic, and misogynist venom. Their criticism of Graffigny between 1870 and 1913 should be seen in the larger context of intensified diatribe against women writers that characterizes this period.[125]

Die Rezeptionsgeschichte der *Lettres* läßt sich somit auch als repräsentatives Beispiel zur Geschichte der Literaturgeschichtsschreibung lesen. DeJean weist in diesem Zusammenhang auf neuere amerikanische Versuche hin, die beweisen, daß den ‚femmes-auteurs' nur der Autorenstatus zugebilligt wird, wenn sie die literarische Landschaft nicht stören, das heißt wenn sie sich den männlichen Normen anpassen.[126] Rezeptionsästhetische Studien haben außerdem ergeben, daß die Literaturkritik sich meistens innovationsfeindlich verhält und sich generell sehr stark an der jeweiligen Norm der Epoche orientiert.[127] Vor diesem Hintergrund ist es nicht weiter erstaunlich, daß die *Lettres* im literarischen Kanon auf Dauer nicht bestehen konnten.

IV.1.2. Die Supplemente

Der Begriff des Supplements geht auf die Zeit des Humanismus zurück, in der humanistische Gelehrte daran arbeiteten, die Texte großer antiker Autoren zu vervollständigen, die nur bruchstückhaft überliefert waren. Im Gegensatz zu diesen ‚gelehrten Rekonstruktionen' sind die Supplemente späterer Zeit, vor allem des 18. Jahrhunderts, „meist weniger künstlerisch als finanziell motivierte Ergänzungen von Werken der neueren Literatur, die fragmentarisch waren oder scheinen konnten."[128] Vor diesem Hintergrund sind auch die drei Supplemente der *Lettres* in französischer Sprache zu betrachten, die alle drei – wenn auch auf unterschiedliche Weise – darauf abzielen, das von der Leserschaft als offen empfundene Ende der Vorlage zumindest teilweise zu schließen. Dabei reichen die Variationen von leichter Modifizierung der Intention der Autorin bis zur vollkommenen Negierung ihrer Absicht. Allen drei gemeinsam ist wohl die Tatsache, daß ihre Autoren von kommerziellem Interesse geleitet wurden, da keines der drei Supplemente von besonderer literarischer Qualität zeugt. Da die drei Supplemente schon in dem Aufsatz von J. Rustin[129] und das Supplement von Lamarche Courmont bereits von J. von Stackelberg[130] ausführlich besprochen wurden, möchte ich diese der Vollständigkeit meiner Rezeptionsanalyse halber nur noch relativ kurz behandeln und verweise des weiteren auf die oben genannten Aufsätze.

Das erste Supplement, das noch 1747[131] anonym mit der Originalfassung des Romans erschien, ist zugleich auch die Ergänzung des Romans, die die Intention Madame de Grafignys am meisten respektiert. Den sieben zusätzlichen Briefen geht ein Vorwort des Herausgebers voran, in dem dieser erklärt, Madame de Grafigny selbst habe sich mit diesem Supplement einverstanden erklärt (S. 325).[132] Die Formulierung des Herausgebers hat in der Folge dazu geführt, daß die Kritik lange Zeit annahm, Madame de Grafigny selbst sei die Autorin dieses Supplements. Aufgrund der Kenntnis ihrer Korrespondenz kann diese Annahme jedoch nicht bestätigt werden.[133]

Die sieben zusätzlichen Briefe von 1747 durchbrechen das monophone Prinzip der Vorlage, indem zwei direkte Antwortbriefe von Déterville an Zilia erscheinen sowie der Briefwechsel zwischen Zilia und Céline und die Briefe letzterer an ihren Bruder Déterville. In diesem Briefwechsel wird eine Art Sekundärintrige entwickelt, in der Céline als Vermittlerin, um nicht zu sagen als Kupplerin, zwischen Déterville und Zilia erscheint. Da Zilia Déterville weiterhin ihre Liebe verweigert und sich darauf beschränkt, ihm ihre Freundschaft anzutragen, versucht Céline auf der einen Seite, Zilia von der Grausamkeit ihrer Standhaftigkeit Déterville gegenüber zu überzeugen, und auf der anderen Seite, Déterville zu trösten, indem sie ihm in einem Brief die ‚Liebeskünste' des ‚schönen Geschlechts' aufzeigt und ihm damit die Perspektive bietet, Zilias Freundschaft werde sich bald in Liebe verwandeln. So schreibt sie an den Bruder:

> Pourquoi m'obligez-vous à développer ici les grands secrets du beau sexe; apprenez que ce sentiment si doux parmi les hommes si rare entre les femmes, est toujours plus vif entre les personnes de différent sexe: les hommes s'aiment avec cordialité, les femmes avec défiance; et deux personnes de sexe différent, joignent au goût de l'amitié une partie de ce feu que la nature ne manque jamais d'inspirer. (S. 335).

Weiterhin tröstet Céline ihren Bruder, Zilia sei aus Scham und Sittsamkeit gezwungen, ihre Gefühle für ihn hinter dem Schleier der Freundschaft zu verbergen (S. 336). Dieser Brief Célines ist insofern interessant, als der anonyme Autor hier alle Stereotypen der weiblichen Verführungskunst aufzählt und versucht, diese auf Zilia anzuwenden. Allerdings wird dieser recht abgeschmackte Versuch, Zilia in ein der ‚femme fatale' ähnliches Frauenbild hineinzupressen, zum Teil wieder zurückgenommen, indem der anonyme Autor einen dem Briefroman eigenen Kunstgriff anwendet, nämlich den des ‚entdeckten bzw. gefundenen Briefes'. So findet Zilia zufällig den Brief Célines an Déterville und versucht in ihrem folgenden Brief an denselben, sich vehement gegen das von Céline dargestellte Frauenbild zu wehren. Zilia verweist auf ihren einzigartigen Charakter und hält weiterhin an ihrem Freundschaftsangebot fest. Im letzten Brief nimmt Déterville diese Freundschaft an, nachdem es Zilia in ihrem vorhergehenden Brief gelungen zu sein scheint, ihn von ihren Gefühlen zu überzeugen.

Dieses kurze Supplement scheint auch das interessanteste unter den französischsprachigen zu sein, da es sich zumindest ansatzweise bemüht, das Ende des Originals zu verstehen und zu respektieren. Dem Autor bzw. der Autorin ist es offensichtlich vor allem darum gegangen, das ‚offene Ende' der Vorlage wenigstens teilweise zu schließen, indem der Leser die Gewißheit bekommt, Déterville nähme das Angebot Zilias an. Die Tatsache, daß Zilia eine Heirat verweigert und sich eine gewisse Eigenständigkeit bewahrt, wird respektiert. Allerdings scheint dem Verfasser bzw. der Verfasserin daran gelegen zu haben, Détervilles Perspektive und seine Gefühle zu vertiefen und einen Gegenpol zu Zilias Monoperspektive herzustellen. Interessant ist in diesem Zusammenhang auch, daß die von Madame de Grafigny intendierte Kritik an der ‚condition féminine' wieder aufgenommen wird, indem durch Céline bestimmte stereotype Weiblichkeitsbilder vorgeführt werden, die jedoch von Zilia explizit wieder verworfen werden. E. Showalter schließt aus der Tatsache, daß das Supplement dem Original im weitesten Sinne treu bleibt: „Déterville et Céline écrivent aussi bien que Zilia, mais le dénouement reste le même: Déterville accepte d'être l'ami de Zilia et non pas le mari. Il ne s'agit là sans doute que d'une tentative hative d'exploiter le succès des *Lettres d'une Péruvienne*, [...]".[134]

Das zweite und zugleich erfolgreichste Supplement der *Lettres*, die *Lettres d'Aza ou d'un Péruvien*, das in der Folge oft zusammen mit dem Original abgedruckt wurde,[135] erschien bereits 1749. Es stammt von Hugary de Lamarche-Courmont, einem Offizier in den Diensten des Markgrafen von Brandenburg. Dieses Supplement beinhaltet 35 Briefe aus der Feder Azas, von denen die ersten beiden sowie ein weiterer am Ende an Zilia gerichtet sind, während die übrigen Briefe an Azas Freund Kanhuiscap adressiert sind, der die Rolle des Vertrauten einnimmt.[136] Bei diesem Supplement handelt es sich nicht um eine Weiterführung des Originals im chronologischen Sinne, sondern es wird vielmehr parallel zu Zilias Briefen Azas Schicksal aus seiner Perspektive erzählt. Am Ende steht, ganz nach der Intention Frérons und La Portes, die Heirat von Zilia und Aza. Ziel des Autors scheint vor allem zu sein, Aza als männlichen Helden zu rehabilitieren.[137]

Die Geschichte Azas wird von Lamarche-Courmont parallel zu der Zilias konstruiert. Auch Aza wird gegen seinen Willen nach Spanien entführt und lernt dort eine

Spanierin kennen, die sich in ihn verliebt. Der Aufenthalt in Spanien gibt Aza Anlaß zu außerordentlich stereotyper Gesellschaftskritik an den europäischen Sitten und Gebräuchen und vor allem auch an der Religion. J. Rustin weist zu Recht darauf hin, daß im Falle der *Lettres d'Aza* der gesellschaftskritisch-ideologische Teil der Briefe von der eigentlichen Intrige abgeschnitten sei und letztere allenfalls als Rahmenhandlung für die Gesellschaftskritik erscheine.[138] Nach diesem Abschnitt der Gesellschaftskritik und „pseudophilosophischer Reflexionen",[139] in dem er Allgemeinplätze aufklärerischen Ideengutes propagiert, kehrt Lamarche-Courmont zur Intrige zurück. Aza erfährt von einem scheinbaren Tod Zilias und verfällt nun, wie mehrfach die Zilia des Originals, aus Verzweiflung in eine schwere Krankheit. So wie Déterville in der Vorlage Zilia pflegt, pflegt hier die Spanierin Zulmire Aza. Schließlich ist Aza in der Lage, Zilia zu vergessen und Zulmire zu heiraten. Mit diesem Kunstgriff versucht der Autor des Supplements, Azas im Originaltext angedeutete Untreue gegenüber Zilia zu erklären. Dies ist ihm nur sehr unzureichend gelungen, widerspricht doch Azas plötzliche Konversion zum Katholizismus vollkommen seiner vorangehenden Religionskritik. Allerdings ist Aza auf dem Weg zum Altar schnell bekehrt, und sein schlechtes Gewissen Zilia gegenüber erinnert ihn an sein ursprüngliches Heiratsversprechen. Offensichtlich flieht Aza die Hochzeit mit Zulmire, was in Brief 27 allerdings nur angedeutet wird. Ebenso andeutungsweise wird in Brief 28 klar, daß Aza, wohl aufgrund von Détervilles Intervention, von Zilias Rettung erfahren hat. Daraufhin begibt sich Aza nach Frankreich. An dieser Stelle bricht Lamarche-Courmont vollkommen mit der Vorlage. In Frankreich wird Aza von heftiger Eifersucht Déterville gegenüber befallen, da er annimmt, Zilia liebe diesen. Die Dreieckskonstellation wird somit vom Supplementautor in aller denkbaren Trivialität ausgespielt. Als Aza von Zilias Unschuld erfährt, will diese nichts mehr mit ihm zu tun haben. Doch Aza richtet einen reuevollen Brief an die Geliebte (Brief 34), so daß wir in Brief 35, der wieder an Kanhuiscap gerichtet ist, plötzlich erfahren, daß sich doch noch alles zum Guten gewendet hat. In überaus pathetischem, elliptischem Stil skizziert Aza seine Versöhnung mit Zilia:

> Peins-toi, si tu le peux, nos plaisirs; cet instant toujours présent à mes yeux, cet instant … Non, je ne puis t'expimer tant d'amour, de trouble et de plaisir. Ses yeux, son teint animé me peignoient son amour, sa colère, ma honte … Elle pâlit; foible, sans voix, elle tombe dans mes bras: mais ainsi que les flammes excitées par les vents, mon cœur agité par la crainte, brûle avec plus de violence. Ma bouche appuyée sur son sein, lui rendit par mes feux ceux de sa vie, confondus dans la mienne. Elle meurt et renaît à l'instant … Zilia! ma chère Zilia! dans quelle yvresse de bonheur plonges-tu l'heureux Aza! (Brief 35, S. 393).

Diese kurze Kostprobe dürfte genügen, um die Trivialität dieses Supplements zu bezeugen. Aza und Zilia werden heiraten und nach Peru zurückkehren. Déterville wird nicht mehr erwähnt, und Zulmire zieht sich freiwillig ins Kloster zurück. Damit sind alle Hindernisse für ein Happy-End aus dem Wege geräumt.

Dieses Supplement hat eigentlich den einzigen Vorzug, dem heutigen Leser die Qualität der Vorlage vor Augen zu halten. Die *Lettres d'Aza* sind nicht nur sprachlich

schlecht, im Hinblick auf Intrige und Gesellschaftskritik mehr als banal, sie widersprechen auch von allen drei französischsprachigen Supplementen am meisten der Intention
Madame de Grafignys. Auf der Ebene der Intrige versucht der Autor, parallel zur weiblichen Protagonistin Madame de Grafignys den männlichen Liebhaber als Helden zu
rehabilitieren. Auf der Ebene der Gesellschaftskritik greift Lamarche-Courmont kurz
das Thema der Frauen und insbesondere der in Klöstern lebenden Frauen auf. Allerdings dominiert bei seiner Darstellung vollkommen der männliche Blick, der die
Frauen auf das Bild der gefährlichen Verführerin reduziert, die es zu domestizieren gilt.
So sind es die Frauen, die den Männern Anlaß zur Furcht vor Untreue geben: „Je crois
cependant que la jalousie est le motif qui porte les Espagnols à cacher ainsi leurs femmes, où plutôt que c'est la perfidie des femmes qui force les maris à cette tyrannie [...]"
(Brief 18, S. 373). Was die Klöster angeht, beschränkt Lamarche-Courmont sich darauf,
das unsittliche Leben der Nonnen zu schildern (Brief 18, S. 373 f).

Es bleibt zu erklären, warum die *Lettres d'Aza* wesentlich mehr Erfolg gehabt haben
als die anderen beiden Supplemente, von denen vor allem das der Madame Morel de
Vindé nur in einer einzigen Ausgabe zusammen mit den *Lettres* nachgewiesen ist.[140] Es
scheint, als haben die *Lettres d'Aza* einem sehr breiten Publikumsgeschmack entspro-
chen, aufgrund der Tatsache, daß er das bei den Zeitgenossen unverstandene offene
Ende des Romans auf einen der Erwartungshaltung der meisten Leser entsprechenden
Plot hin korrigiert hat. Auch seine aufklärerischen Allgemeinplätze dürften ein breites
Publikum angesprochen haben. So schreibt J. von Stackelberg:

> Alles in allem hinterläßt dieses Supplement den Eindruck eines nach allen Seiten hin
> geschickt angepaßten Machwerks, das auf uns formell und ideell wie ein Potpourri
> wirkt, einem durchschnittlichen Lesergeschmack der Zeit aber offenbar gerade
> dadurch entgegenkam. Lamarche-Courmont manövrierte zwischen den Klassen hin-
> durch: er will einem bürgerlichen Publikum nicht als rückschrittlich gelten und ser-
> viert ihm Aufklärungsideen, er will sich aber auch bei der Obrigkeit nicht unbeliebt
> machen und installiert schließlich die ordnungshütende Kirche wieder in ihrer zuvor
> angegriffenen Machtposition [...] Wir haben es in der Tat mit einem Durchschnitts-
> aufklärer zu tun, um dessen Engagement es nicht allzu weit her sein konnte.[141]

Das letzte Supplement zu den *Lettres* in französischer Sprache aus der Feder Madame
Morel de Vindés erschien 1797. Die fünfzehn ergänzenden Briefe, die alle von Zilia
geschrieben und teils an Déterville und teils an Céline gerichtet sind, enden mit der
Heirat von Zilia und Déterville. Während Zilia in den ersten Briefen an Déterville und
Céline noch ihrem Kummer über die Untreue Azas Ausdruck verleiht, erfährt sie in
Brief XLVII durch Briefe von Aza, die ihr durch Déterville übermittelt werden, daß Aza
sie nicht nur betrogen hat, sondern auch noch zum Verräter an seinen Landsleuten
geworden ist. Im Gegensatz zu Lamarche-Courmont weist Madame Morel de Vindé
Aza die Rolle des absoluten Negativhelden zu. Dies geschieht jedoch, um Déterville in
der Rolle des positiven Helden zu bestärken. Dieser Kunstgriff dient ebenfalls dazu,
Zilia endgültig von ihren Gefühlen zu heilen und damit ihr für das breite Lesepublikum
ohnehin unverständliches Festhalten an der sublimierten Liebe zu Aza, wie es in der

Vorlage dargestellt wird, zu revidieren. In den Briefen des Supplements darauf ist Zilias erste Reaktion, sämtlichen Gefühlen abzuschwören, wovon Déterville sie allerdings abzubringen vermag. In der Folge öffnet sie sich, teils aus Dankbarkeit, teils aus Zuneigung, der Liebe Détervilles. Eine Vereinigung der beiden wird von der Autorin noch durch zwei retardierende Ereignisse aufgeschoben. Déterville zieht sich in einem ersten Augenblick aufgrund mysteriöser Umstände von Zilia zurück, was Zilia dazu bringt, ihm ihre Liebe zu erklären:

> Laissez, laissez-moi vous aimer comme vous méritez de l'être; et que vous fait d'appeler de telle ou telle façon le sentiment qui m'attache à vous, s'il est vrai que jamais on n'en éprouva de plus pur, de plus tendre, et qu'il absorbe si bien toutes les facultés de mon être, que je n'existe plus que pour vous? (Brief LII, S. 423).

Ein weiterer ‚coup de théâtre' droht die Heirat der beiden zu verhindern: Déterville scheint finanziell ruiniert und entschließt sich, dem Malteserorden beizutreten. Zilia muß ihn nun wiederum davon überzeugen, daß sie ihn nicht aus Dankbarkeit, sondern aus Liebe heiraten möchte, und muß ihn dazu bringen, ihr eigenes Vermögen zu akzeptieren. Am Ende steht die Heirat der beiden glücklich Liebenden, die in einer Art Schäferidylle ausgemalt wird. Dies entspricht zumindest teilweise der Szenerie der Landhausübergabe des Originals. Allerdings ist es in der „Suite" Madame Morel de Vindés Zilia, die Déterville ihr Haus übergibt.

Es ist durchaus interessant, daß Madame Morel de Vindé, als einzige Supplementautorin, es vorzieht, Zilia Déterville und nicht Aza heiraten zu lassen. Während bei La Porte, Fréron, Turgot sowie vor allem bei Lamarche-Courmont Aza in seiner Rolle als männlicher Liebender rehabilitiert wird, bekommt er bei Madame Morel de Vindé den Part des Negativhelden zugewiesen. Déterville dagegen, der auch in der Vorlage seine ‚vertu' und seinen Respekt Zilia gegenüber unter Beweis gestellt hat, wird belohnt. E. Showalter geht sogar so weit, diese Lösung als „dénouement féminin" zu bezeichnen.[142] Trotz allem wird auch von Madame Morel de Vindée die eigentliche Intention Françoise de Grafignys nicht respektiert, und ihre Romanlösung ist somit ambivalent. Madame de Grafigny lehnt für Zilia jegliche Heirat bewußt ab, Zilia behält am Ende eine eigene Persönlichkeit. Gerade die sprachliche Komponente der Vorlage, die Episode, in der Déterville versucht, auf Zilia sprachliche Macht auszuüben, der Zilia sich aber später widersetzt, indem sie eben genau zwischen Liebe und Freundschaft differenziert und ihre eigene Liebeskonzeption entwickelt, unterscheidet sie von der Zilia des Supplements der Mme Morel de Vindée. Allenfalls interessant aus feministischer Perspektive ist der Aspekt der wirtschaftlichen Macht, der in diesem Supplement zugunsten Zilias ausgebaut wird, obwohl es für die Frauen der damaligen Zeit eher unüblich war, wirtschaftliche Macht über den Mann zu besitzen. In diesem Zusammenhang stehen auch Zilias Wohltätigkeiten z. B. der durch ein Unwetter obdachlos gewordenen Familie gegenüber. Ihr werden somit die Funktionen des Feudalherren zugestanden.

Insgesamt läßt sich dieses Supplement, das sich von der in der ersten Hälfte des 18. Jahrhunderts üblichen Gesellschaftskritik vollkommen abgewendet hat, in die Tradition der in der zweiten Hälfte des 18. Jahrhunderts dominierenden *Nouvelle Héloïse* eines Rousseau einordnen, die das Ideal der über das Privatreich herrschenden Hausfrau repräsentiert.

Alle drei Supplemente wie auch die Lösungsvorschläge der zeitgenössischen Kritiker haben eines gemeinsam: Sie sind in der Absicht geschrieben worden, das vom damaligen Publikum als offen empfundene Ende des Romans zumindest teilweise zu schließen und zeugen damit von dem Unverständnis, mit dem die Zeitgenossen dem literarischen Ausbruchsversuch der Françoise de Grafigny begegnet sind:

> Mme de Grafigny refuse de choisir entre Aza et Déterville, et refuse à plus forte raison de faire mourir Zilia. Le refus est digne du Siècle des Lumières, car il exige que l'on repense toute la question de la place de la femme, à partir des bases mêmes de la société. Au moment où le roman paraît, ni l'auteur ni le public ne semble conscient de son audace implicite. L'Histoire des continuations suggère, d'ailleurs, que le public a voulu le faire rentrer, non pas dans cette littérature philosophique qui pose des questions sans réponses et qui lance des défis mortels à la société, mais bien plutôt dans cette littérature d'évasion, qui soulève des questions pour y donner des réponses faciles, qui fait pleurer sur l'état de la société mais aussi qui console.[143]

Die Supplemente dienten dazu, das Werk der Madame de Grafigny, das bereits von der Literaturkritik bevorzugt in die Kategorie des ‚roman sentimental' gepreßt wurde, noch mehr in den Bereich des Trivialen zu drängen, indem diese Supplemente zusammen mit dem Original erschienen und so mancher Leser einer Verwechslung von Original und Supplement nicht mehr zu entgehen vermochte.[144] So mögen auch die Supplemente ihren Teil dazu beigetragen haben, daß die *Lettres* ab 1835 aus dem literarischen Kanon ausgeschlossen wurden.

IV.1.3. Nachahmende Werke

Bei näherer Betrachtung von Bibliographien zur exotischen Literatur im Frankreich des 18. Jahrhunderts, wie z. B. der G. Chinards[145], ergibt sich der Eindruck, die Inka-Mode sei nicht, wie fälschlicherweise behauptet, von Marmontel, sondern eher zu einem Großteil von Madame de Grafigny ausgegangen. Davon zeugen vielerlei Werke, die zumindest im Titel Anspielungen auf die *Lettres* und ihre Protagonistin Zilia bringen. Oft handelt es sich dabei um Werke von eher unbekannten und wenig erfolgreichen Autoren, die vornehmlich auf bestimmten literarischen Erfolgswellen schwimmen und alles zu vereinen scheinen, was es an durch die Inkas inspirierter Literatur gegeben hat, insbesondere Voltaire mit seinem *Alzire* und Madame de Grafigny mit ihren *Lettres d'une Péruvienne*. Einige Werke greifen dabei eindeutig auf die *Lettres* zurück, so Madame la Comtesse de Beaufort d'Hautpaul mit ihrem Roman *Zilia, roman pastoral* oder Rochon de Chabannes mit seiner komischen Oper *La Péruvienne*. In der Bibliographie von G. Chinard, die die Exotismusliteratur im Frankreich des 17. und des 18. Jahrhunderts zusammenfaßt, erscheinen einige im folgenden kurz beschriebene Werke, die an die *Lettres* erinnern: Die offensichtlich erfolglos gebliebene Komödie Boissis *La Péru-*

vienne von 1748 ist nie veröffentlicht worden und auch nicht mehr auffindbar.[146] 1754 wurde die komische Oper *La Péruvienne* von Rochon de Chabannes uraufgeführt, auf die ich im folgenden noch genauer eingehen werde. 1766 veröffentlichte Dorat de *Lettre de Zeila*.[147] Dieser kurze Briefroman erinnert nicht nur mit dem Namen der Briefschreiberin an Zilia, sondern nimmt auch eine ähnliche Thematik auf, die des untreuen Liebhabers, und problematisiert in diesem Zusammenhang wie die *Lettres* die Sprache der Liebe. Diese Problematik des männlichen Liebesdiskurses erinnert stark an Détervilles Auseinandersetzung mit Zilia. So schreibt die Zeila Dorats in Versform:

Dans mes jours de bonheur, qui me l'eût osé dire,
Qu'à Valcour infidèle il me faudroit écrire?
Oui, ces traits que tu vois, qui te sont adressés,
La main de Zeila, sa main les a tracés.
Depuis l'horrible instant qu'elle pleure ta fuite, Pour te parler de toi,
Zeila s'est instruite,
Oui, j'ai appris ton langage, hélas! trop séducteur,
Et qu'avant de l'entendre, avoit choisi mon cœur.
Enfin, j'étudiai cet art, cet art suprême,
Pour consoler l'Amour, inventé par lui-même,
Qui peignit tant de fois le plaisir des amants,
Et ne peut servir qu'à peindre mes tourments.[148]

Ansonsten steht dieses ,Romänchen' in Versform den *Lettres* recht fern, ist jedoch für uns erwähnenswert, da es sich um die einzige Nachdichtung der *Lettres* handelt, die die feministische Sichtweise Madame de Grafignys in bezug auf die Sprachenproblematik aufnimmt. Zeilas Fazit ist, Valcour möge ihr ihre Freiheit wiedergeben und sie auf ihre Insel zurückbringen. Die Analogie zu den *Lettres* besteht also ebenfalls in der Thematik der Autonomie der Frau. Mit ihren *Lettres taïtiennes* von 1786, die sie ausdrücklich als *suites aux Lettres Péruviennes* bezeichnet, reiht auch Madame de Montbart sich explizit in die Tradition des Romans von Madame de Grafigny ein.[149]

1786 veröffentlicht Madame Daubenton ihren Roman *Zélie dans le désert*, der allerdings nur entfernt Reminiszensen an die *Lettres* enthält.[150] Es handelt sich um einen Roman in der Ich- Form, in dem Zélie aufgrund ihrer Zugehörigkeit zum Protestantismus gezwungen ist, mit ihrem Vater und ihrem Liebhaber nach Südamerika auszuwandern, unterwegs jedoch Schiffbruch erleidet und auf einer einsamen Insel strandet. Außer des Namens der Protagonistin bilden nur die Gegenüberstellung der Pole von Natur und Zivilisation sowie die Problematik der Konvenienzehe Analogien zu den *Lettres*. Ansonsten wird die starke Beeinflussung der Autorin durch das Werk Rousseaus sichtbar.

Der Schäferroman *Zilia* der Comtesse de Beaufort d'Hautpâul von 1799[151] reiht sich ebenfalls in diese Tradition ein. So stellt die Autorin ihrem Werk eine Widmung an Rousseau voran, in der sie den Traditionsstrang von der Zilia der *Lettres* über die Vereinigung der ,cœurs sensibles' zu Rousseau weiterzieht:

Hommage à Jean-Jacques Rousseau
Homme immortel, permets
que je dépose ma Zilia sur ta
tombe; le lieu qui renforme
cendre, est la Patrie des
cœurs sensibles; elle doit être
celle de ma Zilia.[152]

Außer der Affinität zu den ‚cœurs sensibles‘ und der Gegenüberstellung von Natur und Zivilisation, allerdings mehr im Sinne von Rousseaus Stadt-Land Antagonismus, sowie der ‚sensibilité‘ Zilias erinnert in diesem Schäferroman nichts mehr an die *Lettres* der Madame de Grafigny.

Im Gegensatz dazu werden die Anklänge an die *Lettres* in der komischen Oper *La Péruvienne* von Rochon de Chabannes wesentlich deutlicher. Die Oper beginnt mit einem Sturm und dem Schiffbruch Zilias. Zilia landet auf der Insel ‚Frivolité‘ und wird von ihrem Liebhaber Déterville getrennt. Aza taucht in der Oper nicht auf. Die Handlung beschränkt sich im folgenden darauf, daß allerlei allegorische Personen, wie der ‚capitaine folie‘, die ‚joueuse‘, die ‚fée bagatelle‘, der ‚financier‘ u. a. versuchen, die tugendhafte Zilia, die ihrerseits allegorisch die ‚vertu‘ verkörpert, zum Laster zu verführen. Es handelt sich dabei um eben die Laster, die die Zilia der *Lettres* an den Franzosen kritisiert: ‚la vanité et la légèreté‘. Die Oper greift somit die Perspektive des ‚fremden Blicks‘ parodierend wieder auf. Die fremde Wilde soll hier von den Franzosen bekehrt und kolonialisiert werden, wobei die Werte der Zivilisation von vorneherein als ‚vices‘ dargestellt werden. Rochon de Chabannes nimmt Madame de Grafignys Gesellschaftskritik wieder auf und bestätigt diese, wenn er die allegorischen Figuren am Ende mit ihren Verführungskünsten scheitern läßt. Im Zentrum der Oper steht die dem Vorbild entnommene Spiegelepisode. Nachdem der ‚financier‘ Zilia auf recht ironische Weise aufgefordert hat, den landesüblichen Sitten zu folgen:

Suivez le plan que l'on vous dresse
ce sont là les vertus du temps,
Les sentimens de la noblesse [...][153]

versucht die ‚fée bagatelle‘, Zilia auf andere Weise zu verführen, nämlich über Äußerlichkeiten wie Kleidung und Kosmetika. Zu diesem Zweck stellt sie Zilia vor einen Spiegel. Es folgt ein erweitertes Szenario nach dem Vorbild des Romans. Zilia scheint einen Augenblick von dem Spiegel verzückt, läßt sich jedoch nicht von ihrem Spiegelbild verführen. Schließlich taucht Déterville auf, die beiden fallen sich in die Arme, und die ‚vertu‘ siegt über alle Äußerlichkeiten. Die Oper Rochon de Chabannes zeigt zum einen, daß die *Lettres* 1754 schon literarisches Allgemeingut gewesen sein müssen, denn sie verläßt sich darauf, daß die Zuschauer in der Lage sind, die literarischen Anspielungen einzuordnen. Die Technik des ‚fremden Blicks‘ und in Zusammenhang damit die ‚critique des mœurs‘ werden in hohem Maße parodistisch gebraucht, so daß die Vermutung naheliegt, der Autor habe sein literarisches Vorbild nicht ganz ernst genommen.[154]

Es bleibt jedenfalls eine Ambivalenz bestehen. Es ist unklar, ob der Autor mit seiner komischen Oper die *Lettres* parodieren wollte, oder ob sich die Parodie aus dem von ihm gewählten Genre ergibt.

Die hier dargestellten Dichtungen in der Nachfolge der *Lettres* demonstrieren, daß ihre Verfasser, mit Ausnahme von Madame de Monbart und Rochon de Chabannes, die Zilia der *Lettres* vor allem mit der ‚âme sensible' in Verbindung gebracht und somit wiederum dazu beigetragen haben, daß der Roman in der Folge auf den Aspekt der ‚sensibilité' reduziert und in einen Traditionsstrang mit Rousseau eingeordnet wurde, in welchem dieser seine Vorgängerin jedoch überschattet. Schließlich gilt es aber, noch einmal zu betonen, daß die allgemein anerkannte Aussage der Literaturgeschichtsschreibung, die Inkamode in der französischen Literatur werde mit Marmontels *Les Incas* von 1777 begründet, nicht haltbar ist, zeigt sich doch, daß diese schon weitaus früher, und zwar zu einem guten Teil durch die *Lettres* der Madame de Grafigny beeinflußt, einsetzt.

IV.2. EXKURS: DIE REZEPTION DER *LETTRES D'UNE PÉRUVIENNE* AUSSERHALB FRANKREICHS

D. Smith verzeichnet in seiner umfassenden Bestandsaufnahme der *Lettres* nicht nur Übersetzungen ins Italienische, Englische, Spanische und Deutsche, sondern auch ins Schwedische[155], ins Russische[156] sowie ins Portugiesische.[157] Ich möchte im folgenden kurz auf einige interessante Rezeptionsphänomene der *Lettres* in Italien und Deutschland hinweisen, das heißt in den Ländern, in denen die *Lettres* hauptsächlich gelesen wurden.

IV.2.1. Italien

In Italien begegnen wir dem erstaunlichen Phänomen einer großen Anzahl von Übersetzungen der *Lettres* in die italienische Sprache. Dieses darf allerdings nicht ausschließlich dahingehend gedeutet werden, daß die *Lettres* in Italien zum Bestseller geworden sind. In der Tat gehen fast alle der 37 von Smith gezählten italienischsprachigen bzw. zweisprachigen Ausgaben der *Lettres*[158] sowie 24 der 26 von Nicoletti gezählten italienischen Übersetzungen[159] auf die Übersetzung von Deodati zurück, die erstmals 1759 in Paris erschien. Diese Übersetzung ist mit Aussprachehilfen für die italienische Sprache versehen und ist zwecks Erlernen der italienischen Sprache konzipiert worden, worauf auch die häufigen zweisprachigen Ausgaben zurückzuführen sind.[160] In der Regel ist diesen Ausgaben auch eine Einführung Deodatis in die italienische Prosodie vorangestellt. Diese Übersetzungen sind – wie aus Nicolettis Angaben ersichtlich – alle in Frankreich oder in England erschienen.[161] Laut Nicoletti sind nur zwei der 24 von ihr gezählten Deodati-Übersetzungen in Italien selbst erschienen (1805, Torino; 1824, Napoli). Dieses Phänomen zeigt, daß die große Verbreitung der Übersetzung Deodatis vor allem von deren Gebrauch zum Spracherwerb des Italienischen bei Ausländern zeugt und weniger von der großen Resonanz, derer sich die *Lettres* in Italien erfreuten.

Vor der Fassung Deodatis existierte jedoch bereits eine anonym erschienene Übersetzung der *Lettres* mit dem Supplement von 1747, die 1754 in Veneto erschienen ist.[162] Insgesamt sind damit nur vier der 26 von Nicoletti gezählten Übersetzungen in Italien selbst erschienen.

Es bleibt jedoch unbestritten, daß die *Lettres* sich in Italien einer gewissen Aufmerksamkeit erfreut haben, wie unter anderem eine akademische Debatte über den literarischen Gebrauch der Quipos beweist. So gab ein Mitglied der Accademia della Crusca vor, die *Lettres* einer italienischen Dame zum Lesen gegeben zu haben, welche dem Werk auch sehr zugesprochen habe, jedoch den Gebrauch der Quipos als Schriftersatz monierte, was wiederum den Accademico veranlaßte, eine apologetische Schrift über den Gebrauch der Quipos in den *Lettres* zu verfassen.[163] Nachdem er sich in seinem Brief lange über die Entwicklung der Sprache im allgemeinen sowie über die peruanische Sprache im besonderen ausgelassen hat, schließt er sein Werk mit einer Art peruanischem Wörterbuch. Seiner Rehabilitationsschrift zu Madame de Grafignys Roman stellt er ein Lob der Autorin voran: „Dama celebre per la sublimità del suo spirito, e per la profondità della sua dottrina; [...] la virtuosa Dama Componitrice; la gentil creatrice delle lettere della Peruana [...]".[164] Die Apologie des Accademico bzw. seine darin enthaltene Bibelauslegung, löste in Italien eine heftige Reaktion seitens der Kirche aus, von der die Antwortbriefe des Ponderante[165] sowie des Abate Innocente Molinari[166] zeugen. Daraufhin wurde die Apologie des Accademico auf den päpstlichen Index gesetzt, und 1753 folgten ihm die *Lettres* der Madame de Grafigny.

Als Reaktion der italienischen Literatur auf die *Lettres* läßt sich die Tragikomödie Goldonis *La Peruviana*, die im Herbst 1754 in Venedig uraufgeführt wurde, verzeichnen.[167] Goldoni bezeichnet in seinen Memoiren die *Lettres* als weit bekanntes literarisches Werk:

> C'est la ,Peruviana' (la Péruvienne) que je donnai la première: tout le monde connoît les *Lettres d'une Péruvienne*. Je suivis le roman en approchant les objets principaux; je tâchai d'imiter le style simple et naïf de Zilia, d'après l'original de Madame de Grafigny; j'en fis une Pièce Romanesque; j'eûs le bonheur de réussir, mais je ne donnerai pas l'extrait d'une Pièce dont le fond est connu.[168]

Auch nachdem sich sein Stück auf der Bühne als Mißerfolg herausstellte, ließ Goldoni sich nicht von einem Lob der Zilia Madame de Grafignys abbringen und machte im übrigen die Schauspieler für den Mißerfolg der *Peruviana* verantwortlich.[169] Goldoni erklärt den Roman Madame de Grafignys in dem Vorwort zu der gedruckten Fassung seiner Tragikomödie als „il piu bel Romanzetto del Mondo"[170] und Zilia als seine „Figlivola adottiva".[171] Weist Goldoni in seinem Vorwort auch auf die italienische Übersetzung der *Lettres* von 1754 hin,[172] so kann er diese doch nicht allein als Vorlage zu seinem Stück genommen haben, da dies ganz klar darauf hinweist, daß Goldoni sich gleichermaßen der *Lettres d'Aza* von Lamarche-Courmont als Quelle bediente.[173] Diese sind allerdings erst 1772 in einer italienischen Übersetzung nachgewiesen.[174] Wir können also davon ausgehen, daß Goldoni eine französische Ausgabe, in der die *Lettres* zusammen mit dem Supplement abgedruckt waren, benutzt haben muß.[175]

Seine Tragikomödie in fünf Akten hat zwölf Personen, von denen nur drei, nämlich Zilia, Déterville und Céline, dem Roman Madame de Grafignys entnommen sind. Zulmira, Don Alonso und der peruanische Freund Kanu dagegen lassen sich auf das Supplement Lamarche-Courmonts zurückführen. Von Goldoni neu eingeführt werden der Ehemann Célines, Rigadon, der Prototyp der komischen Figur, sowie einige Diener-figuren. Goldoni bedient sich der ‚fremden Blick'- Episoden des Originals wie des Fern-rohrs oder der Spiegelepisode und setzt diese an Höhepunkten seines Stückes ein. Er arbeitet dabei mit literarischen Anspielungen und setzt also bei seinem Publikum die Kenntnis des Originals voraus. Die in der Vorlage geübte Gesellschaftskritik wird weitgehend auf Rigadon reduziert, der mit seinem Geiz und seiner Goldgier die Kolo-nialismuskritik verkörpert. Interessant ist das Ende der Komödie Goldonis. Im Gegen-satz zu den anderen Supplementautoren erfindet er gleich ein doppeltes Happy-End. Zilia und Aza konvertieren beide zum Katholizismus und können deshalb aufgrund des Inzestverbotes keine Ehe eingehen. Also heiratet Zilia Déterville und Aza Zulmire, wo-mit alle Protagonisten zufrieden gestellt sind und eine gewisse ethnische Vermischung zwischen alter europäischer und neuer amerikanischer Welt stattgefunden hat.[176]

Zusammenfassend läßt sich festhalten, daß die *Lettres* bei den italienischen Zeit-genossen einen gewissen Bekanntheitsgrad erlangt haben müssen, wobei wir uns nicht von der hohen Anzahl der Auflagen Deodatis zweisprachiger Ausgabe täuschen lassen dürfen, die vor allem dem Spracherwerb des Italienischen durch ausländisches Publi-kum zugedacht waren. Insgesamt läßt sich die Rezeption der *Lettres* im Italien des 18. und beginnenden 19. Jahrhunderts vor dem Hintergrund der allgemein recht großen Resonanz des französischen Romans beim italienischen Lesepublikum erklären.[177] M. R. Zambon führt als Gründe dafür das Vakuum in der italienischen Romanproduk-tion des 18. Jahrhunderts an, dem gerade der Bedarf an solchen bei der Jugend und dem weiblichen Lesepublikum gegenübersteht: „Les œuvres de ‚sentiment', où les passions étaient minutieusement analysées, et les mouvements du cœur exprimés d'une manière exquise, firent la conquête de la société féminine et de la jeunesse élégante."[178] Beson-ders die Werke schreibender Frauen stießen bei den italienischen Zeitgenossen bzw. Zeitgenossinnen, laut Zambon,[179] auf große Beliebtheit. Alles in allem läßt sich im Itali-en des 18. Jahrhunderts, vor allem in der Aristokratie, eine starke Beeinflussung durch französische Modeerscheinungen verzeichnen, an der die Frauen eine nicht geringe Beteiligung hatten.[180] Noch heute haben die *Lettres* eine relativ bedeutende Präsenz in der italienischen Literaturwissenschaft. Stammt doch die erste Neuauflage der *Lettres* im 20. Jahrhundert und gleichzeitig auch die einzige textkritische Ausgabe des Romans von G. Nicoletti (1967) aus Italien. Zugleich haben die Italiener die erste Neuübersetzung der *Lettres* im 20. Jahrhundert in eine Fremdsprache aufzuweisen.[181]

IV.2.2. Deutschland

Im deutschsprachigen Raum scheint Françoise de Grafigny eher über ihr komisches Rührstück *Cénie* als über die *Lettres* rezipiert worden zu sein.[182] Außer Anmerkungen von Goethe und Lessing über *Cénie* habe ich in literaturkritischen Schriften sowie in edierten Briefwechseln von deutschen Autoren und Autorinnen keine Hinweise auf eine Rezeption der Werke von Françoise de Grafigny finden können. Immerhin sind jedoch in unterschiedlichen Bibliographien vier verschiedene deutsche Übersetzungen aus den Jahren 1750 bis 1828 verzeichnet.[183] Im *Allgemeinen literarischen Anzeiger* von 1800 befindet sich in der Beilage zu Nr. 6 vom 10. Januar 1800 eine Ankündigung der im selben Jahr beim Verlagshaus Fröhlich erschienenen Neuübersetzung der *Lettres*.[184] Bei diesem Band handelt es sich um eine Übersetzung der ersten Ausgabe der *Lettres* von 1747 mit dem anonym erschienenen Supplement des gleichen Jahres. Die „Introduction Historique" fehlt. Insgesamt handelt es sich um eine sehr getreue Übersetzung des Originals. Zu derselben Ausgabe steht eine kurze Verlagsankündigung im *Neuen Deutschen Merkur* von 1800, in der auch auf die erste deutsche Übersetzung der *Lettres* von 1750 eingegangen wird, die jedoch für das Publikum von 1800 bereits als ‚nicht mehr lesbar' bezeichnet wird. In der Vorankündigung wird auch der große internationale Erfolg der *Lettres* erwähnt, der andere Werke dieser Art in den Schatten stellte:

> *Zilia – Briefe einer Peruanerin –* nach dem franz. der Graffigny neu bearbeitet, broch. 1 Thlr.
>
> Die Persischen Briefe, mit welchen der unsterbliche Montesquieu seine schriftstellerische Laufbahn begann, erhielten den entschiedenen Beifall von ganz Europa in zu hohem Grade, um nicht einem Schwarme von Nachahmungen das Dasein zu geben. Allein diese hatten das gewöhnliche Loos aller Nachahmungen. Türkische, Chinesische, Japanische, Trosesische Briefe sind ganz vergessen; ja selbst die jüdischen Briefe des witzigen Marquis d'Argens kennt man mehr dem Namen nach als man sie liest. Nur die Briefe einer Peruanerin von der feinempfindsamen Graffigny verfaßt, dauerten fort und stiegen ihrem Vorbilde zur Seite gesetzt zur klassischen Würde empor. Noch immer liest's Frankreich mit Entzücken, wie die bis in die neuesten Zeiten so oft wiederholten Auflagen beweisen. Auch das Ausland schätzt sie nicht minder. Noch in dem gegenwärtigen Jahrzehnt traten in England und Italien neue Übersetzungen ans Licht. [...] Deutschland besaß bisher nur eine ältere, gleich nach dem Erscheinen des Originals zu Breslau gedruckte Übersetzung, welche für unsere Zeiten nicht mehr lesbar ist. Vielleicht weiß man es daher dem Verfasser der gegenwärtigen Bearbeitung Dank, daß er einen der reizendsten französischen Romane, [...] aufs neue ins Publikum brachte.[185]

Interessant ist dabei allerdings, daß H. Fröhlich die *Briefe einer Sonnenpriesterin*, die bei Heinsius erwähnt werden, nicht mit den *Lettres* in Verbindung bringt. Der *Allgemeine literarische Anzeiger* von 1797 erwähnt auch die Neuerscheinung einer zweisprachigen Ausgabe der *Lettres* von Deodati, die der Autor der Notiz zum Anlaß nimmt, über eine Kontroverse zum Thema ‚femmes-auteurs' zu berichten:

> Seit kurzem haben sich in der Französischen Schriftstellerwelt auch wieder einige Damen als vorzügliche Schriftstellerinnen ausgezeichnet. Die kurze Nachricht, die wir vom neuesten *Musen-Almanach* gegeben haben, hat mehrere derselben genannt. Diese Erscheinung hat sonderbarer Weise eine heftige Streitigkeit über die Frage

erregt: ob es Damen erlaubt sein dürfte, sich mit der Dichtkunst und mit der Literatur überhaupt zu beschäftigen. Man hat in Prosa und Versen für und gegen die Schriftstellerinnen, vorzüglich gegen die Dichterinnen, jedoch mit französischer Artigkeit geschrieben. Die Vertheidiger derselben werden wenigstens den Vorteil auf ihrer Seite haben, daß Frauenzimmer von Talenten fortfahren werden sich als Schriftstellerinnen zu regen.[186]

Diese Debatte zeigt, daß Frankreich auf dem Gebiet der schriftstellerischen Tätigkeit von Frauen wesentlich fortgeschrittener war als Deutschland. Davon zeugt auch die Stellungnahme Sophie von La Roches in ihrer Frauenzeitschrift *Pomona*, in der sie über die intellektuell tätigen Frauen in Frankreich schreibt, wobei sie erstaunlicherweise für das 18. Jahrhundert Madame du Châtelet, Madame le Prince de Beaumont, Madame du Boccage, Madame d'Antemont, Madame de Riccoboni und Madame de Genlis anführt, nicht jedoch Madame de Grafigny. Es stellt sich an dieser Stelle die Frage, ob Sophie von La Roche die *Lettres* nicht gelesen hat oder aber, ob sie ihren moralischen Ansprüchen nicht entsprachen. Insgesamt läßt sich festhalten, daß bei deutschsprachigen Autoren und Kritikern die *Lettres* unerwähnt bleiben.

Die einzige Ausnahme bildet der Baseler Isaak Iselin, der bei einer Parisreise die Gelegenheit hatte, Madame de Grafigny persönlich kennenzulernen. Er schreibt über sie:

Pour Mme de Graffigny, j'en suis enchanté, et j'ai le bonheur d'être très bien avec elle. Je me flatte maintenant que peutêtre je pourrois obtenir la permission de lui écrire; elle me marque beaucoup de confiance et d'amitié. On trouve du moins autant de plaisir dans son commerce que dans la lecture de ses inimitables ouvrages [...][187]

Am 20. Mai 1752, also noch bevor er Françoise de Grafigny kennenlernte, schreibt Iselin über seine Lektüre der *Lettres*: „Die meisten *Lettres d'une Péruvienne* gelesen. Wie trefflich, wie delicat sein dieselben nicht geschrieben. Ich bin von der Lektüre ganz entzückt."[188]

Insgesamt erweist sich die Rezeptionssituation der *Lettres* in Deutschland als relativ undurchsichtiges Phänomen. Die Kritik der *Lettres*, sofern diese erwähnt werden, ist durchaus positiv zu bewerten. Nur zeugt die insgesamt spärliche Anzahl der Kritiken von einer relativ geringen Beachtung des Werkes. Dies mag zum Teil daran liegen, daß in Deutschland in der zweiten Hälfte des 18. Jahrhunderts, die Entwicklung der bürgerlichen Gesellschaft mit ihrer spezifischen Rollenteilung und einem neuen Frauenbild[189] bereits so weit fortgeschritten war, daß die *Lettres* nicht dem Erwartungshorizont, insbesondere den moralischen Ansprüchen der deutschen Leserschaft entsprachen.

V. ZUSAMMENFASSUNG

Anhand des monophonen Briefromans *Lettres d'une Péruvienne* von Françoise de Grafigny habe ich versucht, die verschiedenen Anwendungsbereiche der feministischen Literaturwissenschaft zu demonstrieren. Dies geschah nicht zuletzt mit dem Ziel, diesem Roman zu verstärkter Beachtung innerhalb der romanistischen Literaturwissenschaft zu verhelfen. Im interpretatorischen Teil dieser Arbeit konnten wir sehen, daß die Autorin sich in hohem Maße mit den literarischen Darstellungsformen ihrer vor allem männlichen Vorbilder auseinandersetzt, wie zum Beispiel mit Montesquieus *Lettres Persanes* und Voltaires *Alzire*. Literarische Modeerscheinungen der ersten Hälfte des 18. Jahrhunderts wie die literarische Perspektive des ‚fremden Blicks‘, der ‚Bon-Sauvage-Mythos‘, also die allgemeine Vorliebe für den literarischen Exotismus werden von Françoise de Grafigny im Hinblick auf die Frage der Alterität, und zwar der gedoppelten Alterität als Frau und als Ausländerin umgeschrieben. Die Frage der Relativität wird damit nicht nur in bezug auf andere Kulturen gestellt, sondern auch auf die Beziehung der Geschlechter untereinander ausgeweitet. Die Perspektive des ‚fremden Blicks‘ führt dabei zu einem hohen Grad an Selbstreflexivität. Der Blick auf die anderen führt gleichsam auf sich selbst zurück, und der Roman wird zum Ort der Selbstreflexion der Protagonistin Zilia und damit auch seiner Autorin. Genauso erhält das Motiv der unglücklichen Liebe eine andere Dimension, wenn die Enttäuschung über die Untreue des Geliebten wie in den *Lettres* durch den Prozeß des Schreibens sublimiert wird und nicht etwa wie bei traditionellen Plotstrukturen zum Tod oder zur Heirat der enttäuschten Geliebten führt. Der bewußte Entschluß, die Plotstruktur des Romans dahingehend umzugestalten, daß sich ein alternativer weiblicher Lebensentwurf mit einer alternativen Mann-Frau Beziehung ergibt, hat gezeigt, daß es ungerechtfertigt ist, den Roman noch länger als mißglückten Liebesroman oder als minderwertigen philosophischen Roman zu lesen. Er muß vielmehr als ‚weiblicher‘ Entwicklungsroman verstanden werden, der eine ‚weibliche‘ Lebensutopie entwirft.

Der hohe Grad an Selbstreflexion sowie der Entwurf einer weiblichen Lebensutopie, in deren Mittelpunkt das Schreiben steht, bestätigen sich bei der Untersuchung der Genese des Romans. Ein Vergleich der privaten Korrespondenz der Autorin mit ihrem Briefroman, d. h. der fiktiven privaten Korrespondenz ihrer Protagonistin, zeigt, daß diese in hohem Maße als Projektionsfigur für die Autorin funktioniert, als Mittel, die eigene Person zu reflektieren, sich mit den eigenen Lebensbedingungen auseinanderzusetzen und damit ein alternatives Lebensmodell zu formulieren. Dieses wirkt wiederum, wie wir im Vergleich mit der privaten Korrespondenz feststellen konnten, auf das reale Leben der Autorin zurück. Die Genese des Romans belegt, daß die Literatur für die Autorin zur Vermittlerin zwischen Ideal und Realität wird. Des weiteren zeigt uns die Untersuchung der Genese der *Lettres*, daß für Françoise de Grafigny spezifische materielle Produktionsbedingungen bestehen wie z. B. finanzielle Nöte und gesellschaftliche Verpflichtungen, die ihre literarische Arbeit beeinflussen und behindern. Im Hinblick auf den Zusammenhang zwischen Gattung und Genese läßt sich feststellen, daß die

Wahl der Gattung des Briefromans sehr zu der Kohärenz des Inhalts der *Lettres* beiträgt. Das Medium des Briefes scheint besonders geeignet, als Metadiskurs des Schreibens zu fungieren, auf der Ebene des Romans wie auf der Ebene der privaten Korrespondenz. Die *Lettres* als Briefroman reflektieren die Entstehung des Briefromans überhaupt; die private Korrespondenz wird zum Metadiskurs über die Entstehung der *Lettres*.

Vor dem Hintergrund dieser ersten beiden Fragestellungen, das heißt einer inhaltlichen Interpretation im Vergleich mit 'männlichen' Vorbildern sowie die Untersuchung der Genese, ergeben sich zwei grundsätzliche Lesarten des Romans: Zum einen kann der Roman als ein Umschreiben bereits vorhandener literarischer Muster auf die persönlichen Bedürfnisse der Autorin hin gelesen werden, zum anderen als utopischer weiblicher Lebensentwurf, wobei sich beide Interpretationen miteinander verbinden lassen. Der fiktive Lebensentwurf resultiert nämlich gerade aus der Selbstreflexivität des ‚fremden Blicks' Zilias und ihrer Distanz verursachenden Position als ‚gute Wilde'.

Die Analyse der Rezeptionsgeschichte der *Lettres* zeigt jedoch, daß diese Lesarten von den Kritikern der *Lettres* nie realisiert wurden. Diese beurteilen den Roman vielmehr vor dem Hintergrund ihres literarischen Erfahrungshorizontes, der von männlichen Modellen geprägt ist. Die Andersartigkeit des Werkes – dies manifestiert sich vor allem in bezug auf das Ende des Romans – wird gemeinhin mit der Minderwertigkeit desselben gleichgesetzt. Dabei wandeln sich die Rezeptionsbedingungen für die *Lettres* – wie für literarische Werke von Frauen allgemein – vom 18. zum 19. Jahrhundert sehr stark. Davon zeugt unter anderem die Anzahl der literaturhistorischen Werke, die Frauenliteratur mit aufnehmen oder dieser speziell gewidmet sind und die in ihren Einleitungen oft auf das Thema der ‚schreibenden Frau' eingehen. Im 18. Jahrhundert herrscht insgesamt eine relativ große Akzeptanz schreibenden Frauen gegenüber, die in der privaten Korrespondenz Françoise de Grafignys zum Ausdruck kommt. In ihrem Haus verkehren bedeutende Kritiker wie Turgot und Fréron. Als Autorin der *Lettres* und *Cénies* scheint sie gemeinhin anerkannt gewesen zu sein. In den Äußerungen eines La Porte über die Frauen als Autorinnen literarischer Werke finden im übrigen Fragestellungen der Aufklärung ihren Niederschlag, wie die nach der intellektuellen Unterlegenheit der Frau.

Der Schnitt in der Rezeptionsgeschichte der *Lettres* im Jahre 1835 fällt dagegen mit der allgemeinen sozio–historischen Entwicklung nach der französischen Revolution zusammen, die im Code Napoléon ihre juristische Legitimation erfährt. Mit dem Aufkommen der bürgerlichen Gesellschaft und der Trennung von privatem und öffentlichem Leben geht der Rückgang von schreibenden Frauen in der französischen Literatur einher.[1] Es stellt sich nicht nur das juristische Problem der Autorschaft, denn die Frauen waren praktisch unmündig, sondern auch das der allgemeinen Akzeptanz schreibenden Frauen gegenüber. Zugleich etabliert sich die Gattung des Romans vor allem in Form des realistischen Romans gegen Mitte des 19. Jahrhunderts, der den sogenannten 'sentimentalen Roman' verdrängt. In diesem Zeitraum fällt außerdem die Etablierung des literarischen Schulkanons, der bis heute Gültigkeit hat. Die Tatsache, daß dieser Kanon sich in einer Zeit herausbildet, in der Frauen generell aus dem öffentlichen Leben zurückgedrängt werden, erklärt zumindest zum Teil, warum so viele Werke von

Frauen nicht in den Kanon aufgenommen worden sind. Weiterhin erklärt das Interpretationsverhalten der Kritiker diesen Prozeß, die die Beurteilung des Romans vor allem auf die Gefühlsdarstellung reduzieren. Nach 1835 war dieser Aspekt nicht mehr bedeutend, denn der realistische Roman hatte den ‚sentimentalen' Roman verdrängt. Alles, was die Überzeitlichkeit der *Lettres* hätte ausmachen können, wurde jedoch, wie wir gesehen haben, von der Kritik nicht beachtet. Vielmehr wurde die Andersartigkeit der *Lettres*, die im 18. Jahrhundert bereits einen Kritikpunkt darstellte, als Minderwertigkeit betrachtet, und die *Lettres* wurden unter dem Stichwort ‚unbedeutender sentimentaler Roman' wieder vergessen.

Die Untersuchung der *Lettres* unter den drei Gesichtspunkten der Textinterpretation, der Genese und der Rezeption hat die Notwendigkeit der Anwendung einer ‚Gender'–spezifischen Perspektive in der Frauenliteratur gezeigt. Frauenliteratur kann nicht mit den herkömmlichen Methoden der Literaturwissenschaft gelesen werden. Der eigene Erfahrungshorizont von Frauen, ihre spezifische Sozialisation in der jeweiligen Epoche, die spezifischen materiellen Produktionsbedingungen ihrer Werke sowie die unterschiedlichen Rezeptionsbedingungen für die Literatur von Frauen und Männern erfordern eine spezifische Herangehensweise an Frauenliteratur. Es zeigt sich jedoch im bisherigen Methodenstreit innerhalb der feministischen Literaturwissenschaft, daß die Frage nach der Methode möglichst weit definiert werden muß. Um Literatur von Frauen gerecht zu werden, müssen alle Aspekte und Fragestellungen berücksichtigt werden, die innerhalb der Literaturwissenschaft eine Rolle spielen: Die textimmanente Interpretation, immer vor dem Hintergrund der Gender–Problematik, wie auch die Beachtung des sozio-historischen Hintergrundes. Weiterhin hat sich bei der Analyse der Genese der *Lettres* gezeigt, daß der repräsentative Charakter des literarischen Werkes nicht im Zuge poststrukturalistischer Tendenzen negiert werden darf, spielt er doch in der Literatur von Frauen eine besondere Rolle. Die Zuhilfenahme von biographischen Dokumenten einer Autorin, wie z. B. ihrer privaten Korrespondenz, ist deshalb notwendig, was jedoch nicht gleichbedeutend mit einer Reduzierung ihres Werkes auf ihre Biographie ist. Genauso müssen die Bereiche der Rezeption und der Interpretation des Werkes zusammen betrachtet werden, erklären doch die Verfahren der Interpretation die Mechanismen der Rezeption und der Kanonbildung. Es ist ein Desiderat in der französischen Literaturwissenschaft, systematisch die französische Frauenliteratur nach diesen Gesichtspunkten auszuwerten, um Traditionslinien in der Frauenliteratur zu entwickeln – wie z. B. J. DeJean es für die Gattung des Romans getan hat[2] – und die Literaturgeschichte unter Berücksichtigung dieser Erkenntnisse neu zu schreiben.

VI. ANHANG: TRANSKRIPTION
DES MANUSKRIPTES DES 29. BRIEFES DER
LETTRES D'UNE PÉRUVIENNE VON 1752[1]

Folio 53

letre 29 e

1   Je netois pas fort loin de

2   la verite mon cher aza

3   en pensant que le superflus

4   pouvoit etre Lidole des

5   françois. les lumieres que

6   Je tiens la dessus de leur

7   indiscretion naturelle me

8   confirme [a tout moment]
    [me] fait passer de ladmiration de

9   dans mon opinion et [le] leur genie au mepris de ce
    qu'ils font.

10 le tumulte qui reprit

11 ici [c]'est enfin apaise, Jai

12 pu lier quelque conversation

13 particuliere, Jai fais des

14 questions on m'a repondus
    Je suis instruite.

15 [cest asses pour etre instruite.]

16 cest avec une bonne foy

17 hors de toute croiance que

18 les francois devoilent les
    [leur]   [extravagants]

19 [misteres de gout / ein unlesbares Wort /]

20 [et de leur conduite insensee]

21 [et de la perver]

22 misteres de leur gout

23 insense de Leurs mœurs

24 perverses ou frivoles, et de les

25 de leur conduite extravagante.

26 [de tous les aveux que]   par tous les aveux quils
                                        m'ont fait

27 [Jen ai tire mon cher aza]

28 Je vois tres distinctement

28 que cest le gout effrene

29 de la nation pour le

30 superflus qui eleve les

31 fortunes et qui les renverse   qui detruit les mœurs

32 [qui fait connaitre les / ein unlesbares Wort /]   et les remplaceroit par
                                                une emple formulaire

33 [dont un emple formulaire]   de politesse.[et] qui
                                        etablit la seconde

34 [de politesse fonde sur]   subtilité

35 les esprits de lhumilite]

36 [et qui etablit labondante subtilite]

37 [sterilite de lesprit sur]

38 les ruïnes de Jugement

39 et de la raison. mais ce

40 qui va sans doute te paroitre

41 encore plus in [explicable] mon cher aza

42 cest que ces memes françois

avides   tout ce qui nest point utile

1   [/ ein unlesbares Wort /] de [superfluites]

2   entoure de point penses

3   [Superfluites] negligent dedaigne
                          qu'ils

4   oublient meme le necessaire. / unlesbares Wort / commencent a le regarder comme

5   [relegué avec mepris]
    [presque]

6   [il est cet regardé comme]

7   un ridicule ignoble.------

8   artisans aise [ou] il ne

9   se trouve plus [/ ein unlesbares Wort /]

10   que rarement chez le

11   bourgeois notable.

12   Les marchands par un

13   comerce direct avec les

14   grands seigneur contractent

15   une partie de leur gouts.
             epouse

16   leur [femmes] portent les

17   memes ornemens [superflus]

18   que les [autres] femmes

19   du monde. [ils s'habillent]

20   [des memes etoffes quils]

21   ils ont des livres des

22   bijoux des porcelaines enfin
               les

23   des inutilites. [Leurs] mœurs [ne]

24   [et leur bonne foy ne]

25   consistent que dans les

26   protestations polies [quils]

27 de leur bonne foy.

28 ils etalent lesprit avec

29 leurs marchandise. [ils]

30 en un mot ils rendent

31 [homage] a leur façon

32 homage au superflus

33 et finissent assez souvent

34 par faire banqueroute

35 au necessaire

36 il ny a en france quune

37 classe d'adorateurs du superflus

38 qui porte sa gloire au

39 plus haut degre sans le

40 separer du necessaire.

41 le culte qu'ils lui rendent

42 est solide magnifique

Folio 65

1 je cherche peutetre en sont ils

2 les inventeurs et les grands

3 / ein unlesbares Wort / pousses demulation

4 on voulu les imiter, mais

5 ils ne sont que les martirs

6 de cette religion.

7 quelles peines, quels embaras

8 quel travail dimagination
       leurs
9 pour multiplier [les] offrandes

10 [presentées a L'idole] malgre

11 la dimunition Journaliere

12 du total des revenus.

13 il y a peu de grands

14 seigneur qu [nen payera]

15 ne mettent en usage plus

16 dindustrie de faussetes et

17 dinjustices pour illustrer

18 le superflus que leurs

19 encetres n'ont emploie de

20 prudence de valeur et

21 de talens utiles pour

22 aquerir le necessaire.

23 tu connois la verite de

24 mon / ein unlesbares Wort / mon cher aza

25 et tu ne pense pas que

26 Je te revelasses de pareils

27 misteres si je ne les tenois publiquement

28 de la bouche meme de

29 ceux qui les pratiquent.

30 il se passent peu de Jours

31 ou Je nentende avec

32 indignation les Jeunes

33 gens se disputer la gloire
          de
34 [dautrui] tromper le plus habilement

35 [finement] [les] artiste les

36 gens daffaires et Jusquaux
           afin de
37 artisans. [pour] tirer deux toutes sortes de superflus

38 [les superfluites consacrees]

39 [a lidole] au depend du
          miserables
40 necessaire des [gens] qui

41 ne travaillent que pour vivre.

Folio 66

1   des gens plus senses [mais]

2   que ces etourdis mais non

3   moins indiscrets, [et gemissant]
      convainquu

4   mont [apris] en gemissant

5   sur une pretendue obligation

6   de suivre lusage quils ne font

7   [comme leur]

8   [tout]   [leur]   [eclat leur]

9   [magnificence n'est fondee]

10   [que sur une pauvrete]

11   [secrete]. riches que dinutilite
      et richement

12   pauvre du necessaire

13   que leur eclats et leur magnificence

14   est semblable a de certaines

15   peintures dont Jai oublié

16   de te parler. de loin

17   elles presentent un objet
         objet

18   point de / ein unlesbares Wort / tres agreable

19   a mesure quon s'en aproche

20   les traits se brouillent

21   et quand [on est asses]

22   [pret pour ne rester]

23   on n'en est [plus] qua

24   une tres courte distance

25   on ny voit [quun] quune

26   diformite monstrueuse.

Folio 60 ?   (unteres Blatt)

1   des gens plus senses mais non
                      que ces etourdis
2   moins indiscrets   [m'ont]

3   ne m ont laissé aucun doute

4   sur des secrets que je n'avois

5   osé penetrer.

6   sous le pretexte de visiter

7   la maison ils m'ont fait voir

8   dans les chambres de ces gens

9   [/ ein unlesbares Wort /] charge de parures

10 eblouissantes dont je tai parlé

11 la pauvreté reelle. a coté de

12 la magnificence et laneantissement

13 du necessaire sous le triomphe

14 du superflus. nous y sommes entres

15 [entres le matin] au moment

16 quils venoient den sortir. ah mon cher aza par ce qui reste
                                          deux que la difference des
17 [mon cher aza quelle difference] gens du matin a ceux de

18 [des gens du matin a ceux de] lapres midi [en] est frapante.
                                          [chez les femmes on trouve]
19 / hier beginnt das über den   [epars sur leur toilette de]
    geschriebenen Text neu aufgelegte Blatt /

150

folio 60 ?   überliegendes Blatt

1   chez les femmes on voit epars

2   sur leur toilette des bijoux

3   des pierreries image de

4   lopulence, avec une bource

5   vide et des morceaux rompus

6   [/ ein unlesbares Wort /] de tout ce qui est dusage

7   indispensable image du

8   besoin et de lindigence

9   chez les hommes on trouve

10 dun coté les habillemens

11 du matin malpropre delabres

12 des ouvrages de grand prise

13 que lon nomme dentelles

14 tenant

20 avec peine a des limbeaux

21 de linge qui conservent encore

22 leur usage quoiqu'on puisse

23 a peine en demeler la forme,   et de lautre le vetement
                                      magnifique qui a
24 [se trouvant a coté des habits] [vetement]
                                      servi la veille a
25 [dont Lopulente apparence doit cacher]
                                      cacher la pauvrete
26 [doit leur servir le reste du]   reelle sous les dehors
                                      du superflus. Je ne
27 [Jour la pauvrete reelle]
                                      te raporte mon cher aza
28 [du necessaire]

29 [le reste du Jour aux yeux]
                                      que la pauvreté des
30 [de tout le monde la pauvrete]   riches le superflus des

31 [reelle sous les dehors]   malaisé ne seroit pas

32 [superflus.]   moins curieux a detailler

33   mais trop dificile a
                                               bien
34   [te rend] t'expliquer clairement

35   Je ne veux tinstruire

36   que des faits principaux

37   afin qua ton arrivee

38   tu marque moins de cette

39   surprise [que] dont les françois

VII. ANMERKUNGEN

I. Einleitung

1 Die *Lettres d'une Péruvienne* werden im folgenden der Einfachheit halber als *Lettres* abgekürzt.

2 Raynal, G.-T., *Correspondance littéraire, philosophique et critique par Grimm, Diderot, Raynal, Meister*, etc., Ed. Maurice Tourneux, Paris 1877, Bd.1, Reprint Lichtenstein 1968, S. 132.

3 La Porte, J. de, *Observations sur la littérature moderne*, London/Paris 1752, Bd. 1, S. 36. Die Orthographie der aus dem 18. Jahrhundert stammenden Originalausgaben wird beibehalten.

4 Fréron, E., *Lettres sur quelques écrits de ce temps*, Paris/London 1752, Bd. 5, S. 334.

5 Smith, D., „The Popularity of Mme de Graffigny's Lettres d'une Péruvienne", in: *Eighteenth Century Fiction*, Oct. 1990, S. 6.

6 Die drei französischsprachigen Supplemente sind in der textkritischen Ausgabe der *Lettres* von G. Nicoletti zu finden: Nicoletti, G. (Hrsg.), *Mme de Grafigny, Lettres d'une Péruvienne*, Bari 1967, S. 325 ff.

7 In: Nicoletti, G., 1967, a.a.O., S. 325 ff.

8 Lamarche-Courmont, H. I., de, *Lettres d'Aza ou d'un Péruvien, Conclusion des Lettres Péruviennes*, in: Nicoletti, G., a.a.O., S. 343 ff.

9 Vgl.: Nicoletti, G., 1967, a.a.O., S. 49-67.

10 Ebda., S. 55 f.

11 Ebda., S. 395 ff.

12 Sainte-Beuve, C.-A. de, *Causeries du Lundi*, Paris 1852, S. 102.

13 Vgl.: Aubray, G., „Mme de Graffigny", in: *Le Correspondant*, Bd. 253 (1913), 5ème livraison, 10 décembre 1913; und Noël, G., *Une ‚primitive' oubliée de l'école des ‚cœurs sensibles'*, Madame de Grafigny, Paris 1913, S. 172 ff.

14 Nicoletti, G. (Hrsg.), *Mme de Grafigny, Lettres d'une Péruvienne*, Bari 1967. Diese Ausgabe enthält neben dem Text von 1752, dem alle Veränderungen gegenüber der Ausgabe von 1747 in Fußnoten beigefügt sind, auch die drei französischsprachigen Supplemente, die Bibliographie der wichtigsten Ausgaben der *Lettres* sowie ein Dossier mit einigen kritischen Artikeln zum Werk und seiner Verfasserin.

15 Bray, B., Landy-Houillon, I. (Hrsg.), *Lettres Portugaises, Lettres d'une Péruvienne et d'autres romans d'amour par lettres*, Paris 1983.

16 Piau-Gillot, C. (Hrsg.), *Mme de Graffigny, Lettres d'une Péruvienne*, 1747, Paris 1990. Diese Ausgabe enthält einige Fehler. C. Piau-Gillot gibt vor, die Ausgabe von 1752 als Textgrundlage genommen zu haben, doch handelt es sich hierbei tatsächlich um die Ausgabe von 1747 mit dem Supplement des gleichen Jahres, das jedoch von C. Piau-Gillot nicht als solches gekennzeichnet wird.

17 Zur Bewertung der Neuausgaben der *Lettres*, vgl. Smith, D., „Graffigny Redivia: Editions of the *Lettres d'une Péruvienne* (1967-1993)", in: *Eighteenth Century Fiction*, Nr. 1, October 1994, S. 71-78.

18 Trousson, R. (Hrsg.), *Romans de femmes du XVIIIe siècle*, Paris 1996, S. 59-164.

19 Vgl.: Cixous, H., *La Venue à l'écriture*, Paris 1977.

20 Zur Unterscheidung dieser Begriffe, vgl. Kroll, R., „Feministische Positionen in der romanistischen Literaturwissenschaft", in: Kroll, R., Zimmermann, M. (Hrsg.), *Feministische Literaturwissenschaft in der Romanistik. Theoretische Grundlagen – Forschungsstand – Neuinterpretationen*, Stuttgart/Weimar 1995, S. 26-49.

21 Ebda., S. 32.

22 Showalter, En. jr., *An Eighteenth Century Best-Seller: ,Les Lettres Péruviennes'*, Diss., Yale 1964.

23 Nicoletti, G., 1967, a.a.O.

24 Vgl, z. B.: Coulet, H., *Le roman jusqu'à la révolution*, Paris 1967, S. 382 ff.

25 DeJean, J., Miller, N. K. (Hrsg.), *Lettres d'une Péruvienne*, MLA 1993.

26 Kornacker, D. (Übers.), *Letters from a Peruvian Princess*, MLA 1993.

27 Stackelberg, J. v., *Literarische Rezeptionsformen, Übersetzung, Supplement, Parodie*, Frankfurt/Main 1972, S. 132-145; ders., „Die Kritik an der Zivilisationsgesellschaft aus der Sicht einer ,guten Wilden': Mme de Grafigny und ihre *Lettres d'une Péruvienne*", in: Baader, R., Fricke, D. (Hrsg.), *Die französische Autorin vom Mittelalter bis zur Gegenwart*, Wiesbaden 1979, S. 131-145.

28 Stackelberg, J. v., 1972, a.a.O., S. 135.

29 Ders., „Madame de Grafigny, Lamarche-Courmont et Goldoni: *La Peruviana* comme ,réplique littéraire'", in: *Mélanges à la mémoire de Franco Simone. France et Italie dans la culture européenne*, Bd. 2, Genf 1981, S. 517-529.

30 Weißhaupt, W., *Europa sieht sich mit fremdem Blick. Werke nach dem Schema der ,Lettres Persanes' in der europäischen, insbesondere der deutschen Literatur des 18. Jahrhunderts*, Frankfurt/Main 1979, Bd. 2/1, S. 166.

31 Schrader, L., „Die ,bonne sauvage' als Französin, Probleme des Exotismus in den *Lettres d'une Péruvienne* der Madame de Grafigny", in: *Französische Literatur im Zeitalter der Aufklärung, Gedächtnisschrift für Fritz Schalk, Analecta Romana*, Heft 48, 1983, S. 313-335.

32 Kroll, R., „Mme de Grafignys *Lettres d'une Péruvienne*: Aufbruchsphantasien einer Außenseiterin", in: *Frauen – Literatur – Politik, Dritte Tagung von Frauen in der Literaturwissenschaft*, 16.-19. Mai 1986 in Hamburg, Reader, Sektion I, (Frauen, Tod/Tötung), S. 47-62.

33 Dies., „Die ,edle Wilde' mit ihrem ,naiven Blick'", in: *Virginia*, Oktober 1988, Nr. 5, S. 14.

34 Dies., „Der Briefroman als Verdoppelung und Spiegelung des eigenen Selbst: *Lettres* und *Lettres d'une Péruvienne* der Madame de Graffigny", in: Holdenried, M. (Hrsg.), *Geschriebenes Leben. Autobiographik von Frauen*, Berlin 1995, S. 95-108. Ich möchte Renate Kroll an dieser Stelle dafür danken, mir den Artikel vor seiner Veröffentlichung zur Verfügung gestellt zu haben.

35 Steinbrügge, L., „Verborgene Tradition. Anmerkungen zur literarischen Kanonbildung", in: Kroll, R., Zimmermann, M. (Hrsg.), a.a.O., S. 200-213.

36 Zu den Ausnahmen gehören: Abraham, u. a. (Hrsg.), *Manuel d'Histoire littéraire de*

la France, Paris 1969; Coulet, H., *Le roman jusqu'à la révolution*, Paris 1967, S. 382 f.

37 Vgl.: Versini, L., *Le roman épistolaire*, Paris 1972, S. 78 f.; Fauchéry, P., *La destinée féminine dans le roman européen du 18ᵉ siècle*, Paris 1972.; Mercier, M., *Le roman féminin*, Paris 1976, S. 175.

38 Vgl.: Bray, B., Landy-Houillon, I. (Hrsg.), *Lettres Portugaises, Lettres d'une Péruvienne et d'autres romans d'amour par lettres*, Paris 1983, S. 44 ff.

39 Piau-Gillot, C. (Hrsg.), *Lettres d'une Péruvienne, 1747, Françoise de Grafigny*, Paris 1990, S. 7 ff.

40 Trousson, R. (Hrsg.), *Romans de femmes du XVIIIᵉ siècle*, Paris 1996, S. 59-77.

41 Groupe d'Etudes du XVIIIᵉ siècle, *Vierge du soleil – Fille des Lumières. La Péruvienne de Mme de Grafigny et ses suites*, Strasbourg 1989.

42 Schneider, J.-P., „Les *Lettres d'une Péruvienne*, Roman ouvert ou roman fermé", in: a.a.O., S. 7-48.

43 Hoffmann, P., „Les *Lettres d'une Péruvienne*, Un projet d'autarcie sentimental", a.a.O., S. 49-76.

44 Roth, S., „Plaisir d'être ou de connaître", in: a.a.O., S. 77-92.

45 Hartmann, P., „Turgot, Lecteur de Madame de Grafigny: note sur la réception des *Lettres d'une Péruvienne*", in: a.a.O., S. 113-122.

46 Rustin, J., „Sur les suites françaises des *Lettres d'une Péruvienne*", in: a.a.O., S. 123-146.

47 Herry, G., „Du petit roman à la comédie en vers: *La Peruviana* de Goldoni", in: a.a.O., S. 147-179.

48 Landy-Houillon, I., „Les lettres de Mme de Graffigny entre Mme de Sévigné et Zilia: étude de style", in: Bérubé, G., Silver, M.-F. (Hrsg.), *La lettre au XVIIIᵉ siècle et ses avatars*, Actes du Colloque international tenu au Collège universitaire Glendon, Université York, Toronto, 29 avril-1ᵉʳ mai 1993, Toronto 1996, S. 67-81.

49 Nicoletti, G., a.a.O.

50 Morino, A. (Übers.), *Madame de Grafigny, Lettere di una Peruviana*, Palermo 1992, S. 187.

51 Collo, P., „I nodi e le lettere", in: Aculis, C., Morino, A. (Hrsg.), *L'America dei Lumi*, Torino 1989, S. 89-106.

52 Martinetto, V., „Metamorfosi di una Peruviana", in: a.a.O., S. 107-126.

53 Showalter, En. jr., 1964, a.a.O.

54 Dewey, P. S. V., *Mesdames de Tencin et de Graffigny, deux romancières oubliées de l'école des cœurs sensibles*, Diss. A. I. 37, 1976/77, 2218, Section A.

55 Alcott, L. S., *The Theme of Autonomy in the Life and Writing of Madame de Graffigny*, Diss., University of Colorado at Boulder 1990.

56 Daniels, Ch. M., *Subverting the Family Romance: Françoise de Graffigny's ,Lettres d'une Péruvienne', Isabelle de Charrières ,Lettres écrites de Lausanne', and Georges Sand's ,Indiana'*, Diss. A. I., University of Pensylvania 1992, Order Nr. DA 9235 129.

57 Grayson, V., „La Genèse et la réception des *Lettres d'une Péruvienne* et de *Cénie* de

Madame de Graffigny", in: *Œuvres et Critiques. Revue internationale d'étude de la réception critique des œuvres littéraires de langue française*, 1994, 19/1, S. 139-141.

58 Vgl.: dazu: Kroll, R., 1995, a.a.O., S. 26-42.

59 Showalter, En. jr., „Mme de Graffigny and her Salon", in: *Studies on 18th Century Culture* 6, 1977, S. 377-391., ders.; „The Beginnings of Mme de Graffigny's Literary Career: A Study in the Social History of Literature", in: *Essays on the Age of Enlightenment in Honor of Ira O. Wade*, Genf/Paris 1977, S. 293-304; ders., „Mme de Graffigny and Rousseau: Between the two Discourses", in: *Studies on Voltaire and the 18th Century*, 175, 1978.

60 Ders., „Les *Lettres Péruviennes*, composition, publication, suites", in: *Archives et bibliothèques de Belgique* 54, Nr. 1-4, 1983, S. 14-28.

61 Vgl.: Undank, J., 1988; Altmann, J. G., 1989/1991, Alcott, L. S., 1990, Douthwaite, J. V., 1991, Sherman, C. L., 1992. Zu den genauen bibliographischen Angaben, vgl. Bibliographie.

62 Miller, N. K., *Subject to Change. Reading Feminist Writing*, New York 1988, S. 125-161.

63 Undank, J., „Graffigny's Room of her Own", in: *French Forum*, Sept. 1988, S. 297-318.

64 Fourny, D., „Language and Reality in Françoise de Grafigny's *Lettres d'une Péruvienne*", in: *Eighteenth Century Fiction*, Apr. 1992, S. 221-238.

65 Douthwaite, J. V., „Female Voices and Critical Strategies: Montesquieu, Mme de Graffigny, Mme de Charrière", in: *French Literature Series*, 16, 1989, S. 64-77.

66 MacArthur, E.-J., „Devious Narratives: Refusal of Closure in two Eighteenth Century Epistolary Novels", in: *Eighteenth Century Studies*, 1987, S. 1-20.

67 Ebda., S. 18.

68 Altman, J. G., „Making Room for Peru", in: Lafargue, Ch., *Dilemnes du Roman: Essays in Honor of Georges May*, 1990, S. 46. Der Vollständigkeit halber soll auch der neuste Aufsatz von Altman erwähnt werden, der sich mit der Rezeptionsgeschichte der *Lettres* befaßt: dies., „L'éclipse d'une femme de lettres après le siècle des Lumières: Enquête sur les *Lettres d'une Péruvienne de Françoise de Graffigny*", in: Heymann, B., Steinbrügge, L. (Hrsg.), *Genre – Sexe – Roman*, Frankfurt/Paris 1995, S. 47-64.

69 Vgl.: dazu: Douthwaite, J. V., „Relocating the Exotic Other in Graffigny's *Lettres d'une Péruvienne*", in: *Romanic Review*, New York, Nov. 1991, S. 456-474. sowie dies., *Exotic Women: Literary Heroines and Cultural Strategies*, Philadelphia 1992, S. 129.

70 Downing, A. T., „Economy and Identity in Graffigny's *Lettres d'une Pérvienne*", in: *South Central Review*, vol. 10, No. 4, Winter 1993, S. 69.

71 Seit 1995 hat die feministische Literaturwissenschaft durch diverse Publikationen in Deutschland eine gewissen Legitimation erfahren. So erschien bei Metzler eine Einführung in die feministische Literaturtheorie: Lindhoff, L., *Einführung in die feministische Literaturtheorie*, Stuttgart/Weimar 1995. Des weiteren ist zu nennen

der Sammelband von Bußmann, H., Hof, R. (Hrsg.), *Genus. Zur Geschlechter-differenz in den Kulturwissenschaften*, Stuttgart 1995. Speziell für die romanistische Literaturwissenschaft sind erschienen: Kroll, R., Zimmermann, M. (Hrsg.), a.a.O. sowie: Heymann, B., Steinbrügge, L. (Hrsg.), *Genre – Sexe – Roman. De Scudéry à Cixous*, a.a.O.

72 Als sehr hilfreich für das Verständnis der Methoden der feministischen Literatur-wissenschaft erweist sich die Darstellung Renate Krolls, die in ihrer Überblicks-darstellung die unterschiedlichen Tendenzen der feministischen Literaturkritik definiert: Kroll, R., „Feministische Positionen in der romanistischen Literatur-wissenschaft", in: Kroll, R., Zimmermann, M. (Hrsg.), a.a.O., S. 26-51.

73 Vgl.: Lindhoff, L., *Einführung in die feministische Literaturtheorie*, a.a.O., S. 172. Bei M. Brügmann werden die soziohistorischen Ansätze auch als emanzipatorisch-ideologiekritische bezeichnet. (Brügmann, M. (Hrsg.), *Textdifferenzen und Engage-ment*, Pfaffenweiler 1993, S. 2.)

74 Vgl.: Vinken, B. (Hrsg.), *Dekonstruktiver Feminismus. Literaturwissenschaft in Amerika*, Frankfurt/M. 1992, S. 7 ff.

75 Vgl.: Culler, J., *Dekonstruktion. Derrida und die poststrukturalistische Literatur-theorie*, Hamburg 1988.

76 Vinken, B. (Hrsg.), a.a.O., S. 20.

77 Sehr gelungene Beispiele hierfür finden wir in den Interpretationen Sh. Felmans von Texten Balzacs, vgl.: Felman, Sh., „Weiblichkeit wiederlesen", in: Vinken, B. (Hrsg.), a.a.O., S. 33 ff.

78 Vgl. Showalter, E., „Feminist Criticism in the Wilderness", in: Abel, E. (Hrsg.), *Writing and Sexual Difference*, Chicago 1980, S. 9-36.

79 Der Begriff ‚Frauenliteratur' wird von mir im Sinne der Definition S. Weigels als Arbeitsbegriff für Literatur gebraucht, die von Frauen verfaßt wurde. vgl.: Weigel, S., „Der schielende Blick", in: dies., Stephan, I. (Hrsg.), *Die verborgene Frau*, Ham-burg/Berlin 1988, S. 83.

80 L. Lindhoff zeigt in ihren Kapiteln über die französischen Poststrukturalistinnen, daß diese es nicht vermögen, ihre Theorien auf Texte von Frauen anzuwenden. Da Frauen oftmals die Geschlechterkonstruktionen ihrer männlichen Vorbilder über-nehmen, geraten die Besonderheiten ihrer Texte bzw. die Gründe für die Übernah-me männlicher literarischer Konstruktionen aus dem Blickwinkel der poststruktu-ralistischen Literaturkritik. Vgl. L. Lindhoff über H. Cixous, a.a.O., S. 127: „Ihr Verdikt über jede Selbstidentfikation hat eine Ausgrenzung des größten Teils der von Frauen geschriebenen Texte als ‚phallisch' zur Folge. Die meisten Frauen, die Literatur produziert haben, sind für Cixous schlicht Männer."

81 In ihrem Aufsatz „Postmoderne und feministisches Engagement" spricht G. Ecker sich eindeutig für eine Vereinbarkeit des ideologiekritischen und des poststruktura-listischen Ansatzes aus; in: Brügmann, M. (Hrsg.), a.a.O., S. 67-77.

82 Vgl.: dazu I. Roebling, „‚Krieg' und ‚Frieden' im feministischen Methodenstreit, Zur Analyse weiblicher (Anti-)Kriegs-Rede", in: Brügmann, M. (Hrsg.), *Textdiffe-renzen und Engagement*, Pfaffenweiler 1993, S. 22 f.

83 Ebda., S. 22.

84 Vgl.: Kroll, R., a.a.O., S. 33.

85 Vgl.: Kroll, R., a.a.O., S. 36: zum Stichwort *Feminist Historicism.*

86 Vgl.: Showalter, E., *Toward a Feminist Poetics,* Princeton 1979.

87 Vgl.: die Dissertation En. Showalters: *An Eighteenth Century Best-Seller: ‚Les Lettres Péruviennes‘,* Diss. Yale 1964.

88 Vgl.: dazu die Definition des *weiblichen Schreibens* von L. Lindhoff, a.a.O., S. 175 f.: „‚Weibliches Schreiben‘ ließe sich als der problematische Versuch einer weiblichen ‚Autobiographie‘ verstehen, einer Selbst-Lektüre und eines Sich-Schreibens der Frauen, das die Er-Findung der eigenen Subjektivität mittels des ‚Symbolischen‘ unternimmt und dabei zugleich beide – das Konzept von Subjektivität und das ‚Symbolische‘, das es vorfindet –, in Frage stellen muß.“

89 Showalter, En. jr., u. a. (Hrsg.) *Correspondance de Madame de Graffigny,* Oxford, Bd. 1, 1985; Bd. 2, 1989; Bd. 3, 1992; Bd. 4, 1996.

90 Beide waren mir in Form von Mikrofilmen zugänglich.

91 Vgl.: Grésillon, A., *Eléments de critique génétique,* Paris 1994, S. 107-175.

92 Ebda., S. 242: „Dossier génétique: ensemble de tous les témoins génétiques écrits conservés d'une œuvre ou d'un projet d'écriture, et classés en fonction de leur chronologie des étapes successives.“

93 Jurt, J., „Für eine Rezeptionssoziologie“, in: *Romanistische Zeitschrift für Literaturgeschichte* 3, 1979, S. 215.

94 Ebda., S. 221-222.

95 Ebda., S. 216.

96 Ebda., S. 217.

97 Vgl.: Showalter, En., 1964, a.a.O.

98 Vgl.: Miller, N. K., „Men's Reading, Women's Writing: Gender and the Rise of the Novel“ in: *Yale French Studies* 75, September 1988, S. 40 ff.

99 Zur Biographie Mme de Grafignys vgl.: Noël, G., *Mme de Grafigny, Une ‚primitive‘ oubliée de ‚l'école des cœurs sensibles‘,* Paris 1913. Diese Biographie ist sehr detailfreudig, aber nicht sehr wissenschaftlich. Weitaus hilfreicher sind die Veröffentlichungen En. Showalters zu Mme de Grafigny und ihrer Korrespondenz: Showalter, En. jr., (Hrsg.), *Correspondance de Madame de Graffigny,* Oxford, Bd. 1, 1695-1739, 1985; Bd. 2, 1739-1740, 1989; Bd. 3, 1740- 1742, 1992; Bd. 4, 1742-1744, 1996.

100 Bibliothèque Nationale de France, Paris, nouvelles acquisitions françaises, 15589, folio 3. Die Orthographie des Manuskriptes wird beibehalten.

101 Dies bezeugt ein Brief Madame de Grafignys an ihren Vater, vgl.: Showalter, En. jr. (Hrsg.), *Correspondance de Madame de Graffigny,* 1716-1739, Oxford 1985, Bd. 1, S. 1.

102 Zum Aufenthalt Mme de Grafignys bei Voltaire, vgl.: Showalter, En., jr., „Voltaire et ses amis d'après la correspondance de Mme de Graffigny“, in: *Studies on Voltaire and the 18th Century,* 139, 1975.

103 Vgl. dazu: Curtis, J., „Anticipating Zilia, Madame de Graffigny in 1744“, in: Bon-

nel, R., Rubinger, C. (Hrsg.), *Femmes savantes et Femmes d'esprit*, New York 1994, S. 149.

104 Zum Salon Madame de Grafignys, vgl.: Showalter, En. jr., „Mme de Graffigny and her Salon", in: *Studies on 18th Century Culture 6*, 1977, S. 377-391.

II. INTERPRETATION

1 Vgl.: Hazard, P., *La crise de la conscience européenne*, Paris : Fayard 1961, S. 15.

2 Vgl.: Chinard, G., *L'Amérique et le rêve exotique dans la littérature française au XVIIe et au XVIIIe siècle*, Genf 1970, S. 222.

3 Ebda., S. 223 f.

4 Ebda., S. 222.

5 An dieser Stelle müssen selbstverständlich die *Lettres Portugaises* eines Guilleragues erwähnt werden. Insgesamt können wir aufgrund der vielfältigen Literaturhinweise in Madame de Grafignys Korrespondenz davon ausgehen, daß die Autorin nicht nur mit den literarischen Werken ihrer Zeit, sondern auch mit denen des 17. Jahrhunderts sowie mit Werken der Antike bestens vertraut war.

6 Montesquieu, *Lettres Persanes*, Paris 1973.

7 Voltaire, *Œuvres*, Bd. IV, Paris 1833, S. 147-230.

8 Douthwaite, J. V., „Relocating the Exotic Other in Graffigny's Lettres d'une Péruvienne", in: *Romanic Review*, 1991, S. 463. Vgl. auch: dies., *Exotic Women: Literary Heroines and Cultural Strategies in Ancien Régime France*, Philadelphia 1992, ch. 2, S. 74-139.

9 Bray, B., Landy-Houillon, I. (Hrsg.), a.a.O., S. 46 f.

10 Erst in der Ausgabe von 1752 gibt Madame de Grafigny explizit den Titel der Tragödie an.

11 Voltaire, *Œuvres*, Bd. IV, Paris 1833, S. 175.

12 Las Casas, B. de, *De las antiguas gentes del Peru*, 1552.

13 Der genaue Titel des erstmals 1609 in Lissabon erschienenen Werkes lautet: *Primera parte de los / Comentarios / Reales. / Que tratan del Origen de los incas / reyes que fueron del vidas y conquistas, y de todo lo que los espano- / les passeran en él.* / Escritos por el Ynca Garcilaso de la Vega, natural del Cuzco, / y capitan de su Magestad. / Dirigidos a la Serenissima Princesa dona Catalina de Portugal, Duquesa de Braganca, etc / con Licencia de la santa Inquisición, Ordinario y Paco. / En Lisboa. / Ano de MDCIX.

14 Als Vergleichsgrundlage diente mir folgende deutschsprachige Ausgabe: Thiemer-Sachse, U., *Garcilaso de la Vega, Wahrhaftige Kommentare zum Reich der Inka*, Berlin 1983. So erkennt man die Passage über Mancocapac in den *Lettres* (S. 139) in den *Wahrhaftigen Kommentaren* auf S. 16 ff. wieder. Genauso findet sich die Erwähnung des Orakels (*Lettres*, S. 138) bei Garcilaso (S. 399) wieder. Die Beschreibung des Standes der Wissenschaften der Inkas in den *Lettres* (S. 140 ff.) entspricht den Seiten 85 ff. bei Garcilaso.

15 Ebda., S. 151.

16 Die Seitenangaben in Klammern hinter den Zitaten beziehen sich auf die textkritische Ausgabe der *Lettres* von G. Nicoletti.

17 Thiemer-Sachse, U., a.a.O., S. 153.

18 Ebda., S. 150.

19 Stackelberg, J. v., 1979, a.a.O., S. 135.

20 Vgl.: Kulessa, R. v., *„Lettres d'une Péruvienne.* Eine beispielhafte Suche nach dem Ort der Frau in der französischen Literatur des 18. Jahrhunderts", in: *Räume, Frauen in der Literaturwissenschaft,* Rundbrief 45, August 1995, S. 24-27.

21 List, E., „Fremde Frauen, fremde Körper. Über Alterität und Körperlichkeit in Kultur- und Geschlechtertheorien", in : dies., *Die Präsenz des Anderen,* Frankfurt/M. 1993, S. 130 f.

22 Akashe-Böhme, F., *Frausein, Fremdsein,* Frankfurt 1993, S.7 f.

23 Vgl.: Beauvoir, S. de, *Le deuxième sexe* 1, Paris 1949/76, S. 15: „Elle se détermine et se différencie par rapport à l'homme et non celui-ci par rapport à elle; elle est l'inessentiel en face de l'essentiel. Il est le sujet, il est l'Absolu: elle est l'Autre."
Vgl. auch: Irigaray, L., *Speculum de l'Autre Femme,* Paris 1974, S.165: „Toute théorie du ‚sujet' aura toujours été approprié au ‚masculin'. A s'y assujettir, la femme renonce à son insu à la spécificité de son rapport à l'imaginaire. […] La subjectivité déniée à la femme telle est, sans doute, l'hypothèque garante de toute constitution irréductible d'objet: de représentation, de discours, de désir."

24 Akashe-Böhme, F., 1993, a.a.O., S. 38: „Die traditionelle Konzeption des Subjekts geht davon aus, daß das Selbstbewußtsein sich im Spiegel konstituiert. In der Reflexion bilde sich ein souveränes, autonomes Ich, fähig, sich gegen Natur, Sinnlichkeit und jede Form der Fremdbestimmung abzugrenzen. Das Selbstbewußtsein soll Urheber eigener Identität sein, sich eine eigene Identität schaffen. Das Subjekt konstituiert sich durch ein Reflektieren des Selbst, einen Vorgang, der durch die Metapher des Spiegels thematisiert wurde und wird."

25 Weigel, S., „Der schielende Blick", in: dies. (Hrsg.), *Die verborgene Frau,* Hamburg 1988, S. 85.

26 Akashe-Böhme, F., „Fremdheit vor dem Spiegel", in: dies. (Hrsg.), *Reflexionen vor dem Spiegel,* Frankfurt/M. 1993.

27 Es bestätigt sich hier die Tatsache, daß die Wahrnehmung der Alterität immer zuerst über die äußerliche Erscheinung abläuft. So schreibt E. List, a.a.O., S. 130 f.: „In unserer symbolischen Ordnung der sozialen Wirklichkeit knüpfen sich die elementarsten Kategorien sozialer Differenzierung an die körperliche Erscheinungsweise, an physisch-körperliche Merkmale und damit auch an grundlegende Modi der Selbst- und Fremdwahrnehmung, die Erfahrung von Zugehörigkeit und Fremdheit."

28 Akashe-Böhme, F., 1993, a.a.O., S. 44: „Das traditionelle Bild der selbstgefälligen und in sich verliebten Frau ist eine Männerphantasie. […] Der Spiegel dient der Frau nicht als Identifikationsmittel."

29 Kroll, R., in: *Virginia* 1988, S. 14.

30 Vgl.: Frank, M., *Selbstbewußtsein und Selbsterkenntnis,* Stuttgart 1991, S. 81. Wenn

auch der Subjektbegriff heute allgemein umstritten ist, möchte ich in bezug auf die Protagonistin des Romans doch daran festhalten, daß der Begriff der Subjektivität eine für das 18. Jahrhundert eminent wichtige Größe darstellt und es deshalb im Roman sehr wohl darum geht, die Konstitution eines weiblichen Subjektes darzustellen. Auch E. List kritisiert die poststrukturalistische Herangehensweise an den Subjektbegriff, die allenfalls dazu führe, die binäre Opposition männlich-weiblich noch mehr festzuschreiben; vgl. dies., *Die Präsenz des Anderen*, Frankfurt/M. 1993, S. 38.

31 J. Benjamin legt einer Lösung des Geschlechterkonfliktes die Theorie der ‚Intersubjektivität' zugrunde. vgl.: dies., *Die Fesseln der Liebe. Psychoanalyse, Feminismus und das Problem der Macht*, Frankfurt/M., 1993, v. a. 1. Kapitel, S. 15 ff.

32 Die Quipos oder Quipus dienten den Inkas als Ersatz einer Schriftsprache; vgl.: *Lettres*, „Introduction Historique", S. 145.

33 Zur Spannungskurve in den *Lettres* schreibt J. v. Stackelberg, 1979, a.a.O., S. 134 f.: „In der Phase der Vorfreude verlangsamt sich dann das Geschehen: Die Peruanerin hat inzwischen Französisch gelernt, und dadurch haben sich ihre Augen geöffnet für eine Umwelt, die sie nun mit kritischem Blick betrachtet. Es ist romantechnisch keineswegs ungeschickt, wie Madame de Grafigny das Geschehen hier retardiert, um mit der Blicköffnung ihrer ‚Heldin' die aufklärerische Kritik zu verbinden, die den ideellen Reiz des Werkchens ausmacht."

34 Vgl.: Weißhaupt, W., *Europa sieht sich mit fremdem Blick*, Frankfurt/M. 1979, S. 280: „In der allgemeinsten Form läßt sich die mit der Entstehung des Genres verbundene Auffassung von der Wirklichkeit beschreiben als die Überzeugung, daß sie nicht von planer Eindeutigkeit ist, daß sie auseinandertritt in Schein und Sein, der, im wesentlichen Unterschied zur christlichen Lehre von der Scheinhaftigkeit der Welt, gemachter Schein ist, den es zu durchschauen gilt, Konvention ist, die zurechtgewiesen werden muß."

35 Stackelberg, J. v., 1979, a.a.O., S. 138.

36 Etienne, L., „Un roman socialiste d'autrefois", 1871, in: Nicoletti, G., 1967, a.a.O., S. 478 ff. In diesem Artikel unterstreicht L. Etienne die Außergewöhnlichkeit der Kritik Madame de Grafignys am Luxus und am Eigentum und setzt deren Thesen ansatzweise in Verbindung mit denen Rousseaus. Weiterhin weist L. Etienne darauf hin, daß die sozialistischen Ideen Madame de Grafignys von ihren Zeitgenossen in ihrer Tragweite überhaupt nicht beachtet wurden. L. Etienne schließt seinen Artikel mit dem Hinweis auf Madame de Grafignys Biographie, die sie besonders empfänglich machen mußte für wirtschaftliche Probleme.

37 Ebda., S. 484.

38 Girsberger, H., *Der utopische Sozialismus des 18. Jahrhunderts in Frankreich*, Wiesbaden 1973², Einleitung, S. 11.

39 Vgl.: Etienne, L., a.a.O., S. 488: „N'allez pas sur ce mot [= socialiste; Anm.d.Verf.] imaginer que l'auteur expose une doctrine nouvelle sur la société. Les grandes prétentions n'étaient pas de ce temps-là. On causait, on promenait son caprice sur des utopies sans conséquence, comme sur l'état sauvage des hommes primitifs ou sur

l'histoire des Troglodytes; mais on n'avait pas de théorie sociale toute faite pour changer le monde du jour au lendemain."

40 Stackelberg, J. v., 1979, a.a.O., S. 139.

41 Vgl.: dazu: Held, J., „Auf dem Wege zur Emanzipation?", in: dies. (Hrsg.), *Frauen im Frankreich des 18. Jahrhunderts: Amazonen, Mütter, Revolutionärinnen*, Hamburg 1989, S. 7: „In der Diskussion der aufgeklärten Philosophen, die sich mit Wesen und Funktion der Frauen in einer zu schaffenden glücklichen Gesellschaft befassen, werden diese arbeitenden Frauen ausgeblendet [...]"

42 Vgl.: Fairchields, L., „Frauen und Familie im Frankreich des 18. Jahrhunderts", in: Held, J. (Hrsg.), *Frauen im Frankreich des 18. Jahrhunderts: Amazonen, Mütter, Revolutionärinnen*, Hamburg 1989, S. 35-50.

43 Vgl.: dazu: Baader, R., „Zwischen Tridentinium und Aufklärung", in: dies. (Hrsg.), *Das Frauenbild im literarischen Frankreich vom Mittelalter bis zur Gegenwart*, Darmstadt 1988, S. 116-162.

44 Vgl.: Ebda. S. 121.

45 Diese Problematik wird ebenfalls von Diderot in seinem Roman *La Religieuse* (Paris 1796) dargestellt.

46 Vgl. dazu: Albistour, M., Armogathe, D., *Histoire du Féminisme Français, du Moyen Age à nos jours*, Paris 1977, S. 196: „P. Fauchery montre que, se sentant (die weiblichen Autorinnen, Anm. d. Verf.) plus exposées que leurs sœurs, elles se retranchent derrière une attitude de „résignation présomptive", et se montrent plus prudents que les écrivains mâles libéraux. Elles ont tendance à „dichotomiser leur sexe": il y aurait les femmes fortes dont elles font partie et qui reproduisent peu ou prou les analyses masculines, et les femmes médiocres qu'elles abondonnent ›à la vindicte virile‹".

47 Vgl. dazu: Held, J., a.a.O., S. 4-18.

48 Poullain de la Barre, F., *De l'égalité des deux sexes*, 1673. Zu Poullain de la Barre vgl. auch: Steinbrügge, L., *Das moralische Geschlecht: Theorien und literariche Entwürfe über die Natur der Frau*, Weinheim/Basel 1987.

49 Piau-Gillot, C., a.a.O., S. 21.

50 Vgl.: Weigel, S., „Der schielende Blick", in: a.a.O., S. 104 ff.

51 Vgl.: Held, J., a.a.O., S. 11 f.

52 Stackelberg, J. v., 1972, a.a.O., S. 134 f.

53 Vgl.: Douthwaite, J. V., „Relocating the Exotic Other in Graffigny's Lettres d'une Péruvienne", in: *Romanic Review*, Nov. 1991, S. 469 f.

54 Bray, B., Landy-Houillon, I., a.a.O., S. 46 f.

55 Fourny, D., „Language and Reality", in: *Eighteenth Century Fiction*, 1992, S. 222: „As a Bildungsroman, it recounts the loss, relearning, and perversion of language (that is, the heroine's ability to speak and write)."

56 Fourny, D., a.a.O., S. 227.

57 Vgl.: Cixous, H., *La venue à l'écriture*, Paris 1977, S. 20: „Tout de moi se liguait pour m'interdire l'écriture: l'Histoire, mon histoire, mon origine, mon genre. Tout ce qui constituait mon moi social culturel. A commencer par le nécessaire, qui me

faisait défaut, la matière dans laquelle l'écriture se taille, d'où elle s'arrache: la langue."

58 Robb, B.-A., „The easy Virtue of a Peruvian Princess", in: *French Studies*, 46, 1992, S. 151.

59 Madame de Grafigny spricht von ‚Quipos', während bei Garcilaso von ‚Quipus' die Rede ist, vgl. Sachse-Thieme, U., a.a.O., S. 199-204.

60 Zit. nach: Nicoletti, G., 1967, a.a.O., S. 34.

61 Fréron, E, *Lettres sur quelques ecrits de ce temps*, t. 5, Paris 1751, S. 331: „On m'a assuré que plusieurs Dames Italiennes s'en servoient avec succès, et qu'il y avait déjà deux ou trois de ces Métiers en France."

62 Hogsett, A. Ch., „Graffigny and Riccoboni on the Language of the Women Writer", in: *18th Century Women and the Arts*, 1988, S. 119-127.

63 Fourny, D.,"Language and Reality in F. de Graffigny's Lettres d'une Péruvienne", in: *18th century Fiction*, 1992, S. 225: „Nowhere does Grafigny more strongly express the heroine's suffering and fear of loss than during the moments she experiences linguistic exile."

64 Ricken, U., *Sprache, Anthropologie, Philosophie in der französischen Aufklärung*, Berlin 1984: U. Ricken untersucht unter anderem die Frage der Beziehung zwischen Sprache und Erkenntnis, wie sie im 18. Jahrhundert diskutiert wurde, und definiert diese als „theoretische Quelle der ‚Sprachrelativität des Denkens'", wie sie im 20. Jahrhundert etwa von Sapir und Whorf formuliert wurde (S. 210). Er weist darauf hin, daß die Idee der sprachlichen Relativität auf Locke zurückgeht: „Neue Aktualität erhielt das Verhältnis von Einzelsprache und Denken im Rahmen der sensualistischen Erkenntnistheorie Lockes, der die Sprachenverschiedenheit und die daraus abgeleiteten Unterschiede im Denken verschiedener Völker als Argument gegen die rationalistische Annahme eingeborener Ideen verwendete. Die komplexen Ideen der Menschen hängen maßgeblich von der jeweiligen Umgebung, der Sitten und Gewohnheiten ab [...]" (S. 214). In Frankreich wurde diese Idee im 18. Jahrhundert vor allem von Condillac (1746) weiterentwickelt.

65 Vgl. Douthwaite, J. V., a.a.O. (1991), S. 464 f, vgl. auch: Hogsett, A. Ch., a.a.O., S. 122 f.

66 Für eine Einführung in die Theorie Lacans vgl.: Lindhoff, L., *Einführung in die feministische Literaturtheorie*, Stuttgart 1995, S. 72 ff.

67 Hogsett, A. Ch., a.a.O., S. 122: „The most verbal of Peruvian Princesses recounts symbolically the struggeles and adventures of the woman writer as Graffigny seems to have perceived them."

68 Vgl.: Fourny, D., a.a.O., S. 223 ff.

69 Vgl.: Bray, B., Landy-Houillon, I., a.a.O., S. 47: „Le langage instrument de vérité s'il est bien manié, devient un piège redoutable, lorsque son fonctionnement est vicié, si l'on n'a pas ‚une idée juste des termes qui désignent les choses', ou si l'on ne met pas le même contenu sous les mots [...], on en arrive à parler une langue étrangère au sein de la même communauté [...]".

70 Vgl.: dazu Lindhoff, L., a.a.O., S. 81: „Der ‚symbolische Vater' meint die Sprache überhaupt, die ‚symbolische Ordnung', die als apersonale Autorität allem Individuellen vorausgeht."

71 Vgl. dazu: Meuthen, E., *Selbstüberredung. Rhetorik und Roman im 18. Jahrhundert*, Freiburg 1994.

72 Fourny, D., a.a.O., S. 229.

73 Hogsett, A. Ch., a.a.O., S. 122: „But when she comes into her own command on it, she refuses the language of love that women are expected to speak, in which men give them lessons which, from women's positions of weakness and dependance, are hard to resist. Instead she claims her independance. Her life and her language will be, she maintains, her own."

74 N. K. Miller, a.a.O., S. 137.

75 Es sei in diesem Zusammenhang auf die Parallele zu einer realen ‚femme de lettres' hingewiesen, die auch erst posthum, nach Veröffentlichung ihrer privaten Korrespondenz zu einer solchen wurde, nämlich auf die Madame de Sévigné.

76 Vgl.: Hogsett, A. Ch., a.a.O., S. 120: „The main character is depicted as a natural writer, a person, whose mind turns instinctively to thoughts how to take the material of life and put them into written form. This is the first clue that we may indeed view the adventures of the Peruvian Princess metaphorically, as those of the novelist herself."

77 Vgl. dazu: Miller, N. K., a.a.O., S. 149: „ Zilias own desires of authorship until the final turn of the plot, remain identified within the knot of her connection to Aza. [...] This representation of writing self emerges from the constructions of classical feminine identity; the metaphysis of the writing woman requires the enabling fiction of the masculine other as interlocutor. [...] What the novel works out is the transformation of this model from transitivity to intransitivity, from ‚writing to' to ‚writing'. The termes of closure make it possible for the pleasure of solitude experienced in writing to the other to be transformed into the pleasure of writing as an act of self reference."

78 Vgl.: Kohl, K.-H., *Der entzauberte Blick. Das Bild vom Guten Wilden und die Erfahrung der Zivilisation*, Berlin 1981, S. 12.

79 Ebda., S. 23.

80 Weigel, S., „Die nahe Fremde – das Territorium des ‚Weiblichen', zum Verhältnis von ‚Wilden' und ‚Frauen' im Diskurs der Aufklärung", in: Koebner, Th., Pickerodt, G. (Hrsg.), *Die andere Welt*, Frankfurt/M. 1987, S. 171 ff. sowie: dies., „Zum Verhältnis von ‚Wilden' und ‚Frauen' im Diskurs der Aufklärung", in: dies., *Topographie der Geschlechter. Kulturgeschichtliche Studien zur Literatur*, Hamburg 1990, S. 118 ff.

81 Weigel, S., 1987, a.a.O., S. 189.

82 Vgl.: Elias, N., *Über den Prozeß der Zivilisation*, Frankfurt/M. 1990, Bd.1, S. 21 f.: „Der französische und der englische Begriff ‚Zivilisation' kann sich auf politische oder wirtschaftliche, auf religiöse oder technische, auf moralische oder gesellschaftliche Fakten beziehen. Der deutsche Begriff ‚Kultur' bezieht sich im Kern auf gei-

stige, künstlerische, religiöse Fakten, und er hat eine starke Tendenz, zwischen Fakten dieser Art auf der einen Seite und den politischen, den wirtschaftlichen und gesellschaftlichen Fakten auf der anderen, eine starke Scheidewand zu ziehen."

83 Vgl. dazu: Weißhaupt, W., a.a.O., Bd. 1, S. 288: „Das moralische Verhalten der Europäer, das in vielen Differenzierungen untersucht wird: in den Vergnügungen, in der Liebe, der Ehe, den Formen der Geselligkeit, in der sozialen Ordnung [...] wird in einigen Texten insgesamt als ‚zivilisiertes' oder ‚gesittetes' Verhalten als Einheit gesehen und kritisiert: Der Anspruch auf Höherentwicklung und moralisch-kulturellen Fortschritt, der sich in diesem Begriff verbirgt, wird mit der tatsächlich praktizierten Moral konfrontiert, und das Ergebnis ist die Umwertung der Begriffe: die Zivilisierten sind Barbaren, die Europäer sind die wirklichen Wilden – einer der wichtigsten Gedanken bei Europas Begegnung mit Übersee im 18. Jahrhundert, der weit über das Genre hinausreicht."

84 Zur Idee der Naturbeherrschung, die sich bei der Gestaltung der höfischen Gärten manifestierte, vgl.: Böhme, H., *Das Andere der Vernunft*, Frankfurt/M. 1985, S. 32.

85 Insgesamt findet in der Rezeption die Unzufriedenheit des damaligen Publikums mit der Person Azas sowie dem Ende des Romans ihren Ausdruck; vgl. dazu besonders: Clément, P., *Nouvelles Littéraires*, La Haye 1748, S. 21 f.; sowie das Supplement von Hugary de Lamarche-Courmont in: Nicoletti, G., 1967, a.a.O., S. 344 ff.

86 Weigel, S., 1990, a.a.O., S. 119: „Um die Entrechtung und Enteignung von Frauen in der Geschichte der westlichen Zivilisation anschaulich zu machen, werden sie oft als Kolonialisierte, als niedere Rasse, als Sklaven, als Außenseiter, als Fremde oder als Proletarier der herrschenden Kultur bezeichnet."

87 Altman, J. G., „A woman's place in the Enlightenment Sun: The case of F. de Graffigny", in: *Romance Quarterly*, Aug. 1991, S. 261.

88 Vgl. dazu: Derrida, der an diesem Punkt mit seiner Kritik an der abendländischen Metaphysik einsetzt, indem er diese als ‚Phallogozentrismus' entlarvt: Derrida, J., *L'écriture et la différence*, 1967.

89 Vgl.: Weigel, S., 1990, a.a.O., S. 123.

90 Ebda., S. 124.

91 R. Kroll spricht von den *Lettres* auch als ‚Stationenroman': Kroll, R., „Die ‚edle Wilde' mit ihrem ‚naiven Blick'", in: *Virginia*, Nr. 5, Okt. 1988, S. 14.

92 Vgl.: Kulessa, R. v., „Literarische Gestaltung weiblichen Lebensraumes am Beispiel der *Lettres d'une Péruvienne* der Madame de Grafigny", in: *Freiburger Frauenstudien*, 1995, Heft 2, S. 85-95.

93 Schneider, J.-P., „Les Lettres d'une Péruvienne: roman ouvert ou roman fermé", in: *Vièrge du Soleil / Fille des Lumières*, Travaux du Groupe d'Etudes du XVIIIe siècle, Université de Strasbourg II, vol. 5, 1989, S. 42.

94 Alcott, L.-S., *The Theme of Autonomy in the life and writing of Mme de Graffigny*, Diss.A.I. Ann Arbor, 1990 Dec., 2035A, S. 84 f.

95 Anderson, B. S., Zinsser, J. P., *Eine eigene Geschichte. Frauen in Europa*, Frankfurt/M. 1995, Bd. 2, S. 46.

96 Woolf, V., *Ein Zimmer für sich allein*, Berlin 1978, S. 98.

97 Undank, J., „Grafigny's Room of her own", in: *French Forum*, Sept. 1988, 75, S. 302.

98 Bachelard, G., *La Poétique de l'espace*, Paris 1978., S. 24.

99 Vgl. dazu: J. V. Douthwaite, a.a.O., 1991, S. 470: „The presence of the hidden temple in a French château adds a note of historical authenticity to Graffigny's narrative, as well, for in the wake of european conquest both the Incas and the Aztecs took their religions underground and built clandestine shrines. Like the colonized Indians, Graffigny's heroine adopts a dual identity, coexisting peacefully with the French in public a while preserving a vestige of her Peruvian culture in private."

100 Bachelard, G., a.a.O., S. 26.

101 Undank, J., a.a.O., S. 302.

102 Nicoletti, G., a.a.O., S. 318.

103 S. auch: Kulessa, R. v., „Exemplarische Liebesdiskurse in der Frauenliteratur des 18. und 19. Jahrhunderts: Mme de Grafigny, ,Lettres d'une Péruvienne' und Claire de Duras, ,Oureka'", in: *Skript*, Nr. 8, S. 9-12.

104 Vgl.: Scherer, J., *La dramaturgie classique en France*, Paris 1959, S. 65 f.

105 Meter, H., „Aux origines du roman sentimental. Les Lettres d'une Péruvienne de Madame de Grafigny", in: a.a.O., S. 43.

106 Lee-Carell, S., *Le soliloque de la passion féminine ou le dialogue illusoire*, Tübingen 1982.

107 Zum Aufbau der einzelnen Liebesbriefe, vgl.: Sherman, C.-L.,"Loves Rhetoric in Lettres d'une Péruvienne", in: *French Literature Series*, vol. 19, 1992, S. 28 ff.

108 Hoffmann, P., „Les lettres d'une Péruvienne, un projet d'autarcie sentimentale", in: *Vièrge du Soleil/Fille des Lumières*, Travaux du Groupe d'Etudes du XVIIIe siècle, Université de Strasbourg II, vol. 5, 1989, p. 73.

109 Vgl. dazu: Gölter, W., „Das ,Andere' des Selben. Zur Ambivalenz weiblicher Subjektivität in französischen Texten in der ersten Hälfte des 19. Jahrhunderts (Germaine de Staël und Georges Sand)", in: Berger, R., u. a.. (Hrsg.), *Frauen – Weiblichkeit – Schrift*, Berlin 1985, S. 52 ff. W. Gölter bemerkt in ihrem Aufsatz, daß gerade in den Werken von Autorinnen des 19. Jahrhunderts, wie Mme de Staël oder G. Sand, die fehlende ,Selbstreferenz' dafür verantwortlich sei, daß diese Werke vom literarischen Kanon ausgeschlossen sind.

110 Vgl.: Kibedi Varga, A., „Romans d'amour, romans de femmes, à l'époque classique", in: *Revue des Sciences Humaines*, 168, 1977; 4, S. 517 ff. Die Annahme, daß Texte von Frauen nicht nur von ihren männlichen Vorbildern beeinflußt sind, sondern vor allem auch von Texten weiblicher Autoren, finden wir bereits bei Woolf, V., *Ein Zimmer für sich allein*, Berlin 1978, S. 72.

111 Miller, N. K., *Subject to change. Reading Feminist Writing*, New York 1988, S. 126.

112 Miller, N. K., a.a.O., S. 126.

113 DeJean, J., *Tender Geographies. Women and the Origins of the Novel in France*, New York 1991, S. 50.

114 Noël, G., *Une ,primitive' oubliée de l'école des ,cœurs sensibles', Mme de Grafigny*, Paris 1913.

115 Coulet, H., *Le roman jusqu'à la révolution*, Paris 1967, S. 382 f.

116 Dewey, P. S. V., *Mesdames de Tencin et de Grafigny, deux romancières oubliées de l'école des cœurs sensibles*, Dissertation Abstracts International 37, 1976/77, 2218, Section A, S. 18 ff.

117 Vgl. dazu: Friedrich, H., *Das antiromantische Denken im modernen Frankreich*, München 1935.

118 Baasner, F., a.a.O., S. 70.

119 Ebda., S. 165.

120 Vgl.: F. Baasner: „Die Suche aller empfindsamen Seelen nach Einsamkeit oder nach Gleichgesinnten erklärt sich genau aus diesem Konflikt zwischen den Regeln der Gesellschaft und den Bedürfnissen des sensiblen Menschen." Ebda., S. 167.

121 Ebda., S. 163.

122 Ebda., S. 153.

123 Vgl. Meuthen, E., *Selbstüberredung. Rhetorik und Roman im 18. Jahrhundert*, Freiburg 1994, S. 11.

124 Vgl. Ebda., S. 25: „Das Problem spitzt sich in der (im spätaufklärerischen Roman dargestellten) Form der ‚Selbstüberredung' zu: der Redner ist gehalten, die rhetorische Strategie nicht nur vor anderen, sondern auch vor sich selbst zu verbergen."

125 Sherman, C. L., „Loves Rhetoric in Lettres d'une Péruvienne", in: *French Literature Series*, vol. 19, 1992, S. 30.

126 Zur Semantik der Aufklärung, das heißt insbesondere zu den Begriffen ‚lumières', ‚éclaircissement', ‚ombre', ‚obscurité', vgl.: Schalk, F., *Studien zur französischen Aufklärung*, Frankfurt/M. 1977, 2, S. 323-339.

III. GENESE

1 Zur ‚critique génétique', vgl.: Grésillon, A., *Eléments de critique génétique. Lire les manuscrits modernes*, Paris 1994.

2 Anhaltspunkte für erste Eckdaten entnahm ich dem kurzen Artikel En. Showalters die Genese der *Lettres* betreffend: s.: Showalter, En., jr., „*Les Lettres Péruviennes*, composition, publication, suites" in: *Archives et bibliothèques de Belgique* 54, Nr. 1-4., S. 14-28.

3 In der Transkription wird die Orthographie sowie die Interpunktion des Originals beibehalten, unter anderem um einen Eindruck der sprachlichen Fähigkeiten der Autorin zu vermitteln. Nur die Schreibweise des ‚s' wurde aus typographischen Gründen modernisiert. Bei den Quellenangaben habe ich mich auf das Datum der Briefe beschränkt, weil mir über die Mikrofilme nur unvollständige Angaben über die Blattnumerierung und die einzelnen Bände übermittelt worden sind. Sofern nicht anders angegeben, stammen alle Briefe aus den *Graffigny Papers* der Beinecke Rare Books Library.

4 Wörter, die nicht eindeutig lesbar sind, werden in der Transkription kursiv in Klammern gedruckt.

5   Nicoletti, G. (Hrsg.), *Lettres d'une Péruvienne*, Bari 1967, S. 263-266, S. 281-285.

6   Für die weitere Editionsgeschichte der ersten Ausgabe der *Lettres*, s.: Showalter, En., „Les Lettres Péruviennes, composition, publication, suites", in: *Archives et bibliothèques de Belgique* 54, Nr. 1-4, 1983, S. 14-28.

7   Es handelt sich um die Person Chrétien Guillaume Lamoignan de Malesherbes, den Directeur de la librairie, das heißt den Leiter der königlichen Behörde, die für die Druckerlaubnis zuständig war.

8   Nicoletti, G., a.a.O., S. 273-274.

9   „Phaza", in : *Œuvres posthumes de Madame de Grafigny*, Paris 1770, S. 45-107.

10 Showalter, En., „Authorial Self-Consciouness in the Familiar Letter: The Case of Madame de Graffigny", in: *Yale French Studies*, 70/71, 1986, S. 113 ff.

11 Die erste Übersetzung von *Pamela* ins Französische erschien 1739 unter dem Titel *Pamela ou la vertu récompensée.*

12 Vgl.: Grésillon, A., a.a.O., S. 82.

13 DeJean, J., *Tender Geographies. Women and the Origins of the Novel in France*, New York 1991, S. 23.

14 Vgl. Showalter, En., jr., „Mme de Graffigny and her salon", in: *Studies in 18th Century culture*, vol. 6, 1977, S. 377 ff.

15 Es handelt sich hierbei wohl um die Person Michel Linants, der 1745 die Tragödie *Alzaïde* zur Aufführung bringt und 1747 die Tragödie *Vanda.*

16 Wenn Françoise de Grafigny schreibt, Linant sei nicht so schwierig wie Devaux, dann spielt sie damit auf eine Auseinandersetzung mit dem Freund an, die sich vor allem in ihrem Briefwechsel des Jahres 1744 manifestiert. Devaux wehrt sich gegen allzu umfassende Korrekturen seiner Werke, Grafigny dagegen ist der Meinung, er müsse den Ratschlag der Freunde akzeptieren, zumal er in der Provinz nicht den Geschmack der Hauptstadt treffen könne. vgl. dazu: Curtis, J., „Anticipating Zilia, Madame de Graffigny in 1744", in: Bonnel, R., Rubinger, Ch. (Hrsg.), *Femmes savantes et Femmes d'Esprit: Women Intellectuals of the French Eighteenth Century*, New York 1994.

17 Vgl. Showalter, En., jr., „The Beginnings of Madame de Graffigny's Literary Career: A Study in the Social History of Literature", in: *Essays on the age of Enlightenment in Honor of Ira O. Wade*, Genf/Paris 1977, S. 298.

18 Vgl. Noël, G., *Une ,Primitive' oubliée de l'Ecole des ,cœurs sensibles', Madame de Grafigny*, Paris 1913, S. 185. und Nicoletti, G., mit der ,Introduzione' seiner kritischen Ausgabe der *Lettres*, a.a.O., S. 28.

19 S.: Grésillon, A., a.a.O., S. 242.

20 Grésillon, A., a.a.O., S. 102: „[...] on peut cependant admettre qu'il existe deux grands modes dans les manières d'écrire: *l'écriture à programme* et *l'écriture à processus*. Le premier est attesté chez des auteurs dont la rédaction correspond à la réalisation d'un programme préétabli; Zola en est un exemple type. Le second est représenté par des auteurs qui ne savent rien pour ainsi dire avant de se jeter dans l'aventure de la scription, toute l'invention est dans la main qui court sur le papier; Proust en est un exemple type."

21 Vgl. auch der Beitrag Renate Krolls zur Anonymität der Autorin im 17. Jahrhunderts: „Grand Siècle und feministische Literaturwissenschaft", in: Kroll, R., Zimmermann, M. (Hrsg.), *Feministische Literaturwissenschaft in der Romanistik*, Stuttgart 1995, S. 86-100.

22 *Graffigny Papers*, Beinecke Rare Books Library, Yale University, New Haven, USA, vol. 74 und vol. 78.

23 Aufgrund der fehlenden Veröffentlichungsgenehmigung der Beinecke Rare Books Library ist es mir nicht möglich, ein Faksimile des Manuskriptes abzudrucken. Im Anhang dieser Arbeit befindet sich jedoch eine von mir angefertigte Transkription desselben.

24 Aufgrund der Bruchstückhaftigkeit des Manuskripts wird auf eine paradigmatische Darstellung der Varianten (vgl. A. Grésillon, a.a.O., S. 153) verzichtet, da diese in keinem Fall ein getreues Bild des Schreibprozesses vermitteln könnte und unter Umständen zu Fehlinterpretationen führen würde.

25 Grésillon, A., a.a.O., S. 245: „Réécriture: toute opération scripturale qui revient sur du déjà-écrit, qu'il s'agisse de mots, de phrases, de paragraphes, de chapitres ou de textes entiers."

26 Lejeune, Ph., *Le pacte autobiographique*, Paris 1975, S. 14.

27 Ders., *L'autobiographie en France*, Paris 1971, S. 9.

28 Ebda., S. 42 ff.

29 Ebda., S. 44-46.

30 Ders., 1975, a.a.O., S. 38 ff.

31 Ebda., S. 36: „Par opposition à toutes les formes de fiction, la biographie et l'autobiographie sont des textes *référentiels*: exactement comme le discours scientifique ou historique, ils prétendent apporter une information sur une réalité extérieure du texte, et donc se soumettre à une épreuve de vérification. Leur but n'est pas la simple vraisemblance, mais la ressemblance au vrai."

32 *Mémoires de Madame la Marquise de Montespan*, Paris 1829.
   Zur Unterscheidung von ‚Mémoires' und ‚Autobiographie', vgl. auch: Lejeune, Ph., a.a.O., 1971, S. 15: „Dans les *mémoires*, l'auteur se comporte comme un témoin: ce qu'il a de personnel, c'est le *point de vue* individuel, mais l'objet du discours est quelque chose qui dépasse de beaucoup l'individu, c'est l'histoire des groupes sociaux et historiques auquel il appartient. [...] Dans l'*autobiographie*, au contraire, l'objet du discours est l'individu lui-même."

33 Zur Stellung der *Lettres* in der Geschichte des Briefromans, vgl.: P. Hartmann, „Les Lettres d'une Péruvienne dans l'Histoire du Roman Epistolaire", in: *Travaux du groupe d'Etudes du XVIIIe siècle*, Université de Strasbourg II, vol. 5, 1989, S. 93-109.

34 Vgl.: Bovenschen, S., *Die imaginierte Weiblichkeit. Exemplarische Untersuchungen zu kulturgeschichtlichen und literarischen Präsentationsformen des Weiblichen*, Frankfurt/M. 1979, S. 202: „Und hier liegt es, da diese Autorinnen sich fast alle in den Formen des Romans und des Briefromans auszudrücken suchten, nahe, ihren Einzug in den literarischen Diskurs auch als ein Problem der Gattungen zu sehen."

sowie A. Runge, L. Steinbrügge (Hrsg.), *Die Frau im Dialog. Studien zu Theorie und Geschichte des Briefes,* Stuttgart 1991, S. 7-11.

35 Vgl. dazu: May, G., *Le dilemne du roman au XVIIIe siècle,* New Haven/Paris 1963, S. 204 ff.

36 Ebda., S. 217.

37 Ebda., S. 223.

38 Bovenschen, S., a.a.O., S. 202.

39 Vgl. dazu: Nickisch, R. M. G., „Die Frau als Briefschreiberin im Zeitalter der deutschen Aufklärung", in: *Wolfenbüttler Studien zur Aufklärung,* Bd. 3, Wolfenbüttel 1976, S. 58: „Das Briefschreiben war praktisch die einzige schriftliche Sprachaktivität, welche die ‚aufgeklärte‘ Gesellschaft der Frau zubilligte. Entsprechend waren Erziehung und Bildung des Frauenzimmers angelegt ..."

40 Habermas, J., *Strukturwandel der Öffentlichkeit. Untersuchungen zu einer Kategorie der bürgerlichen Gesellschaft,* Neuwied/Berlin 1969, S. 60.

41 Zum Briefroman, seiner Entstehung, seinen Formen und Charakteristika, vgl.: Rousset, J., *Forme et Signification,* Paris 1962, S. 65-108; sowie Versini, L., *Le roman épistolaire,* Paris 1972.

42 Vgl. Schröder, W., u. a., *Französische Aufklärung, Bürgerliche Emanzipation, Literatur und Bewußtseinsbildung,* Leipzig 1979, S. 484 ff. Im Kapitel „Die Erschließung neuer Wirklichkeitsbereiche und ihre bewußtseinsbildende Funktion im Roman der Frühaufklärung" wird der enge Zusammenhang zwischen den literarischen Formen des Romans und ihrer gesellschaftskritischen Funktion analysiert.

43 Ebda., S. 528.

44 Vgl.: May, G., a.a.O.

45 Vgl.: Rousset, J., a.a.O.: J. Rousset unterscheidet zwei Varianten des einstimmigen Briefromans: Zum einen die Abwesenheit jeglichen Kontakts zwischen den Briefpartnern, zum anderen der implizite Kontakt mit dem Empfänger, dessen Antworten in den Briefen indirekt wiedergegeben werden. Rousset zählt die *Lettres* zur ersten Variante: „Absence de tout contact: ce sont les *Lettres Portugaises* et, beaucoup plus tard, au milieu du XVIIIe siècle, les *Lettres Péruviennes,* qui combinent le souvenir des *Portugaises* à celui des *Lettres Persanes.*" (S. 77)
Mir scheint diese Einteilung nicht sehr sinnvoll, zumal für die *Lettres* nicht zutreffend. Auch in den *Lettres* werden Antworten der Briefempfänger indirekt wiedergegeben, so z. B. in Brief 2 – Azas Antwort auf Zilias ersten Brief, wie in Brief 41. Ich bevorzuge deshalb die Einteilung in „mode réfléchi" und „mode actif" wie sie zum Beispiel S. Lee-Carell vornimmt (a.a.O., S. 11).

46 Vgl.: Lee-Carell, S., a.a.O., S. 11.

47 Ebda., S. 12.

48 Ebda., S. 11.

49 Bray, B., Landy-Houillon, I. (Hrsg.), *Lettres Portugaises, Lettres d'une Péruvienne et d'autres romans d'amour par lettres,* Paris 1983, S. 28.

50 Lee-Carell, S., a.a.O., S. 91.

51 Deloffre, F., *Lettres Portugaises suivies de Guilleragues par lui-même*, Paris 1990.

52 Lee-Carell, S., a.a.O., S. 11: „Donc au mode réfléchi, orienté vers le sujet écrivant, s'oppose le mode actif, qui se définit par une orientation vers le récepteur du message, vers le ‚vous‘, et par un discours sensiblement marqué par les interactions et les rapports réciproques du ‚je‘ et du ‚vous‘.“

53 Vgl. dazu: Schneider, J.-P., a.a.O.: J.-P. Schneider, der versucht, in seinem Aufsatz zu analysieren, ob es sich bei den *Lettres* um einen geschlossenen oder einen offenen Roman handelt, stellt fest, daß jeder Einzelbrief ein Ganzes bildet, der jeweils ein sorgfältig definiertes Thema zum Gegenstand hat, und dessen Anfang und Ende jeweils von einer Liebeserklärung an Aza eingerahmt wird.

54 Showalter, En. jr., „Les Lettres Péruviennes, composition, publication, suites“, in: *Archives et bibliothèques de Belgique* 54, no. 1-4, 1983, S. 27.

55 MacArthur, E. J., „Devious Narratives: Refusal of Closure in two Eighteenth-Century Epistolary Novels“, in: *18th Century Studies* 21, 1987, S. 6.

56 Ebda., S. 18.

57 Vgl.: Kroll, R., „Die ‚edle Wilde‘ mit ihrem ‚naiven Blick‘“, in: *Virginia* (5), Oktober 1988, S. 14.

58 Weigel, S., „Die Verdopplung des männlichen Blicks und der Ausschluß von Frauen aus der Literaturwissenschaft“, in: dies., *Topographie der Geschlechter. Kulturgeschichtliche Studien zur Literatur*, Hamburg 1990, S. 234 ff.

59 Ebda., S. 241.

60 Altman, J. G., *Epistolarity. Approaches to a form*, Columbus 1982.

61 Fernando Cipriano hat bereits 1980 einen sehr interessanten Aufsatz über die Beziehung zwischen den während ihres Aufenthaltes bei Madame du Châtelet und Voltaire in Cirey im Winter 1738/39 verfaßten Briefe an Devaux und den *Lettres*. Demnach würden die *Lettres* die Erfahrungen Françoise de Grafignys wiedergeben, die sie zu diesem Zeitpunkt ihres Lebens machte, als sie das heimatliche Lothringen verlassen und eine neue Sprache der Menschen erlernen mußte, unter denen sie sich wie eine Fremde fühlte. vgl,: Cipriano, F., „Madame de Grafigny: Dalle *Lettres de Cirey* alle *Lettres d'une Péruvienne*“, in: *Rivista di Letterature moderne et comparate*, 33, 1980, S. 165 ff.

62 Scales Alcott, L., *The Theme of autonomy in the life and writing of Madame de Graffigny*, Ph. D., University of Colorado, 1990, S. 70.

63 Douthwaite, J. V., „Relocating the exotic other in Graffigny's Lettres d'une Péruvienne“, in: *Romanic Review*, 1991, S. 473.

64 Vgl.: *Correspondance de Madame de Graffigny*, a.a.O., Bd. 1, S. 1, Brief 1.

65 Brief vom Samstag, den 11. September 1745: „[…] Si je fais aza infidelle cest rendre la verité. […] je ne serois pas fachee de faire aza françois et de peindre les amants tels que je les connois.“

66 BN, nouvelles acquisitions françaises, 15579, 39 ff.

67 Zum Stil der privaten Korrespondenz Madame de Grafignys, vgl.: Landy-Houillon, I., „Les lettres de Mme de Graffigny entre Mme de Sévigné et Zilia“, in: Bérubé, G., Silver, M.-F. (Hrsg.), *La lettre au XVIIIe siècle et ses avatars*, Actes du

Colloque international tenu au Collège universitaire Glendon, Université York, Toronto, 29 mai-1er mai 1993, Toronto 1996, S. 67-81.

68 Lindhoff, L., a.a.O., S. 174 f.

69 Vgl. dazu: Kroll, R., „*Nouvelle Sapho*. La recherche des terres inconnues dans les romans de Madeleine de Scudéry", in: Heymann, B., Steinbrügge, L. (Hrsg.), *Genre – Sexe – Roman*, Frankfurt/M. 1995; S. 11-32. In diesem Artikel beschreibt R. Kroll die Redaktion der *Histoire de Sapho* von Madeleine de Scudéry als Suche nach einer Identfikationsmöglichkeit für die Autorin, als fiktives Selbstporträt, das die Selbstreflexion ermöglicht.

IV. REZEPTION

1 Smith, D., „The popularity of Mme de Graffigny's Lettres d'une Péruvienne", in: *Eighteenth Century Fiction*, Oct. 1990, S. 6.

2 Auch G. Nicoletti bietet in ihrer kritischen Ausgabe der *Lettres* von 1967 eine Aufstellung der von ihm recherchierten Ausgaben. Er kommt allerdings nur auf 71 Titel bis zum Jahr 1835. Im Gegensatz zu Smiths Aufstellung legt Nicoletti jedoch ausführlich dar, welche Ausgabe der *Lettres* der jeweiligen Edition zugrunde liegt und welche Supplemente sie enthält.

3 Vgl.: Smith, D., a.a.O., S. 10 ff.

4 Alle drei französischsprachigen Supplemente sind im Anhang von G. Nicolettis textkritischer Ausgabe der *Lettres* abgedruckt.

5 Vgl. Chinard, G., *L'Amérique et le Rêve exotique dans la littérature française au XVIIe et au XVIIIe siècle*, Genf 1970, S. 435 ff.

6 Smith weist noch die Existenz einer Edition aus dem Jahr 1872 nach, vgl.: Smith, D., a.a.O., S. 19.

7 Vgl. dazu auch: Steinbrügge, L., „Verborgene Tradition. Anmerkungen zur literarischen Kanonbildung", in: Kroll, R., Zimmermann, M. (Hrsg.), *Feministische Literaturwissenschaft in der Romanistik. Theoretische Grundlagen – Forschungsstand – Neuinterpretationen*, Stuttgart/Weimar 1995, S. 200-213. L. Steinbrügge legt in ihrem Beitrag anhand der *Lettres d'une Péruvienne* dar, auf welche Weise die Mechanismen der Kanonbildung dazu geführt haben, daß literarische Werke von Frauen von vornherein aus dem Kanon ausgeschlossen wurden oder aber, daß sie das Kriterium der Überzeitlichkeit scheinbar nicht erfüllen konnten. So wurde die Frauenliteratur im Frankreich des 18. Jahrhunderts in aller Regel nach der Authentizität der in ihnen zum Ausdruck kommenden Gefühle bewertet, das heißt sie wurden auf den Aspekt der Sentimentalität reduziert, während andere Aspekte des Romans, wie z. B. die philosophische Dimension der *Lettres d'une Péruvienne*, von der Kritik praktisch nicht beachtet wurden.

8 Fréron, E., *Lettres sur quelques écrits de ce temps*, Bd. 1, 1749-1752, Slatkine Reprints Genf, 1966, S. 24-32.

9 La Porte, J. de, *Observations sur la littérature moderne*, Bd. 1, London/Paris 1752, S. 33-54.

10   Clément, P., *Les cinq années littéraires, ou Nouvelles littéraires, des années 1748, 1749, 1750, 1751 et 1752*, Bd. 1, La Haye 1752, S. 16-22.

11   Raynal, G.-Th., *Correspondance littéraire, philosophique et critique*, Bd. 1, Paris 1877, Reprint, Liechtenstein 1968, S. 132.

12   *Mercure de France*, février 1752, S. 162.

13   *Journal de Trévoux*, février 1752, LII, S. 276.

14   La Porte, J. de, *Histoire littéraire des femmes françoises ou Lettres Historiques et critiques*, Paris 1769, Bd. 1-5, S. 115-149.

15   Gautier d'Agoty le Fils, J.-B., *Galerie Françoise ou Portraits des hommes et des femmes célèbres, qui ont paru en France*, Paris 1770, S. 1 ff.

16   Genlis, F. S. de, *De l'influence des femmes sur la littérature française, comme protectrices des lettres et comme auteurs ou Précis de l'Histoire des femmes françaises les plus célèbres*, Paris 1811, S. 269-272.

17   Montesquieu, C.-L. de Secondat, *Lettres Persanes*, Paris 1973, S. 419.

18   Prévost, A.-F. d'Exiles, *Œuvres choisies*, Bd. 19, Genève 1969, S. V.

19   Raynal, G.-Th., a.a.O., S. 132.

20   Ebda., S. 132.

21   Das aus dem 17. Jahrhundert stammende Kriterium der ‚vraisemblance' scheint die Literaturkritiker des 18. Jahrhunderts insgesamt noch stark zu beeinflussen.

22   Fréron, E., a.a.O., S. 27 f.

23   Ebda., S. 30.

24   Clément, P., a.a.O., S. 20.

25   La Porte, J. de, a.a.O., 1752, S. 37.

26   Ebda., S. 50.

27   Ebda., S. 47.

28   Ebda., S. 53 f.

29   Genlis, F. S. de, a.a.O., S. 272.

30   Zum Begriff der ‚sensibilité' im 18. Jahrhundert vgl.: Baasner, F., *Der Begriff der ‚sensibilité' im 18. Jahrhundert*, Heidelberg 1988, S. 69 ff.

31   Vgl.: Coulet, H., 1969, a.a.O.

32   Clément, P., a.a.O., S. 19 f.

33   Vgl. dazu: Ehrhard, J., *L'idée de nature en France dans la première moitié du XVIIIe siècle*, Bd. 1, Paris 1963, S. 349 f., sowie Baasner, F., a.a.O., S. 69 ff.

34   Fréron, E., a.a.O., S. 101.

35   *Mercure de France*, février 1752, S. 162.

36   Gautier d'Agoty le Fils, J.-B., *Galerie Françoise ou Portrait des hommes et des femmes célèbres*, Paris 1770, S. 2.

37   Genlis, F. S. de, a.a.O., S. 272.

38   Zum Brief Turgots, vgl. Hartmann, P., der in seinem Artikel „Turgot Lecteur de Mme de Grafigny: note sur la réception des *Lettres d'une Péruvienne*" gezielt die Absichten Turgots analysiert, die hinter seinen Bemerkungen über die *Lettres* stehen: „Le projet de Turgot, réformateur politique plutôt qu'homme de lettres, est donc très visiblement d'infléchir le petit roman de Mme de Grafigny en direction

du grand roman d'idées dont Rousseau donnera une décennie plus tard la formule.", in: *Travaux du Groupe d'Etudes du XVIIIe siècle*, Université de Strasbourg II, vol. 5, 1989, S. 119.

39 Turgot, A. J. R., „Lettre à Mme de Grafigny" 1751, in: Nicoletti, G., a.a.O., S. 464 f.

40 Ebda., S. 460 f.

41 Vgl. dazu: Hartmann, P., a.a.O., S. 116: „Au regard critique soutenu par une conscience naturelle et primitiviste, le futur intendant du Limousin rêve de substituer une sorte de Bildungsroman qui détacherait progressivement la Péruvienne de ses valeurs originelles pour lui faire graduellement accepter la supériorité des valeurs européennes."

42 Ebda., S. 461 f.

43 Ebda., S. 462.

44 Ebda., S. 462.

45 Ebda., S. 462.

46 Raynal, G.-Th., a.a.O., S. 132.

47 La Porte, J. de, *Observations sur la littérature moderne*, Bd. 1, a.a.O., S. 39.

48 Turgot, A. J. R., a.a.O., S. 468 ff.

49 Ebda., S. 466.

50 Clément, P., a.a.O., S. 21.

51 La Porte, J. de, *Histoire littéraire des Femmes Françoises*, a.a.O., S. 145 f.

52 Turgot, A. J. R., a.a.O., S. 466 f.

53 Ebda., S. 466.

54 Fréron, E., a.a.O., S. 29.

55 Vgl.: Jurt, J., „Für eine Rezeptionssoziologie", *Romanistische Zeitschrift für Literaturgeschichte* 3, 1979, S. 227. Es handelt sich bei der Kritik des 18. Jahrhunderts in hohem Maße um eine ‚critique judicative'.

56 Turgot, A. J. R., a.a.O., S. 466.

57 Clément, P., a.a.O., S. 19.

58 Raynal, G.-Th., a.a.O., S. 132.

59 In diese Kategorie fällt auch die *Collection des meilleurs ouvrages françois, composés par des femmes, dédiée aux femmes françoises*, von Robert, Louise-Félicité Guinemet de Keralio, Paris 1786-1788. Mit ihrer Sammlung verfolgte sie ein ehrgeiziges Gesamtprojekt, in dem sie vorhatte, eine Anthologie der gesamten französischen Frauenliteratur mit einer dazugehörigen Literaturgeschichte zu erstellen. Allerdings bricht ihr Vorhaben nach den Briefen der Mme de Sévigné ab und bleibt somit unvollendet.

60 So zählt Joan DeJean in der Zeit von der zweiten Hälfte des 17. Jahrhunderts bis zum Ende des 18. Jahrhunderts allein zwölf Anthologien, die nur schreibenden Frauen gewidmet sind., vgl. DeJean, J., *Tender Geographies*, New York 1991, S. 185.

61 Fréron, E., a.a.O., S. 334.

62 *Mercure de France*, février 1752, S. 159.

63 La Porte, J. de, *Observations sur la littérature moderne*, Bd. 1, Paris 1752, S. 53 f.

64 La Porte, J. de, *Histoire littéraire des Femmes Françoises ou Lettres Historiques et critiques*, Paris 1769, Bd. 1-5.

65 Ebda, Bd. 1, S. v.

66 Ebda., Bd. 1, S. v.

67 Ebda., S. v.

68 Ebda., S. vj.

69 Fréron, E., a.a.O., S. 25.

70 Ebda., S. 25.

71 Fréron, E., a.a.O., S. 26.

72 Alletz, P.-A., *L'Esprit des Femmes célèbres du Siècle de Louis XIV et de celui de Louis XV, jusqu'à présent*, Paris: Pissot 1768, Bd. 1 et Bd. 2.
Bd. 1: Melle de Montpensier, Mme de Motteville, La Comtesse de Suze, Mme de Villedieu, La Comtesse de Lafayette, Mme Deshoullières, La Marquise de Sévigné, Melle de Scudéri, Mme La Comtesse d'Aulnoi, Melle Cleron, Melle Bernard, Mme de Maintenon.
Bd. 2: Mme Dacier, Mme Lambert, Melle Barbier, Mme de Tencin, Mme du Chastelet, Mme de Staal, Melle de Lussan, Mme de Graffigny, Mme du Boccage, Mme de Prince de Beaumont, Mme de Montier, Mme de Gomez, Mme Riccoboni, Mme Elie de Beaumont.

73 Ebda., Bd. 2, S. 295.

74 Ebda., Bd. 1, Préface, S. vij: „Nous avons cru devoir rassembler en deux seuls volumes les morceaux qui peuvent faire bien connoître l'esprit des femmes les plus célèbres depuis environ un siècle. La raison en est sensible; les productions de leur plume qu'on a transmises à la postérité, n'étoient pas d'assez longue haleine pour donner l'esprit de chacune en particulier comme on l'a pratiqué à l'égard de certains illustres Auteurs. D'ailleurs nous avons cru faire plaisir au Lecteur de rassembler sous un même coup d'oeil les échantillons, si l'on peut parler ainsi de l'esprit, de chaque femme célèbre. On pourra par-là les comparer facilement les unes aux autres."

75 Ebda., Bd. 1, S. aij f.

76 Genlis, F. S. de, *De l'influence des femmes sur la littérature française, comme protectrice des lettres et comme auteurs ou Précis de l'histoire des femmes françaises les plus célèbres*, Paris 1811, S. iii f.

77 Ebda., S. iii.

78 Ebda., S. vij.

79 Ebda., S. XIV.

80 Ebda., S. XXIV f.

81 Ebda., S. 272.

82 La Harpe, J.-F. de, *Lycée ou Cours de Littérature Ancienne et Moderne*, Paris 1813. (Nouvelle Edition par M. L. S. Auger)

83 Zur Entwicklung der Literaturgeschichtsschreibung im Frankreich des 18. und 19. Jahrhunderts vgl.: DeJean, J., a.a.O., S. 194.

84 La Harpe, J.-F. de, a.a.O., S. 109.

85 La Harpe, J.-F. de, a.a.O., S. 109 f.

86 Vgl. dazu: Jurt, J., „Für eine Rezeptionssoziologie", *Romanistische Zeitschrift für Literaturgeschichte* 3, 1979, S. 228 f. Auch in unserem Falle bestätigen sich die Feststellungen der Rezeptionsästhetik, nach denen die Literaturkritik grundsätzlich innovationsfeindlich ist und vor allem versucht, bestehende Normen einer Epoche festzuschreiben.

87 Hartmann, P., (a.a.O., S. 118 f.) interpretiert das Unverständnis der zeitgenössischen Kritik dahingehend, daß diese nicht mehr in der Lage sei, den Verzichtscharakter am Ende des Werkes zu verstehen, der auf der Tradition der klassischen Tragödie im 17. Jahrhundert beruhe. Wie in Kapitel II.7. gezeigt wurde, ist es jedoch sehr fraglich, ob daß Ende der *Lettres* vor diesem Hintergrund zu lesen ist.

88 Vgl. DeJean, J., *Tender Geographies*, New York 1991, S. 184 f: „In anthologies devoted to writers in general, women writers are admitted in numbers far more important than at any other time. In addition, between the late seventeenth and the late eighteenth century, at least a dozen literary anthologies devoted exclusively to women writers were published. [...] An examination of early French literary histories shows that, until the dawn of the nineteenth century, women writers were almost as likely as their male counterparts to be included in canonical compilations."

89 Vgl. May, G., *Le dilemne du roman au XVIIIe siècle*, New Haven 1963, S. 204 ff.

90 Vgl. Weigel, S., „Der schielende Blick", in: a.a.O., S. 89.

91 Sainte Beuve, C. A. de, *Causeries du Lundi*, Paris 1852, S. 102.

92 Etienne, L., „Une socialiste oubliée d'autrefois", in: Nicoletti, G., a.a.O., S. 478.

93 Noël, G., *Une „primitive" oubliée de l'Ecole des „cœurs sensibles", Mme de Grafigny*, Paris 1913, S. 178.

94 Aubray, G., „Mme de Graffigny", in: *Le Correspondant*, Bd. 253, 1913, 5e livraison – 10 décembre 1913, S. 974.

95 Noël, G., a.a.O., S. 180.

96 Puymaigre, Th. de, *Poètes et romanciers de la Lorraine*, Metz 1848, S. 103.

97 Bruewart, E., „Mme de Graffigny et Jean-Jacques Rousseau", in: *Revue Hebdomadaire*, 1924, S. 567 ff.

98 Etienne, L., „Un roman socialiste d'autrefois", 1871, in: Nicoletti, G., a.a.O., S. 478 ff.

99 Ebda., S. 484.

100 Sainte-Beuve, C. A. de, a.a.O., S. 174.

101 Aubray, G., a.a.O., S. 973.

102 Noël, G., a.a.O., S. 175.

103 Ebda., S. 179.

104 Duplessy, J., *Trésor littéraire des Jeunes Personnes*, Tours 1842.

105 Ebda., Préface, S. VI.

106 Ebda., S. 146.

107 Ebda., S. V.

108 Puymaigre, Th. de, a.a.O., S. 97 f.

109 Aubray, G., a.a.O., S. 970.

110 Barbey d'Aurevilliers, J.-A., *Les Bas Bleus*, Paris 1878, S. XI.

111 Larnac, J., *Histoire de la littérature féminine en France*, 2e ed., Paris 1987, S. 4. Zu
     J. Larnac vgl. auch: Scheerer, T. M. , „Ein ‚feministischer' Literaturhistoriker des
     20. Jahrhunderts: Jean Larnac", in: Baader, R., Fricke, D. (Hrsg.), *Die französische
     Autorin vom Mittelalter bis zur Gegenwart*, Wiesbaden 1979, S. 19-26.

112 Ebda., S. 253.

113 Ebda., S. 152.

114 Steinbrügge, L., a.a.O., S. 200 ff.

115 Vgl. dazu: Friedrich, H., *Das antiromantische Denken im modernen Frankreich*,
     München 1935.

116 Ebda., S. 14.

117 Vgl. Steinbrügge, L., a.a.O., S. 203: „In dem Maße, in dem der empfindsame
     (Brief-) Roman an literaturkritischer Wertschätzung gewann, fanden auch die Au-
     torinnen, die in diesem Genre schrieben, in der literarischen Kritik Anerkennung.
     Sie fielen aber in dem Augenblick dem Vergessen anheim, als der Roman sich dem
     Realismus verschrieb."

118 Vgl. DeJean, J., a.a.O., S. 163.

119 Vgl. Pich, E., „Littérature et codes sociaux: l'antiféminisme sous le Second Em-
     pire", in: *Mythes et Représentations de la Femme au 19e siècle*, Paris 1976, S. 169 f.

120 Detthloff, U., *Die literarische Demontage des bürgerlichen Patriarchalismus*, Tübin-
     gen 1988, S. 46 f.

121 Vgl.: DeJean, J., a.a.O., S. 4.

122 Vgl.: Ebda., S. 7. Dies ist nur teilweise richtig, gibt es doch im 19. Jahrhundert in
     Frankreich eine relativ große Anzahl von Autorinnen (vgl. dazu: Aubaud, C., *Lire
     les femmes de Lettres*, Paris 1993), die jedoch im Vergleich zu ihren Kolleginnen des
     17. Jahrhunderts relativ unbekannt geblieben sind.

123 Vgl.: DeJean, J., a.a.O., S. 159.

124 Ebda., S. 185.

125 Altman, J. G., „A woman's place in the Enlightenment Sun", in: *Romance
     Quarterly*, August 1991, S. 269.

126 DeJean, J., a.a.O., S. 161.

127 Jurt, J., a.a.O., 1979, S. 228.

128 Zum Begriff des Supplements: s. Stackelberg, J. v., *Literarische Rezeptionsformen*,
     Frankfurt/M. 1972, S. 119 f.

129 Rustin, J., „Sur les suites françaises des *Lettres d'une Péruvienne*", in: *Groupe
     d'Etudes du XVIIIe siècle: Vierge du Soleil-Fille des Lumières*, Strasbourg 1989,
     S. 123-146.

130 Stackelberg, J. v., 1972, a.a.O., S. 119 ff.

131 Die Angabe über das Erscheinungsdatum des ersten Supplements ist der kriti-
     schen Ausgabe der *Lettres* von G. Nicoletti entnommen. Nicoletti, G., a.a.O.,
     S. 49.

132 Die Textgrundlage der Supplemente bietet ebenfalls G. Nicoletti, in dessen kritischer Ausgabe der *Lettres* die drei französischsprachigen Supplemente im Anhang abgedruckt sind. Die Seitenzahlen in Klammern im Text beziehen sich auf diese Ausgabe.

133 Madame de Grafigny selbst schreibt dieses Supplement dem Chevalier de Mouhy zu, jedoch ist auch diese Annahme ihrerseits nicht belegt, vgl.: Showalter, En., „Les Lettres Péruviennes, composition, publication, suites", *Archives et bibliothèques de Belgique* 54, no. 1-4, 1983, S. 25.

134 Showalter, En. jr., 1983, a.a.O., S. 25.

135 Vgl. Nicoletti, G., a.a.O., Bibliographie, S. 49-67.

136 Vgl. Stackelberg, J. von, 1972, a.a.O., S. 139.

137 In einem Vorwort gibt sich der Autor als Herausgeber der von ihm in Spanien durch Zufall gefundenen Briefe Azas aus. In eben diesem Vorwort klingt auch bereits die Intention des Autors an, die sich im folgenden beim Lesen der Briefe bestätigt: So scheint es ihm vor allem darum zu gehen, Aza zu rehabilitieren: „L'intérêt qu'Aza a excité en moi dans ces Lettres, m'en a fait entreprendre la traduction. J'ai vu avec joie, s'effacer de mon esprit les idées odieuses que Zilia m'avoit donné d'un Prince plus malheureux qu'inconstant. Je crois qu'on goûtera le même plaisir. On en ressent toujours à voir justifier la vertu." (in: Nicoletti, G., a.a.O., S. 142 ff.).

138 Rustin, J., a.a.O., S. 131, vgl. auch sein Handlungsschema der *Lettres d'Aza,* S. 131 ff.

139 Vgl. dazu die Kritik J. von Stackelbergs, 1972, a.a.O., S. 142 ff.

140 Vgl.: Nicoletti, G., a.a.O., S. 59 f. Bibliographie, Nr. 41: *Lettres d'une Péruvienne,* par Mme de Grafigny, Nouvelle édition, augmentée d'une suite qui n'a point encore été imprimée. A Paris, De l'Imprimerie de P. Didot l'Aîné, An V, 1797.

141 Stackelberg, J. von, a.a.O., 1972, S. 143.

142 Showalter, En. jr., a.a.O., 1983, S. 27.

143 Showalter, En. jr., a.a.O., S. 27 f.

144 Von dieser Gefahr zeugen selbst heutige Neuauflagen der *Lettres,* wie die 1990 im Pariser Verlag côté-femmes erschienene Edition von C. Piau-Gillot, die die Ausgabe der *Lettres* von 1747 mit dem Supplement des gleichen Jahres fälschlicherweise für die Originalausgabe von 1752 ausgibt.

145 Chinard, G., *L'Amérique et le Rêve Exotique dans la littérature française au XVIIe et au XVIIIe siècle,* Genf 1970, S. 435 ff.

146 Boissi, L. de, *La Péruvienne,* comédie en cinq actes, non imprimée, Bibliothèque du Théâtre Français III, 105, 1748. Im Répertoire du Théâtre français, 2e ordre, 17, Boissi (BN Paris, Yf.5591), S. 4 läßt sich folgende Notiz finden: „*La Péruvienne,* comédie en cinq actes, en vers, est la dernière que Boissi ait fait représenter au théâtre Français. Elle y parût le 5 juin 1748, et n'eût point de succès." Das Manuskript ist nicht mehr auffindbar. Laut Auskunft der Bibliothèque der Comédie Française, war das Manuskript in der Bibliothèque de Solenne enthalten, die

jedoch aufgelöst wurde. Es läßt sich damit nicht nachweisen, in welchen Maße Boissi sich für seine Komödie von den *Lettres* inspirieren ließ.

147 Dorat, C.-J., *Lettre de Zeila, jeune sauvage, Esclave à Constantinople à Valcour, Officier François*, 3e ed., Genève 1766.

148 Ebda., S. 23.

149 Monbart, M. J. Lescun de, *Lettres taïtiennes, suite aux Lettres péruviennes*, Paris: Les marchands de Nouveautés, 1786.

150 Daubenton, M. de, *Zilie dans le désert*, Londres 1786.

151 Beaufort d'Hautpoul, A.-M., comtesse de, *Zilia, Roman Pastoral*, 1789. Dieser Roman erscheint nicht in der Bibliographie Chinards. Ich wurde durch eine Notiz im *Allgemeinen literarischen Anzeiger* von 1797 auf ihn aufmerksam, in dem er neben den *Lettres* erwähnt wurde.

152 Ebda., S. 1.

153 Rochon de Chabannes, M. A. J., *La Péruvienne, Opéra Comique*, Paris 1754, S. 22.

154 Vgl. dazu: Martinetto, V., „ Metamorfosi di una peruviana", in: Acutis, C., Morino, A., *L'America dei Lumi*, Torino 1989, S. 116: „ [...] se, in questa *Péruvienne*, tematica di fondo se vuole rilevare – al di là dell'intenzione comica che si vale di un personaggio familiare al pubblico del tempo –, il trionfo della virtú sulle tentazioni dell'Europa corrotta può essere letto come proseguimento del filone revisionista delle *Lettres* di Madame de Grafigny in chiave ironico – allegorica. [...] La messa in ridicolo delle virtú di Zilia, ottenuta nel suo contrasto con l'ambientazione nell'Isola della Frivolezza, sottolinea comunque il carattere stereotipato del personaggio, ormai vuoto dell'individualità originale."

155 Smith, D., a.a.O., S. 19: *Peruvianska Bref,* Stockholm, 1828.

156 Ebda., S. 15: *Peruanskiia Pis'ma*, 1791, 2 vol.

157 Ebda., S. 17: *Cartas de huma Peruviana*, Lisboa, 1802.

158 Ebda., S. 9 ff.

159 Vgl.: Nicoletti, G., a.a.O., S. 79 ff.

160 Diese auf Deodati zurückgehende Ausgabe trägt den Titel: *Lettres d'une Péruvienne,* Traduites du François en Italien, dont on a accentué tous les mots, pour fasciliter aux Etrangers le moyen d'apprendre la prosodie de cette langue, par M. Deodati, Paris 1759.

Des weiteren stellt Deodati ihnen eine Widmung an Mme de Grafigny voran, in der er sich unter anderem für eventuelle Ungenauigkeiten in der Übersetzung entschuldigt: „Madame, L'hommage que je vous rends aujourd'hui, n'est qu'une dette que je vous paye. J'ai enrichi ma langue d'un des plus charmans ouvrages de la vôtre; et cet ouvrage vous appartient. Si j'ai eu le bonheur de répandre quelques agrémens dans ma version, je les ai puisés dans mon modèle, je veux dire, dans ces Lettres intéressantes et pleines de grâces, que j'ai osé traduire. [...] Un motif pourroit néanmoins excuser ma hardiesse; c'est la douceur et la délicatesse de l'idiome dont je me suis servi. Vous savez, Madame, que l'Italien est le langage de l'Amour et des Grâces: un grand Monarque, qui avoit fait des conquêtes dans plus d'un genre, le décida autrefois ainsi, en disant que c'étoit la langue dont il falloit se servir pour faire sa cour au sexe dont vous êtes l'ornement. Je trouverai donc dans cette langue charmante ce qui manque à mon génie; et la fécondité de l'une suppléera, en quelques façons, à la stérilité de l'autre. Après tout, Madame, faut-il vous égaler pour plaire? Non, sans doute; et la moindre partie des beautés qui ornent votre ouvrage, suffit pour faire pardonner les défauts du mien." (Lyon, 1787, S. A2 ff.)

Insgesamt zeichnet sich die Übersetzung jedoch durch große Treue dem Original gegenüber aus, was nicht zuletzt die Gegenüberstellung mit dem französischen Original verlangt. (Vorlage für Deodati ist die erweiterte Ausgabe der *Lettres* von 1752 mit der „Introduction Historique", jedoch ohne das „Avertissement de l'Auteur".)

161 D. Smith führt auch eine in Leipzig erschienen Ausgabe von 1804 an. a.a.O., S. 17.

162 Vgl. Nicoletti, G., a.a.O., S. 51. Nicoletti schreibt die Übersetzung Bergalli Gozzi zu. Weiterhin zählt Nicoletti auch die 1772 in Italien erschienene *Avventure di una Peruviana* auf. (S. 54.)

163 *Lettere apologetica, d'ell Esercitato, Accademico della Crusca, Contenente la Difesa del libro intitolato, Lettere di una Peruana, Per rispetto alla supposizione de Quipo, scritta alla Duchessa di S...* e dalla medesima fatta pubblicare, Napoli 1750.

164 Zit. nach: *Journal de Trévoux*, février 1752, LII, S. 284.

165 Lettere d'un Accademico, Venezia 1751, *Lettera dell'Academico tra gl'Incogniti*, Il Ponderante, Al Signor ...

166 *Parere Intorno alla Vera Idea contenuta nella Lettera apologetica Composta dal Signor Accademico Esercitato*, Per rispetto alla supposizione de'Quipu, Dell'Abate..., Inviato ad un suo Amico in Napoli.

167 Vgl. dazu: Stackelberg, J. von, „Mme de Grafigny, Lamarche-Courmont et Goldoni: *La Peruviana* comme réplique littéraire", in: *Mélanges à la Mérite de Franco Simone, France et Italie dans la culture européenne*, II, XVIIe et XVIIIe siècles, Genève 1981, S. 517-529. sowie: Herry, D., „Du petit roman à la comédie en vers: *La Peruviana* de Goldoni", in: *Travaux du Groupe d'Etudes du XVIIIe siècle*, vol. 5, Strasbourg 1989, S. 147-179.

168 Goldoni, C., *Tutte le Opere*, a curi di Giuseppe Ortolani, 1935, Bd. 1, S. 373.

169 Vgl.: Goldoni, C., a.a.O., Bd. 9, S. 743 f.

170 Ebda., S. 743.

171 Ebda., S. 743.

172 Ebda., S. 743.

173 Vgl. dazu: J. von Stackelberg, 1981, a.a.O., S. 322 f.

174 Vgl.: Nicoletti, G., a.a.O., S. 54.

175 Zur Problematik der Vorlage Goldonis *Peruviana*, vgl. Herry, G., in: Travaux du Groupe d'Etudes du XVIIIe siècle, vol. 5, Strasbourg 1989, S. 175, FN 9.

176 Vgl.: Herry, G., a.a.O., S. 170: Sie interpretiert diese Auflösung vor dem Hintergrund von Goldonis Fortschrittsglauben, den er in seiner eher regressiven venezianischen Umgebung vertrat.

177 Vgl. dazu: Zambon, M. R., *Bibliographie du roman français en Italie au XVIIIe siècle*, Institut Français de Florence, 4e série, Nr. 5, S.VII-XXIII.

178 Ebda., S. XI.

179 Ebda., S. XVIII.

180 Ebda., S. VII f.

181 Morino, A., (Hrsg. und Übers.), *Madame de Grafigny, Lettere di una peruviana*, Palermo 1992.

182 *Cénie* erschien 1753 in einer deutschen Übersetzung von der Gottschedin: Gottsched, L. A. V., *Cénie oder die Großmuth im Unglück, Ein moralisches Stück der Frau von Grafigny*, Leipzig 1753. Auf diese Übersetzung bezieht sich auch Lessings Kritik in der Hamburgischen Dramaturgie, vgl. Lessing, G. E., „Hamburgische Dramaturgie", in: ders., *Werke*, München 1972, Bd. 4, S. 321-323 sowie ders., „Frühe kritische Schriften", in: ders., *Werke*, München 1972, Bd. 3, S. 167 f. Auch Goethe erwähnt *Cénie* in einem Brief an Cornelia Goethe vom 6. Dezember 1765: Goethe, J. W., *Gedenkausgabe*, Zürich/Stuttgart: Artemis 1961, Bd. 18, S. 26.

183 *Briefe einer Peruanerin*, Breslau 1750. (Heinsius 1,425); *Briefe einer Sonnenpriesterin*, Gera 1792. (Heinsius 1, 428; NUC 209, 361); *Zilia. Briefe einer Peruanerin*, nach dem Französischen der Graffigny neu bearbeitet, Berlin: Fröhlich 1800. (Fromm 3, 240, Nr. 11504); *Zilia die Peruanerin*, Übers. von Ch. F. Mandien, Quedlinburg: Basse 1828. (Fromm 11505).

184 *Allgemeiner literarischer Anzeiger* 1800, Beilage zu Nr. 6, 10.: „Bei Heinrich Fröhlich in Berlin ist soeben erschienen: *Zilia, oder Briefe einer Peruanerin*, nach dem Französischen der Graffigny."

185 Wieland, C. M., *Neuer Deutscher Merkur*, 1800, 2. Bd. „Neueste Verlagsartikel von Heinrich Fröhlich in Berlin", S. 3 f.

186 *Allgemeiner literarischer Anzeiger*, 1797, S. 57.

187 Iselin, I., *Pariser Tagebuch* 1752, Basel 1919, Brief vom 18. Juni 1752 an Frey, S. 206.

188 Ebda., S. 98.

189 Beutin, W., u. a. (Hrsg.), *Deutsche Literaturgeschichte*, Stuttgart 1992, S. 141: „Die Konzentration auf die bürgerliche Familie als Ort und Handlung geht einher mit der Propagierung eines neuen Frauen- und Männerbildes. Tugendhaftigkeit, Treue, Hingabe und Emotionalität werden zu weiblichen Eigenschaften erklärt. Männer dagegen werden als stark, tapfer und handelnd geschildert." vgl. auch: Diot-Duriatti, M.-R., *La femme dans le roman et le théâtre allemands du dix-huitième siècle (1725-1784)*, Stuttgart 1990, S. 88: „La voix de la femme dans la vie culturelle reste donc fort restreinte, les voix qui parlent d'elle sont la plupart du temps masculines [...]"

V. Zusammenfassung

1 Vgl. DeJean, J., *Tender Geographies*, New York 1991, S. 7.
2 Ebda.

VI. Anhang

1 Beinecke Rare Books Library, Yale University, New Haven, USA, *Graffigny Papers*,
   vol. 78, folio 53, 54, 65, 66?. Die Transkription erfolgt als 'transcription diploma-
   tique', wie sie von A. Grésillon, a.a.O., S. 107-140 erläutert wird. Des weiteren werden folgende Zeichen benutzt: * vermutete Lesart; /   / Bemerkungen durch den
   Autor, [ ], ratures, fettgedruckt: erster Entwurf, normal: spätere Hinzufügungen.

VIII. BIBLIOGRAPHIE

1. Primärtexte

1.1. Editionen der *Lettres d'une Péruvienne*

Grafigny, Françoise d'Issambourg d'Happoncourt: *Lettres d'une Péruvienne. Nouvelle édition augmentée de plusieurs lettres et d'une Introduction à l'histoire*, Paris 1752.
- *Œuvres choisies*, Londres 1783.
- *Lettres d'une Péruvienne, Lettere d'una Peruviana*, tradotte dal Signor Deodati, Lyon 1787.
- *Zilia, Briefe einer Peruanerin*, nach dem Französischen der Graffigny neu bearbeitet, Berlin: Fröhlich 1800.
- „Phaza", in: *Œuvres posthumes de Madame de Grafigny*, Paris 1770, S. 45-107.
Bray, Bernard/Landy-Houillon, Isabelle (Hrsg.): *Lettres Portugaises, Lettres d'une Péruvienne et d'autres romans d'amour par lettres*, Paris 1983.
Nicoletti, Gianni (Hrsg.): *Mme de Grafigny, Lettres d'une Péruvienne*, Bari 1967.
Piau-Gillot, Colette (Hrsg.): *Lettres d'une Péruvienne, 1747, Françoise de Grafigny*, Paris 1990.
Morino, Angelo (Hrsg./Übers.): *Madame de Grafigny, Lettere di una Peruviana*, Palermo 1992.
DeJean, Joan, Miller, Nancy K. (Hrsg.): *Lettres d'une Péruvienne*, MLA 1993.
Kornacker, David (Übers.): *Letters from a Peruvian Princess*, MLA 1993.
Trousson, Raymond (Hrsg.): *Romans de femmes du XVIIIe siècle*, Paris 1996, S. 59-164.

1.2. Weitere Primärtexte

Alletz, Pons-Augustin: *L'Esprit des Femmes célèbres du Siècle de Louis XIV et de celui de Louis XV, jusqu'à présent*, Paris 1767.
Allgemeiner literarischer Anzeiger, 1797 und *1799*, Beilage zu Nr. 6.
Aubray, Gabriel.: „Mme de Graffigny", in: *Le Correspondant*, Bd. 253, 5ème livraison, 10 décembre 1913, S. 958-976.
Barbey d'Aurevilliers, Jules-Amédée: *Les Bas Bleus*, Paris 1878.
Beaufort d'Hautpoul, Anne-Marie, Comtesse de: *Zilia, Roman pastoral*, 1789.
Boissi, Louis de: *La Péruvienne*, Bibliothèque du Théâtre Français III, 105, 1748.
Bruwaert, Edmond.: „Mme de Graffigny et Jean-Jacques Rousseau", in: *Revue Hebdomadaire*, 1924, viii, S. 567 ff.
Clément, Pierre: *Les cinq années littéraires, ou Nouvelles Littéraires, des années 1748, 1749, 1750, 1751 et 1752*, Bd. 1, La Haye 1748, Lettre 3, S. 10 ff.
Daubenton, Marguerite: *Zilie dans le désert*, Londres 1786.
Deloffre, Frédéric (Hrsg.): *Lettres Portugaises suivies de Guilleragues par lui-même*, Paris 1990.
Diderot, Denis.: *La Religieuse*, Paris 1796.

Dorat, Claude-Joseph: *Lettre de Zeila, jeune sauvage, Esclave à Constantinople à Valcour, Officier François*, Genève 1766[3].

Duplessy, M. Joseph: *Trésor littéraire des jeunes personnes*, Tours 1842.

Etienne, Louis: „Un roman socialiste d'autrefois", in: Nicoletti, G., *Mme de Grafigny, Lettres d'une Péruvienne*, Bari 1967, S. 478 ff.

Fréron, Elie: „Lettres d'une Péruvienne", in: ders., *Lettres sur quelques écrits de ce temps*, Bd. 5, London/Paris 1751, S. 332 ff.

Gautier d'Agoty le Fils, Jean-Baptiste: G*alerie Françoise ou Portraits des hommes et des femmes célèbres, qui ont paru en France*, Paris 1770.

Genlis, Félicité Stéphanie de: *De l'influence des femmes sur la littérature française, comme protectrices des lettres et comme auteurs, ou Précis d'Histoire des femmes françaises les plus célèbres*, Paris 1811, S. 269 ff.

Goethe, Johann Wolfgang: *Gedenkausgabe*, Zürich/Stuttgart 1961, Bd. 18.

Goldoni, Carlo: *Tutte le Opere*, Bd. 1; 9, 1935.

Gottsched, Luise Adelgunde Viktorie: *Cénie oder die Großmuth im Unglück. Ein moralisches Stück der Frau von Grafigny*, Leipzig 1753.

Guinement de Keralio, Louise-Félicité: *Collection des meilleurs ouvrages françois, composés par des femmes, dédiée aux femmes françoises*, Paris 1786-88.

Iselin, Isaak: *Pariser Tagebuch 1752*, Basel 1919.

Journal de Trévoux, février 1752, LII, S. 276.

La Harpe, Jean-François de: *Lycée ou Cours de Littérature Ancienne et Moderne*, Paris 1813.

La Porte, Joseph de: *Observations sur la littérature moderne*, Bd. 1, London/Paris 1752, S. 33-54.

– *Histoire littéraire des femmes françoises ou lettres historiques et critiques*, Paris 1769.

Larnac, Jean: *Histoire de la littérature féminine en France*, Paris 1987[2].

Las Casas, Bartholomée de.: *De las antiguas gentes del Peru*, 1552.

Lescun de Monbart, Marie-Josephine: *Lettres taïtiennes, suite aux Lettres péruviennes*, Paris 1786.

Lessing, Gotthold Ephraim: „Hamburgische Dramaturgie", in: ders., *Werke*, München 1972, Bd. 4.

– „Frühe kritische Schriften", in: ders., W*erke*, München 1972, Bd. 3.

Mercure de France, février 1752, S. 159 f.

Montespan, Françoise-Athénäis de Rochechouart: *Mémoires*, Paris 1829.

Montesquieu, Charles-Louis de Secondat: *Lettres Persanes*, Paris 1973.

Poullain de la Barre, François: *De l'égalité des deux sexes*, 1673.

Prévost, Antoine-François*: Œuvres choisies*, Genève 1969, Bd. 19.

Puymaigre, Théophile de: *Poètes et romanciers de la Lorraine*, Metz 1848.

Raynal, Guillaume-Thomas: *Correspondance littéraire, philosophique et critique par Grimm, Diderot, Raynal, Meister etc.*, Bd. 1, ed. Maurice Tourneux, Paris 1877, Reprint Liechtenstein 1968, S. 132.

Rochon de Chabannes, Marc Antoine Jacques: *La Péruvienne. Opéra Comique*, Paris 1754.

Rousseau, Jean-Jacques: *La nouvelle Héloïse,* Paris 1967.

Sainte-Beuve, Charles Augustin de: *Causeries du Lundi,* Paris 1852, S. 162-175.

Showalter, English, u. a. (Hrsg.): *Correspondance de Madame de Graffigny,* 1716-1744, Oxford 1985/89/92/96, Bd. 1; 2; 3; 4.

Thiemer-Sachse, Ursula (Hrsg.): *Garcilaso de la Vega, Wahrhaftige Kommentare zum Reich der Inka,* Berlin 1983.

Turgot, Anne-Robert-Jacques: „Lettre à Mme de Graffigny sur les Lettres Péruviennes 1751", in: Nicoletti, G., *Mme de Grafigny, Lettres d'une Péruvienne,* Bari 1967, S. 459-474.

Voltaire, François Marie Arouet de: „Alzire", in: ders., *Œuvres,* Bd. IV, Paris, 1833, S. 147- 230.

Wieland, Cristoph Martin: *Neuer Deutscher Merkur,* Weimar 1800.

2. Sekundärliteratur

Adams, D. J.: „The Lettres d'une Péruvienne: Nature and Propaganda", in: *Forum for Modern Language Studies,* April 1992, vol. 28, 2, S. 121-129.

Albistour, M., Armogathe, D.: *Histoire du Féminisme Français, du Moyen Age à nos jours,* Paris 1977.

Akashe-Böhme, F.: *Frausein, Fremdsein,* Frankfurt 1993.

– „Fremdheit vor dem Spiegel", in: dies. (Hrsg.), *Reflexionen vor dem Spiegel,* Frankfurt/M. 1992, S. 38-49.

Alcott, L.-S.: *The Theme of Autonomy in the Life and Writing of Madame de Graffigny,* DAI 2035A, 1990.

Altman, J. G.: *Epistolarity. Approaches to a Form,* Columbus 1982.

– „Graffigny's Epistemologie and the Emergence of Third-Worlds Ideology", in: Goldsmith, E. (Hrsg.), *Writing the Female Voice: Essays on Epistolary Literature,* Boston 1989.

– „Making Room for ‚Peru': Graffigny's Novel Reconsidered", in: Lafargue, Ch. (Hrsg.), *Dilemnes du Roman: Essays in Honor of Georges May,* Saratoga 1990.

– „A Women's Place in the Enlightenment Sun: The Case of F. de Graffigny", in: *Romance Quarterly,* Aug. 1991, S. 261-72.

– „L'éclipse d'une femme de lettres après le siècle des Lumières: Enquête sur les Lettres d'une Péruvienne de Françoise de Grafigny", in: Heymann, B., Steinbrügge, L. (Hrsg.), *Genre – Sexe – Roman. De Scudéry à Cixous,* Bern 1995, S. 47 ff.

Anderson, B. S., Zinsser, J. P.: *Eine eigene Geschichte. Frauen in Europa,* Frankfurt/Main 1995, Bd. 2.

Aubaud, C.: *Lire les Femmes de Lettres,* Paris 1993.

Baader, R. (Hrsg.): *Das Frauenbild im literarischen Frankreich vom Mittelalter bis zur Gegenwart,* Darmstadt 1988.

Baasner, F.: *Der Begriff der ‚sensibilité' im 18. Jahrhundert,* Heidelberg 1988.

Bachelard, G.: *La Poétique de l'espace,* Paris 1978.

Beauvoir, S. de: *Le deuxième sexe*, Paris 1949/76.

Benjamin, J.: *Die Fesseln der Liebe. Psychoanalyse, Feminismus und das Problem der Macht*, Frankfurt/M. 1993.

Bertrand, D.: „Les Styles de Graffigny: Une Ecriture de la différence", in: *Iris*, 1991, S. 5-15.

Beutin, W., u. a. (Hrsg.): *Deutsche Literaturgeschichte*, Stuttgart 1992.

Böhme, H.: *Das Andere der Vernunft*, Frankfurt/M. 1985.

Bonnel, R., Rubinger, Ch.: *Femmes Savantes et Femmes d'Esprit: Women Intellectuals of the French Eighteenth Century*, New York 1994.

Bovenschen, S.: *Die imaginierte Weiblichkeit. Exemplarische Untersuchungen zu kulturgeschichtlichen und literarischen Präsentationsformen des Weiblichen*, Frankfurt/M. 1979.

Brügmann, M., Kublitz-Kramer, M. (Hrsg.): *Textdifferenzen und Engagement: Feminismus – Ideologiekritik – Poststrukturalismus*, Pfaffenweiler 1993.

Bußmann, H., Hof, R. (Hrsg.): *Genus. Zur Geschlechterdifferenz in den Kulturwissenschaften*, Stuttgart 1995.

Cameron, C.-B.: „Love: The Lightening Passion in Les Lettres Péruviennes of Madame de Graffigny", in: *Encyclia*, 1979, S. 39-45.

Chinard, G.: *L'Amérique et le rêve exotique dans la littérature française au XVIIe et au XVIIIe siècle*, Genf 1970.

Cipriano, F.: „Madame de Grafigny: Dalle *Lettres de Cirey* alle *Lettres d'une Péruvienne*", in: *Rivista di Letterature moderne et comparate*, 33, 1980, S. 165-186.

Cixous, H.: *La Venue à l'écriture*, Paris 1977.

Collo, P.: „I nodi e le lettere", in: Aculis, C., Morino, A. (Hrsg.), *L'America dei Lumi*, Torino 1989, S. 89-106.

Coulet, H.: *Le roman jusqu'à la révolution*, Paris 1967.

Culler, J., *Dekonstruktion. Derrida und die poststrukturalistische Literaturtheorie*, Hamburg 1988.

Curtis, J.: „Anticipating Zilia, Madame de Graffigny in 1744", in Bonnel, R., Rubinger, Ch. (Hrsg.), *Femmes Savantes et Femmes d'Esprit: Women Intellectuals of the French Eighteenth Century*, New York 1994, S. 129-154.

Daniels, Ch. M.: *Subverting the Family Romance: Françoise de Grafigny's ‚Lettres d'une Péruvienne‘, Isabelle de Charrière's ‚Lettres écrites de Lausanne‘, and Georges Sand's ‚Indiana‘*, DAI., University of Pensylvania 1992, Order Nr. DA 9235 129.

– „Negotiating Space for Women: Incest and the Structure of Graffigny's Lettres d'une Péruvienne", in: *Romance Languages Annual*, 1994, S. 32-37.

DeJean, J.: *Tender Geographies. Women and the Origins of the Novel in France*, New York 1991.

Derrida, J.: *L'écriture de la différence*, Paris 1967.

Detthloff, U.: *Die literarische Demontage des bürgerlichen Patriarchalismus*, Tübingen 1988.

Dewey, P. S. V.: *Mesdames de Tencin et de Graffigny, deux romancières oubliées de l'école des cœurs sensibles*, D I A 37, 1976/77, 2218, Section A.

Diaconoff, S.: „Betwixt and Between: Letters and Liminality", *Studies on Voltaire and the Eighteenth Century,* 1992, 304, S. 899-903.

Diot-Duriatti, M.-R.: *La femme dans le roman et le théâtre allemands du dix-huitième siècles (1725-1784),* Stuttgart 1990.

Douthwaite, J. V.: „Female Voices and Critical Strategies: Montesquieu, Mme de Graffigny, Mme de Charrière", in: *French Literature Series,* 16, 1989, S. 64-77.

– „Relocating the Exotic Other in Graffigny's Lettres d'une Péruvienne", in: *Romanic Review,* Nov 1991, S. 456-474.

– *Exotic Women: Literary Heroines and Cultural Strategies in Ancien Régime France,* Philadelphia 1992.

Downing, A. T.: „Economy and Identity in Graffigny's Lettres d'une Péruvienne", in: *South Central Review,* Bd. 10, Nr. 4, Winter 1993, S. 55-72.

Ecker, G.: „Postmoderne und feministisches Engagement", in: Brügmann, M. (Hrsg.), *Textdifferenzen und Engagement: Feminismus – Ideologiekritik – Poststrukturalismus,* Pfaffenweiler 1993, S. 67-77.

Ehrhard, J.: *L'idée de nature en France dans la première moitié du XVIIIe siècle,* Paris 1963.

Elias, N.: *Über den Prozeß der Zivilisation. Soziogenetische und psychogenetische Untersuchungen,* Frankfurt/M. 1990.

Fauchéry, P.: *La destinée féminine dans le roman européen du 18e siècle,* Paris 1972.

Felman, Sh.: „Weiblichkeit wiederlesen", in: Vinken, B. (Hrsg.), *Dekonstruktiver Feminismus. Literaturwissenschaft in Amerika,* Frankfurt/M. 1992, S. 33-61.

Fourny, D.: „Language and Reality in Françoise de Grafigny's Lettres d'une Péruvienne", *Eighteenth Century Fiction,* Apr. 1992, S. 221-238.

Frank, M.: *Selbstbewußtsein und Selbsterkenntnis,* Stuttgart 1991.

Friedrich, H.: *Das antiromantische Denken im modernen Frankreich,* München 1935.

Girsberger, H.: *Der utopische Sozialismus des 18. Jahrhunderts in Frankreich,* Wiesbaden 1973².

Gölter, W.: „Das ‚Andere' des Selben. Zur Ambivalenz weiblicher Subjektivität in französischen Texten der ersten Hälfte des 19. Jahrhunderts (Germaine de Staël und Georges Sand)", in: Berger, R., u. a. (Hrsg.), *Frauen – Weiblichkeit – Schrift,* Berlin 1985, S. 52-67.

Grayson,V.: „La Genèse et la réception des Lettres d'une Péruvienne et de Cénie de Madame de Graffigny", in: *Œuvres et Critiques. Revue internationale d'étude de la réception critique des œuvres littéraires de langue française,* 1994, S. 139-141.

Grésillon, A.: *Eléments de critique génétique. Lire les manuscrits modernes,* Paris 1994.

Habermas, J.: *Strukturwandel der Öffentlichkeit. Untersuchungen zu einer Kategorie der bürgerlichen Gesellschaft,* Neuwied/Berlin 1969.

Hazard, P.: *La crise de la conscience européenne, 1680-1715,* Paris 1961.

Held, J. (Hrsg.): *Frauen im Frankreich des 18. Jahrhunderts: Amazonen, Mütter, Revolutionärinnen,* Hamburg 1989.

Heymann, B., Steinbrügge, L. (Hrsg.): *Genre – Sexe – Roman. De Scudéry à Cixous,* Frankfurt/Paris 1995.

Hogsett, A. Ch.: „Graffigny and Riccoboni on the Language of the Women Writer“, in: *Eighteenth Century Women and the Arts*, 1988, S. 119-127.

Holperin Longhi, T.: „Las cartas di una Peruana“, in: *SUR*, 1953, Nr. 221-222, S. 94-102.

Hoock-Demarle, M. C.: *La Femme au temps de Goethe*, Paris 1987.

Irigaray, L.: *Speculum de l'autre femme*, Paris 1974.

Jurt, J.: „Für eine Rezeptionssoziologie“, in: *Romanistische Zeitschrift für Literaturgeschichte*, 3, 1979, S. 214-231.

Kavanagh, Th.-M.: „Reading the Moment and the Moment of Reading in Graffigny's Lettres d'une Péruvienne“, in: *Modern Language Quarterly*, Juni 1994, S. 125-147.

Kibedi-Varga, A.: „Romans d'amour, romans de femmes, à l'époque classique“, in: *Revue des Sciences Humaines*, *168*, 1977-4, S. 517-524.

Kiebuzinsky, K.: „Female Autonomy vs. Male Authority: A Reading of Graffigny's Lettres d'une Péruvienne and Diderot's La Religieuse“, in Desroches, V., Turnovsky, G. (Hrsg.), *Authorship, Authority/Auteur, Autorite*, New York 1995.

Kohl, K.-H.: *Der entzauberte Blick. Das Bild vom Guten Wilden und die Erfahrung der Zivilisation*, Berlin 1981.

Kroll, R.: „Feministische Positionen in der romanistischen Literaturwissenschaft“, in: Kroll, R., Zimmermann, M. (Hrsg.), *Feministische Literaturwissenschaft in der Romanistik. Theoretische Grundlagen – Forschungsstand – Neuinterpretationen*, Stuttgart/Weimar 1995, S. 26-51.

– „Grand siècle und feministische Literaturwissenschaft“, in: Kroll, R., Zimmermann, M. (Hrsg.), *Feministische Literaturwissenschaft in der Romanistik. Grundlagen – Forschungsstand – Neuinterpretationen*, Stuttgart/Weimar 1995, S. 86-100.

– „Mme de Grafignys Lettres d'une Péruvienne: Aufbruchsphantasien einer Außenseiterin“, in: *Frauen – Literatur – Politik. Dritte Tagung von Frauen in der Literaturwissenschaft*, 16.-19. Mai 1986 in Hamburg, Reader, Sektion I, (Frauen, Tod/Tötung), S. 47-62.

– „Die ‚edle Wilde‘ mit ihrem ‚naiven Blick‘“, in: V*irginia*, Oktober 1988, Nr. 5, S. 14.

– „Der Briefroman als Verdoppelung und Spiegelung des eigenen Selbst: *Lettres* und *Lettres d'une Péruvienne* der Madame de Graffigny“, in: Holdenried, M. (Hrsg.), *Geschriebenes Leben. Autobiographik von Frauen*, B*e*rlin 1995, S. 95-108.

Kroll, R., Zimmermann, M. (Hrsg.):, *Feministische Literaturwissenschaft in der Romanistik. Theoretische Grundlagen – Forschungsstand – Neuinterpretation*, Stuttgart/Weimar 1995.

Kulessa, R. v.: „Lettres d'une Péruvienne. Eine beispielhafte Suche nach dem Ort der Frau in der französischen Literatur des 18. Jahrhunderts“, in: *Frauen in der Literaturwissenschaft*, Rundbrief 45, 1995, S. 24-27.

– „Literarische Gestaltung weiblichen Lebensraumes am Beispiel der Lettres d'une Péruvienne der Madame de Grafigny“, in: *Freiburger Frauenstudien*, Heft 2, 1995, S. 85-96.

– „Exemplarische Liebesdiskurse in der französischen Frauenliteratur des 18. und

19. Jahrhunderts: Mme de Grafignys ‚Lettres d'une Péruvienne' und Claire de Duras ‚Oureka'", in: *Skript*, Nr. 8, 1995, S. 9-12.

Landy-Houillon, I.: „Les lettres de Mme de Graffigny entre Mme de Sévigné et Zilia: étude de style", in: Bérubé, G., Silver, M.-F. (Hrsg.), *La lettre au XVIIIe siècle et ses avatars*, Actes du Colloque international tenu au Collège universitaire Glendon, Université York, Toronto 29 avril- 1er mai 1993, Toronto 1996, S. 67-81.

Leal, E.-B.-P., „Sentiment et goût dans les Lettres d'une Péruvienne de Mme de Graffigny", *Studies on Voltaire and the Eighteenth Century*, 1992, 304, S. 1281-1284.

Lee-Carell, S.: *Le soliloque de la passion féminine ou le dialogue illusoire*, Tübingen 1982.

Lejeune, Ph.: *L'autobiographie en France*, Paris 1971.

– *Le pacte autobiographique*, Paris 1975.

Lenk, E.: „Die sich selbst verdoppelnde Frau", in: *Ästhetik und Kommunikation*, Heft 25, 1976, S. 84-87.

Lindhoff, L.: *Einführung in die feministische Literaturtheorie*, Stuttgart/Weimar 1995.

List, E.: „Fremde Frauen, fremde Körper. Über Alterität und Körperlichkeit in Kultur- und Geschlechtertheorien", in: dies. (Hrsg.), *Die Präsenz des Anderen*, Frankfurt/M. 1993, S. 123- 137.

MacArthur, E.-J.: „Devious Narratives: Refusal of Closure in two Eighteenth Century Epistolary Novels", in: *Eighteenth Century Studies*, 1987, S. 1-20.

Martinetto, V.: „Metamorfosi di una Peruviana", in: Aculis, C., Morino, A., (Hrsg.), *L'America dei Lumi*, Torino 1989, S. 107-126.

May, G.: *Le dilemne du roman au XVIIIe siècle*, Paris/New Haven 1963.

Mercier, M.: *Le roman féminin*, Paris 1976.

Meter, H.: „Aux origines du roman sentimental: Les Lettres d'une Péruvienne de Madame de Graffigny", in: Constans, E. (Hrsg.), *Le roman sentimental*, Limoges 1990, S. 41-52.

Meuthen, E.: *Selbstüberredung. Rhetorik und Roman im 18. Jahrhundert*, Freiburg 1994.

Miller, N. K.: „The Knot, the Letter, and the Book: Graffigny's Peruvian Letters", in: *Subject to Change. Reading Feminist Writing*, New York 1988, S. 125-161.

– „Men's Reading, Women's Writing: Gender and the Rise of the Novel", in: *Yale French Studies*, 75, September 1988, S. 40 ff.

Nickisch, R. M. G.: „Die Frau als Briefschreiberin im Zeitalter der deutschen Aufklärung", in: *Wolfenbüttler Studien zur Aufklärung*, 1976, Bd. 3, S. 29-65.

Nicoletti, G.: *Introduzione allo studio del Romanzo francese nel Settecento*, Bari 1969.

Noël, G.: *Une primitive oubliée de l'école des ‚cœurs sensibles', Mme de Grafigny*, Paris 1913.

Pich, E.: „Littérature et codes sociaux: l'antiféminisme sous le Second Empire", in: *Mythes et représentations de la Femme au 19e siècle*, Paris 1976.

Ricken, U.: *Sprache, Anthropologie, Philosophie in der französischen Aufklärung. Beiträge zur Geschichte der Verhältnisse von Sprachtheorien und Weltanschauung*, Berlin 1984.

Robb, B.-A.: „The easy Vitue of a Peruvian Princess", in: *French Studies*, April 1992, S. 144- 159.

Roebling, I.: „‚Krieg' und ‚Frieden' im feministischen Methodenstreit. Zur Analyse weiblicher (Anti-)Kriegs-Rede", in: Brügmann, M. (Hrsg.), *Textdifferenzen und Engagement. Feminismus – Ideologiekritik – Poststrukturalismus,* Pfaffenweiler 1993, S. 22 ff.

Rousset, J.: *Forme et Signification,* Paris 1962.

Runge, A., Steinbrügge, L. (Hrsg.): *Die Frau im Dialog. Studien zu Theorie und Geschichte des Briefs,* Stuttgart 1991.

Sanchez, L. A: „Una illuminista olvidada: las cartas peruanas de Mme de Graffigny", in: *Cuadernos Americanos,* 16, Nr. 3, 1957, S. 185-195.

Schalk, F.: *Studien zur französischen Aufklärung,* Frankfurt/M., 1977.

Scheerer, T. M.: „Ein „feministischer" Literaturhistoriker des 20. Jahrhunderts: Jean Larnac", in: Baader R., Fricke, D. (Hrsg.), *Die französische Autorin vom Mittelalter bis zur Gegenwart,* Wiesbaden 1979, S. 19-26.

Scherer, J.: *La dramaturgie classique en France,* Paris 1959.

Schrader, L.: „Die ‚bonne sauvage' als Französin. Probleme des Exotismus in den Lettres d'une Péruvienne der Madame de Grafigny", in: *Französische Literatur im Zeitalter der Aufklärung, Gedächtnisschrift für Fritz Schalk, Analecta Romana,* Heft 48, 1979, Bd. 2/1, S. 313-335.

Schröder, W., u. a. (Hrsg.): *Französische Aufklärung, Bürgerliche Emanzipation, Literatur und Bewußtseinsbildung,* Leipzig 1979.

Sherman, C.-L.: „Love's Rhetoric in Lettres d'une Péruvienne, in: *French Literature Series,* Columbia, 19, 1992, S. 28-36.

– „The Nomadic Self: Transparency and Transcodification in Graffigny's Lettres d'une Péruvienne", in: *Romance Notes,* 1995, S. 271-279.

Showalter, E.: *Toward a Feminist Poetics,* Princeton 1979.

– „Feminist Criticism in the Wilderness", in: Abel, E. (Hrsg.), *Writing and Sexual Difference,* Chicago 1980, S. 9-36.

Showalter, En. jr.: *An 18th Century Best-Seller: Les Lettres Péruviennes,* Diss. Yale 1964. (In Deutschland und Frankreich nicht vorhanden.)

– „Voltaire et ses amis d'après la correspondance de Mme de Graffigny", in: *Studies on Voltaire and the 18th Century,* vol. 139, 1975.

– „Mme de Graffigny and her Salon", in: *Studies on 18th Century Culture* 6, 1977, S. 377-391.

– „The Beginnings of Mme de Graffigny's Literary Career: A Study in the Social History of Literature", in: *Essays on the Age of Enlightenment in Honor of Ira O. Wade,* Genf/Paris 1977, S. 293-304.

– „Mme de Graffigny and Rousseau: between the two Discourses", in: *Studies on Voltaire and the 18th Century,* 175, 1978.

– „Les *Lettres Péruviennes,* composition, publication, suites", in: *Archives et bibliothèques de Belgique* 54, Nr. 1-4, 1983, S. 14-28.

– „Authorial Self-Consciousness in the Familiar Letter: The Case of Madame de Graffigny", in: *Yale French Studies,* 70/71, 1986, S. 113 ff.

– „Friendship and Epistolarity in the Graffigny Letters", in: *Studies on Voltaire and the Eighteenth Century,* 1992, 304, S. 903-904.

Smith, D.: „The Popularity of Mme de Graffigny's Lettres d'une Péruvienne: The Bibliographical Evidence", in: *Eighteenth Century Fiction,* Oct. 1990, S. 1-20.

– „Graffigny Redivia: Editions of the Lettres d'une Péruvienne (1967-1993)", in: *Eighteenth Century Fiction,* Number 1, Oct. 1994, S. 71-78.

– „Madame de Graffigny – Bibliographical Problems Solved and Unsolved", in: *Studies on Voltaire and the Eighteenth Century,* 1992, 304, S. 1072-1073.

Stackelberg, J. v.: *Literarische Rezeptionsformen: Übersetzung, Supplement, Parodie,* Frankfurt/M. 1972, S. 132-145.

– „Die Kritik an der Zivilisationsgesellschaft aus der Sicht einer ‚guten Wilden': Mme de Grafigny und ihre ‚Lettres d'une Péruvienne'", in: Baader, R., Fricke, D. (Hrsg.), *Die französische Autorin vom Mittelalter bis zur Gegenwart,* Wiesbaden 1979, S. 131-145.

– „Madame de Grafigny, Lamarche-Courmont et Goldoni: La Peruviana comme ‚réplique littéraire'", in: *Mélanges à la mémoire de Franco Simone: France et Italie dans la culture européenne,* Bd. 2, Genf 1981, S. 517-529.

Steinbrügge, L.: „Verborgene Tradition. Anmerkungen zur literarischen Kanonbildung", in: Kroll, R., Zimmermann, M. (Hrsg.), *Feministische Literaturwissenschaft in der Romanistik. Theoretische Grundlagen – Forschungsstand – Neuinterpretationen,* Stuttgart/Weimar 1995, S. 200-213.

– *Das moralische Geschlecht: Theorien und literarische Entwürfe über die Natur der Frau,* Weinheim/Basel 1987.

Undank, J.: „Graffigny's Room of Her Own", in: *French Forum,* Sept. 1988, S. 297-318.

Versini, L.: *Le roman épistolaire,* Paris 1972.

Vièrge du Soleil/Filles des Lumières, Travaux du Groupe d'Etudes du XVIIIe siècle, vol. 5, Strasbourg 1989.

Vinken, B. (Hrsg.): *Dekonstruktiver Feminismus. Literaturwissenschaft in Amerika,* Frankfurt/M., 1992.

Weißhaupt, W: *Europa sieht sich mit fremdem Blick. Werke nach dem Schema der „Lettres Persanes" in der europäischen insbesondere der deutschen Literatur des 18. Jahrhunderts,* Frankfurt/M. 1979, Bd. 2/1, S. 159 ff.

Weigel, S.: „Die nahe Fremde – das Territorium des ‚Weiblichen'. Zum Verhältnis von ‚Wilden' und ‚Frauen' im Diskurs der Aufklärung", in: Koebner, Th., Pickerodt, G. (Hrsg.), *Die andere Welt,* Frankfurt/M. 1987, S. 171-199.

– „Der schielende Blick", in: dies., Stephan, I., Weigel, S. (Hrsg.), *Die verborgene Frau,* Hamburg /Berlin 1988, S. 83.

– „Zum Verhältnis von ‚Wilden' und ‚Frauen' im Diskurs der Aufklärung", in: dies. (Hrsg.), *Topographie der Geschlechter. Kulturgeschichtliche Studien zur Literatur,* Hamburg 1990, S. 118-143.

– „Die Verdopplung des männlichen Blicks und der Ausschluß von Frauen aus der Literaturwissenschaft", in: dies. (Hrsg.), *Topographie der Geschlechter. Kulturgeschichtliche Studien zur Literatur,* Hamburg 1990, S. 234-251.

Woolf, V.: *Ein Zimmer für sich allein,* Berlin 1978.

Zambon, M.-R.: *Bibliographie du Roman français en Italie au XVIIIe siècle*, Publications de l'Institut Français de Florence, Nr. 5, 1962.

3. BIBLIOGRAPHIEN

Bibliographie du genre romanesque français (1751-1800), Bibliothèque Nationale, Paris.

Fromm, H.: *Bibliographie deutscher Übersetzungen aus dem Französischen 1700-1948*, Baden-Baden 1951, Bd. 3.

Giraud, Y.: *Bibliographie du roman épistolaire en France des origines à 1842*, Fribourg 1977.

Heinsius, W.: *Allgemeines Bücher Lexikon*, Leipzig 1812 ff, Bd. 1.

National Union Catalog, Bd. 209.

4. MANUSKRIPTE

Papiers Grafigny, Bibliothèque Nationale de France, Paris, nouvelles acquisitions françaises, 15579-15581, 15589-15592.

Graffigny Papers, Beinecke Rare Books Library, New Haven (CT), USA.

Printed in the United States
By Bookmasters